工业和信息化人才培养规划教材 高职高专计算机系列

C 语言程序设计教程（第3版）

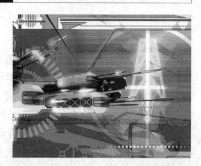

The C Programming Language

宗大华 陈吉人 宗涛 ◎ 编

U0316294

人民邮电出版社

北京

图书在版编目（ＣＩＰ）数据

C语言程序设计教程 / 宗大华，陈吉人，宗涛编. --
3版. -- 北京：人民邮电出版社，2012.9
工业和信息化人才培养规划教材. 高职高专计算机系列
ISBN 978-7-115-28928-5

Ⅰ．①C… Ⅱ．①宗… ②陈… ③宗… Ⅲ．①
C语言－程序设计－高等职业教育－教材 Ⅳ．①TP312

中国版本图书馆CIP数据核字(2012)第174872号

内 容 提 要

本书系统地讲述了 C 语言程序设计的基本知识和方法，内容分为 9 章：概述，数据类型、运算符与表达式，C 语言程序设计的 3 种基本结构，数组，指针，函数，用户自定义的数据类型，C 语言程序的文件操作函数以及 C 语言程序调试方法简介。本书力求使学生在学习的基础上，掌握编程和调试程序的基本技术。除第 9 章外，其余每章最后配有适量的练习题供教学使用。在人民邮电出版社的教学服务与资源网（www.ptpedu.com.cn）上，读者可以得到有关本书的电子教案和习题参考答案。

本书可作为高职高专计算机及相关专业的教材，也可作为成人教育和职工培训教材。

工业和信息化人才培养规划教材——高职高专计算机系列
C 语言程序设计教程（第 3 版）

◆ 　编　　宗大华　陈吉人　宗　涛

　　责任编辑　桑　珊

◆ 　人民邮电出版社出版发行　　北京市崇文区夕照寺街 14 号
　　邮编　100061　电子邮件　315@ptpress.com.cn
　　网址　http://www.ptpress.com.cn
　　北京昌平百善印刷厂印刷

◆ 　开本：787×1092　1/16
　　印张：17.25　　　　　　　2012 年 9 月第 3 版
　　字数：441 千字　　　　　2012 年 9 月北京第 1 次印刷

ISBN 978-7-115-28928-5
定价：36.00 元

读者服务热线：(010)67170985　印装质量热线：(010)67129223
反盗版热线：(010)67171154

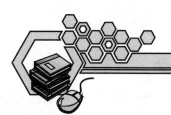

前　言

作为一种程序设计语言，C语言语句简洁、使用灵活、性能高效、应用面广，有着极其独特的魅力，已成为计算机及相关专业人员学习计算机程序设计的首选。

本书是一本为高职高专学生编写的C语言教材。本书针对读者的特点和认知能力，力求以严谨而通俗的语言，讲述C语言的语法，以使初学者能够建立起正确的概念，掌握语言本身的特征；力求通过丰富的示例，讲述C语言的编程技术，使初学者能够学会基本的编程方法，领略到其中的真谛；力求用程序运行的结果，验证C语言语法的各种规则，以使初学者能够明了程序的本质，形成对C语言的一个整体了解。

《C语言程序设计教程》自2004年6月问世以来，受到了许多院校师生的欢迎和好评，编者在此表示由衷的感谢！2008年11月，在征集多位授课老师对本书的意见和看法后，编者对其进行了第一次修订，形成了本书的第2版。现在，又根据多方面的意见和建议，编者仍然在原书基本内容和结构不变的前提下，进行第二次修订，形成本书的第3版。这次修订的变动，归纳起来有如下几点。

（1）去除原书中残留的谬误。

（2）对原书文字做了一些修改，以减少繁杂的叙述和存在的歧义。

（3）根据一些老师的要求，本书增加了第9章"C语言程序调试方法简介"，分4节介绍调试程序的方法：①在程序中添加调试语句，②利用编译时输出的出错信息，③监视，④断点。通过这些方法，编程者就能较为容易地发现和排除程序中的语法错误和逻辑错误，编写出较高质量和水平的C语言程序。

（4）为配合第9章，本书最后给出了附录3：Turbo C编译的主要错误一览。

本书建议总学时数为56，授课学时数（不含实践环节）为44。各章的参考授课学时分配为第1章（3学时），第2章（5学时），第3章（7学时），第4章（5学时），第5章（7学时），第6章（5学时），第7章（5学时），第8章（4学时），第9章（3学时）。如果安排第9章为学生自学，那么可把它的3学时分别给予第2、3和8章。

程序设计意味着实践！希望学习者能够做到3个"一定"：一定要以极大的热情去动手编写程序；一定要在实践过程中有百折不挠的精神；一定要深信"失败是成功之母"！只有坚持上机实践，不断体验失败，才能赢取胜利，才能到达成功的顶峰。

本书在修订过程中，得到多位同事、朋友的支持和帮助，在此不一一详列，仅致以诚挚的谢意。由于作者水平有限，书中仍然难免出现不当甚至谬误之处，恳请广大读者给予批评指正。

编　者
2012年5月

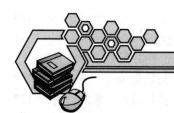

目　录

第1章 概述

"由表及里"是一种认识问题的方法。这一章就先从外表来看一下 C 语言，以便能在人们的脑海里对它形成一个初步的印象：什么是计算机程序？什么是计算机的程序设计语言？有哪几种程序设计语言？C 语言在其中处于什么位置？用 C 语言编写的程序大致是个什么样子？在什么环境里能够编写 C 语言的程序？有了这些初步的印象，读者就会知道应该如何去学习 C 语言，知道在学习过程中把自己的注意力集中在什么地方。这一切，对于学习、掌握 C 语言，肯定是至关重要的。

本章着重讲述以下 4 个方面的内容：

（1）C 语言程序的基本组成；

（2）C 语言的基本词法（字符集、保留字和标识符的构成）；

（3）用 C 语言编写程序时的 4 项工作；

（4）Turbo C 开发环境简介。

1.1 高级语言与 C 语言

1.1.1 程序设计语言与 C 语言

按照字典的说法，"程序"是指一件事情进行的先后次序，"语言"则是用来表达意思、交流思想的工具。因此，"计算机程序"即是要让计算机去完成的事情的先后次序。要让计算机去完成的事情，当然是由人提供给计算机去做的。这就是说，人要使用一种办法，把自己要计算机去做的事情描述出来，然后才能提交给它去做。于是，通常就把人与计算机之间"表达意思、交流思想"的那种工具，称为"计算机程序设计语言"。人们就是用计算机程序设计语言来编写计算机程序，然后交于计算机去执行的。

自世界上第一台计算机在 1946 年问世以来，用于编写计算机程序的程序设计语言，由所谓的机器语言发展到汇编语言，又由汇编语言发展到高级语言。

计算机进行计算和信息处理，是通过执行一条一条指令来完成的。指令是让计算机执行各种操作的命令，每条指令由包括"操作码"和"地址码"两部分的二进制代码（一串 1 和 0）组成。操作码规定计算机要做的运算；地址码告诉计算机由哪些数来参加运算，在什么地方能找到它们，计算完毕后的结果应该存放到哪里等。一台计算机所有指令的集合，称为该机器的"指令系统"。在计算机刚出现的年代，人们是直接用计算机指令来编写计算机程序，完成人与计算机之间的"思想"交流的。因此，常称计算机的指令系统为计算机的"机器语言"。用机器语言编写程序与计算机"交谈"时，计算机不必通过任何就翻译处理能够立即理解和执行。因此，那样的程序具有质量高、执行速度快和占用存储空间少等优点。但是，由于每条指令都是长长的一串 1 和 0（二进制代码），很显然用它来编写程序，非常缺乏直观性，难学、难记、难检查以及难修改。

为了克服机器语言的缺点，出现了汇编语言。汇编语言用每个操作相应的英文单词缩写代替指令中的二进制操作码，用各种符号或数字代替指令中的地址码。例如，用 MOV 表示数据传送操作，用 ADD 表示加法操作等。在汇编语言中用便于记忆的符号（称为"助忆符"）来代替机器指令中的操作码，用各种符号或数字代替指令中的地址码，使得机器语言得以"符号化"。比起机器语言来，它显然好记了，读起来容易了，检查、修改也方便了。但是这样一来，用汇编语言编写的程序，计算机却不能直接理解和接受，它必须要由一个起翻译作用的程序将其翻译成机器语言程序，然后才能去执行。这个起翻译作用的程序，通常被称为"汇编程序"，这个翻译过程，称之为"汇编"。

由于汇编语言的指令基本上与机器指令一一对应，因此它是依赖于具体机器的一种语言，每台计算机的汇编语言指令集合都是不同的。通常，称具有这种特性的语言为"面向机器"的程序设计语言。汇编语言的缺点是不具有通用性和可移植性，它与人们习惯使用的自然语言和数学语言相差甚远，因此又出现了所谓的高级语言。

高级语言是一种很接近于人们习惯使用的自然语言（即人们日常使用的语言）和数学语言的程序设计语言。在用高级语言编写计算机程序时，允许出现规定的英文词汇（如第 1.2.2 节中的保留字）；在书写计算式时，所用的运算符号和组成的算式，与我们日常用的数学式子差不多（比如第 2 章中的运算符和不等式）。因此，人们用它来编写计算机程序，比起使用机器语言和汇编语言，显然要方便得多。

用高级语言编写的程序，称为"源程序"。如同用汇编语言编写的程序计算机不能直接理解和执行一样，用高级语言编写的程序，计算机也不能直接理解和执行，也必须要有一个"翻译"过程，先把源程序翻译成机器语言的程序，然后再让计算机去执行这个机器语言程序。对于高级语言来说，翻译过程有两种方式：一是事先编好一个称为"编译程序"的机器指令程序，它把源程序整个地翻译成用机器指令表示的机器语言程序（这个翻译结果通常称为"目标程序"），然后执行该目标程序，这种翻译过程称为"编译"，如图 1-1（a）所示。另一个是事先编好一个称为"解释程序"的机器指令程序，它把源程序逐句翻译，翻译一句执行一句，这种翻译过程称为"解释"，如图 1-1（b）所示。

C 语言是一种高级语言，它用比较接近人的思维和表达方式来描述问题、编写计算机程序，然后以编译的方式进行翻译。

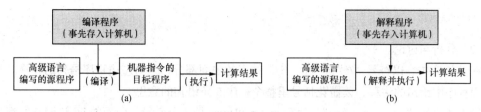

图 1-1　编译和解释两种翻译方式示意图

例 1-1　分别用机器语言、汇编语言和 C 语言描述计算式：z=x+y。

解　假定事先把数 235 和 368 分别存放在地址为 0110 及 0120 的两个存储单元中，那么描述它们相加的指令序列，对于机器语言可以有如下程序段：

```
A11001
03062001
A33001
```

三条指令的含义是：把 0110 中存的数取到寄存器 AX；然后把 0120 中的数取出，与 AX 里的内容相加，结果在 AX 中；最后把 AX 里的结果存到 0130 地址单元。

在相同假定下，对于汇编语言可以有如下程序段：

```
MOV AX, [0110]
ADD AX, [0120]
MOV [0130], AX
```

对于 C 语言，无须有什么假定，而是直接编写程序段：

```
int x=235, y=368;
z=x+y;
```

它表示让变量 x 和 y 分别取值 235 和 368，求和后把结果存放在变量 z 里。编程者并不需要去管数据放在何处，就像是写一道算术题似的。

由此例可以看出，机器语言程序完全没有直观性可言，如果不了解机器指令 A1 表示的是将跟随其后单元中的内容送至寄存器 AX，那么根本无法知道它的含义。对于汇编语言，MOV 是英文 move 的简写，因此可以知道它是要把一个数据送到寄存器 AX 中去。可见，汇编语言具有一定的直观性，便于人们记忆。再看 C 语言，它简直就是使用人们习惯的数学表达式来描述加法。可见，学习用 C 语言来编写计算机程序，人们容易接受。

1.1.2　简单的 C 语言程序

先让我们通过两个简单的 C 语言程序，大致领略一下用 C 语言来编写程序时的通常做法，从而归纳出 C 语言程序的一些特点。

例 1-2　用 C 语言编写一个程序，它接收从键盘输入的两个整数，求和后打印输出。

解　（1）程序实现。

```
#include "stdio.h"
main()
{
  int m, n, sum;                    /* 变量说明 */
  scanf ("%d%d", &m, &n);           /* 从键盘输入数据 */
  sum=m+n;                          /* 求和 */
  printf ("sum=%d\n", sum);         /* 打印输出 */
```

```
getchar();
}
```

（2）分析与讨论。

在 C 语言中，以符号"/*"开始、"*/"结束的中间部分，是对左边程序语句的注释。不难通过上面程序中给出的注释，读懂花括号里整个程序 5 条语句的意思。

第 1 条语句"int m, n, sum;"，表示 m、n 和 sum 是 3 个变量，前面的 int 说明它们都是整数型的（即单词 integer 的简写）。

第 2 条语句"scanf ("%d%d", &m, &n);"是一条格式输入语句，其中的&m 和&n 表示变量 m 和 n 所对应的内存单元地址。该语句的功能是按照格式符"%d"的规定，从键盘接收两个十进制的输入数据（格式符%d 中的字母 d 限定输入的数据是十进制的），分别存放到地址&m 和&n 指定的存储单元中。

第 3 条语句"sum=m+n;"的含义是，把变量 m 和 n 里的数据相加，然后将结果存入变量 sum 保存。注意，C 语言中的符号"="，不是等号，而是赋值运算符，表示是把右端的计算结果送给左端变量的一个操作过程。

第 4 条语句"printf ("sum=%d\n", sum);"，是一条格式打印输出语句，表示将变量 sum 的当前值，按照格式符"%d"的规定输出一个十进制整数。比如说，如果现在从键盘上输入的两个数是 3 和 5，那么，在显示器上就应该输出信息：sum=8。

第 5 条语句"getchar();"，使程序处于等待状态，以便向用户提供观看运行结果的机会。只有在用户从键盘上输入任何一个字符后，才结束等待返回程序。

例 1-3　用 C 语言编写程序，它接收从键盘输入的两个整数，将其中的大数打印输出。

解　（1）程序实现。

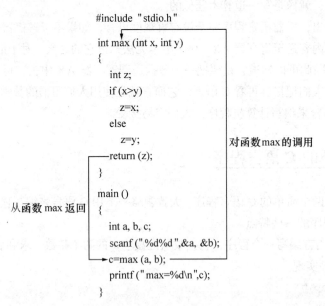

```
#include "stdio.h"

int max (int x, int y)
{
    int z;
    if (x>y)
        z=x;
    else
        z=y;
    return (z);                 对函数max的调用
}

main ()
{                         从函数max返回
    int a, b, c;
    scanf (" %d%d",&a, &b);
    c=max (a, b);
    printf ("max=%d\n",c);
}
```

（2）分析与讨论。

日常生活中，人们总是把大的、复杂的事情，化为若干小的、简单的事情去处理。在程序设计时，也常采用这种方法。在这个程序里，我们把接收键盘的输入和打印输出作为一件事情来处理（表现在 main()里），把判断两个数的大小作为另一件事情来处理（表现在 max()里）。然后通过一定的办法，把这两件事情拼接到一起，整个事情也就完成了（注意，程序中的箭头线是用来表明函数间的调用关系的）。

该程序由两个函数组成：一个名为 main，一个名为 max。在 main 里，使用格式输入语句 scanf 往变量 a 和 b 里输入数据，然后用 a 和 b 去调用 max。max 的功能是比较两个数的大小，把大数存入变量 z，通过 return 语句，把 z 的值返回。这样，从 max 返回时，就把 z 中的结果送给 main 里的变量 c。最后，由格式打印语句 printf，把 c 的内容打印出来。

由以上两个例子，可以初步归纳出用 C 语言编写计算机程序时，具有如下特点。

（1）C 语言程序是由一个一个函数组成的，函数是 C 语言程序的基本单位。比如，例 1-2 的程序，是由一个名为 main 的函数组成的；例 1-3 的程序，是由一个名为 main 的函数和一个名为 max 的函数组成的。

（2）每一个 C 语言程序，都有一个，且只有一个名为 main 的主函数，整个程序从它开始执行。至于 main 函数在整个程序中所放的位置，与它作为程序开始执行的地位没有什么关系。也就是说，main 函数可以安排在整个程序的最前面、中间或后面。

（3）C 语言程序中的每一个语句，都以分号作为自己的结束。也就是说，在 C 语言中，分号";"是一个语句的结束标志。

（4）在 C 语言程序中，可以用/*……*/形成注释，以对程序中的所需部分做出说明。/*是注释的开始符，*/是注释的结束符，必须配对使用。

1.1.3　程序设计时的算法描述

用计算机程序设计语言编写程序，首先应该选定要用的计算公式，制定解决问题的步骤，确定程序采用的结构（到第 3 章时会知道，程序的结构主要有 3 种形式：顺序结构、选择结构以及循环结构）等，然后才能真正动手去编写程序和上机调试。这个在真正动手之前的准备环节，就是所谓的算法描述阶段。这个阶段，对于问题的解决，无疑是非常重要的。

为了把解决问题的方法和步骤（也就是所谓的算法）描述出来，可以借助于人们日常使用的语言（称为"自然语言"）；可以借助于传统的流程图；可以借助于所谓的 N-S 流程图；也可以借助于介于自然语言和计算机语言间的文字和符号（称为"伪代码"）。总之，描述的方法是多样的，目的只有一个，即按照算法的描述编写程序时，思路会更加清晰。

本书列举的程序都是比较简单的，因此不去专门关注算法的描述。不过为了帮助读者对所编程序的理解，有时会给出程序的流程框图。图 1-2 给出了画流程框图时常用的一些符号。

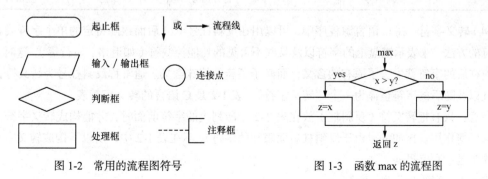

图 1-2　常用的流程图符号　　　　　　　图 1-3　函数 max 的流程图

比如可利用这些符号，为例 1-3 中"判断两个数大小"的函数 max 绘制流程图，如图 1-3 所示。图中清楚地反映出"x>y?"是一个条件，如果条件成立（yes），那就去做"z=x"；否则（no）就去做"z=y"。这是一种根据条件做出选择的流程图，它有两个出口：yes 和 no。

1.2 C 语言的基本词法

任何一种语言，都有自己的单字、单词和语句的构成规则。学会了这些知识，才能用它们书写出精彩的文章。C 语言作为计算机的一种程序设计语言，当然也有它自己允许使用的字符集、基本词类（即保留字），也有书写时的各种规则和语法。只有学习、遵从它们，才能编写出符合要求的各种精彩程序来。

1.2.1 字符集

允许出现在 C 语言源程序中的所有字符的总体，称为 C 语言的"字符集"。它由数字、英文字母、图形符号以及转义字符 4 部分组成。

（1）数字：10 个十进制的数字，即 1，2，3，4，5，6，7，8，9，0。

（2）英文字母：26 个大写英文字母 A~Z，26 个小写英文字母 a~z。

（3）图形符号：表 1-1 列出了 C 语言允许使用的图形符号。

表 1-1　　　　　　　　　　　　　C 语言图形符号表

~	波浪号	)	右圆括号	:	冒号
`	重音号	_	下划线号	;	分号
!	惊叹号	-	减号	"	双引号
@	A 圈号	+	加号	'	单引号
#	井号	=	等号	<	小于号
$	美元号	|	或符号	>	大于号
%	百分号	\	反斜杠号	,	逗号
^	异或号	{	左花括号	.	句号
&	与符号	}	右花括号	?	问号
*	星号	[	左方括号	/	正斜杠号
(	左圆括号	]	右方括号		空格

（4）转义字符：在 C 语言源程序中，可以用在反斜杠号（\）后面跟随特定的单个字符或若干个字符的方法，来表示键盘上的字符以及某些不可见的功能控制符（如退格、换行等）。这时，尾随反斜杠后的字符就失去了原有的含义，而赋予了新的特殊含义。通常称反斜杠号为转义符，称反斜杠以及随后的字符整体为一个"转义字符"。表 1-2 是 C 语言的转义字符表。

注意：只有把转义符（反斜杠）放在表 1-2 中所列出的字符前面时，才能构成转义字符，否则不起任何作用。比如\w，由于反斜杠后面跟随的字符 w 不在表 1-2 中，所以不构成转义字符，它被视为是小写字母 w。

例 1-4　区别"n"和"\n"。

解 当程序中出现"n"时，代表的是英文中的一个小写字母，比如例 1-2 里的变量 n；当程序中出现"\n"时，反斜杠后跟随的 n 就不再是英文中的小写字母 n，这个整体被视为是回车换行符。所以，在例 1-2 或例 1-3 的 printf()中的"\n"，表示回车换行符。

表 1-2   C 语言的转义字符表

转 义 字 符	含 义	转 义 字 符	含 义
\n	回车换行符	\a	响铃符号
\t	Tab 符号	\"	双引号
\v	垂直制表符号	\'	单引号
\b	左退一格符号	\\	反斜杠
\r	回车符号	\ddd	1～3 位 8 进制数 ddd 对应的键盘符号
\f	换页符号	\xhh	1～2 位 16 进制数 hh 对应的键盘符号

例 1-5 在 C 语言程序中写"\101"、"\x41"，它们分别表示什么意思？

解 按照表 1-2 的规定，在反斜杠后跟随 1～3 位数时，就把这些数字理解为是某个键盘符号所对应的八进制 ASCII 码值。101 这个八进制数相当于十进制数 65，查书后的附录 2，知道是大写字母"A"。所以，"\101"就是大写的英文字母"A"。类似地，应该把"\x41"里的 41 视为键盘符号对应的十六进制 ASCII 码值。因此，它也是大写的英文字母"A"。

注意："\xhh"中的字符"x"，只起到一个标识后面的数是十六进制的作用，没有别的含义。由例 1-5 可知，转义字符"\ddd"、"\xhh"，向用户提供了一种用八进制或十六进制的 ASCII 码值来表示各个字符的方法。

1.2.2 保留字

在 C 语言中，具有特定含义的、用于构成语句成分或作为存储类型和数据类型说明的那些单词，被统称为"保留字"，也称"关键字"。C 语言的保留字只能小写。表 1-3 列出了 C 语言中可使用的所有保留字。随着学习的深入，这些保留字我们基本上都会遇到的。

表 1-3   C 语言的保留字表

保 留 字	含 义	保 留 字	含 义	保 留 字	含 义
char	字符型	void	空值型	while	当
int	整型	const	常量型	do	做
long	长整型	volatile	可变量型	break	终止
short	短整型	auto	自动	continue	继续
float	单精度实型	extern	外部	goto	转向
double	双精度实型	static	静态	return	返回
unsigned	无符号型	register	寄存器	switch	开关
signed	有符号型	typedef	类型定义	default	默认

保 留 字	含 义	保 留 字	含 义	保 留 字	含 义
struct	结构式	if	如果	case	情况
union	共用式	else	否则	sizeof	计算字节数
enum	枚举式	for	对于		

1.2.3　标识符及其构成规则

在 C 语言中，用户为了区分程序中出现的常量、变量、函数和数组等，就给它们取不同的名字。组成名字的字符序列，称为"标识符"。因此，标识符是用户给程序中需要辨认的对象所起的名字。一个标识符必须符合下面所列的语法规则。

（1）标识符只能以字母或下画线开头。

（2）在第一个符号的后面，可以跟随字母、数字或下划线。

（3）标识符中区分字母的大、小写。

（4）标识符的长度一般不超过 8 个字符。

（5）C 语言的保留字不能作为标识符使用。

例 1-6　试判断下面所给出的字符序列，哪一个是正确的 C 语言标识符。

```
x        _906      A203      aBBC          C.508        int
y-56     gb?       b_B64     2abc          ABBC
```

解　根据构成标识符的语法规则可知，上述字符序列里，正确的标识符是：

```
x        _906      A203      aBBC      b_B64        ABBC
```

不正确的标识符是：

C.508（句号不允许出现在标识符里）　　　y-56（减号不允许出现在标识符里）

gb?（问号不允许出现在标识符里）　　　　2abc（标识符不允许以数字开头）

int（保留字不允许作为标识符）

注意：由于 C 语言区分大、小写，所以 aBBC 和 ABBC 是两个不同的标识符。

1.3　Turbo C 2.0 开发环境简介

真正要运行一个用 C 语言编写的程序，至少要做如下的 4 项工作。

（1）编辑。通过使用编辑器，把 C 语言程序录入计算机，并以文件的形式存放到磁盘上，这个过程称为"编辑"。它将产生出以".C"为扩展名的源程序文件。

（2）编译。源程序不能直接执行，必须通过 C 语言的编译程序将它"翻译"成由机器指令组成的目标程序，这个过程称为"编译"。它产生出以".OBJ"为扩展名的目标程序文件。

（3）连接装配。目标程序仍不能立即在机器上执行，因为程序中还可能会用到 C 语言自身提供的系统库函数，例如 printf()、scanf()等，需要把它们与产生的目标程序连接在一起，形成一个整体，这个过程称为"连接装配"。它将产生出以".EXE"为扩展名的可执行程序文件。

（4）执行。运行可执行文件，以获取所需要的结果。

1.3.1　主窗口的组成

现在，我们很容易从网上下载 C 语言的各种编译程序，它们的使用方法基本上是相同的。本书采用的是早期 Borland 公司的 Turbo C 2.0 版本。在计算机上安装好 Turbo C 2.0 后，在 DOS 提示符下，键入"TC"，即可进入到它的主窗口，如图 1-4 所示。

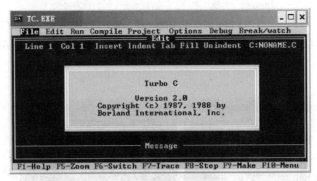

图 1-4　Turbo C 的主窗口

Turbo C 2.0 向使用者提供的是一个集成开发环境。也就是说，在 Turbo C 2.0 所提供的平台上，用户可以完成编辑、编译、连接装配以及运行的全部工作。下面，对 Turbo C 2.0 的使用做一个简要的介绍。

主窗口正中给出的是 Turbo C 的版本信息，只要用户在键盘上按任意一个键，版本信息就会立即消失。主窗口由主菜单、编辑区、信息区和功能键提示行 4 个部分组成。

1．主菜单

位于主窗口标题栏（有 TC.EXE 字样）下面的是 Turbo C 的主菜单，它有 8 个菜单项：File（文件）、Edit（编辑）、Run（运行）、Compile（编译）、Project（项目）、Options（选项）、Debug（调试）和 Break/watch（断点/监视）。除 Edit 外，其余每个主菜单项都还有下拉子菜单，用以实现各种操作。后面会对 File、Run 和 Compile 三者的使用做一些介绍。

2．编辑区

位于主菜单下面标有 Edit 字样的区域是 Turbo C 的程序编辑区，用于输入新的 C 语言源程序，或对已有的源程序进行编辑。

3．信息区

标有 Message 字样的区域是 Turbo C 的信息区，用于显示编译和连接时的有关信息（比如成功与否，出错信息等）。

4．功能键提示行

位于屏幕最下方，给出常用的 7 个功能键，它们是 F1（帮助）、F5（分区控制）、F6（转换）、F7（跟踪）、F8（单步执行）、F9（生成目标文件）和 F10（菜单）。对于初学者，应该知道在编辑完一个程序后，可以按 F9 键，它能进行编译和连接，产生出".OBJ"文件以及".EXE"文件，但是不运行。初学者也应该知道，在非菜单状态下（比如处于编辑状态时），按 F10 键就可以进到主菜单，这时通过按"←"、"→"键可以选择主菜单项，在主菜单项的下拉子菜单中，通过按"↑"、"↓"键可以选择子菜单项。

1.3.2　对源程序文件的编辑

如果要建立一个新的 C 语言源程序，应该从主菜单项 File 的下拉菜单中选择 New，如图 1-5（a）所示。按回车键后，整个编辑区被清空，光标定位在该区左上角（第 1 行，第 1 列）。这样，用户就可以输入和编辑源程序了。编辑区最前面（即首行）有一行文字：

```
Line 1  Col 1  Insert  Indent  Tab  Fill  Unindent  C:NONAME.C
```

在输入源程序内容时，随着光标的移动，Line 和 Col 后面的数字也跟着改变，以标明输入光标目前所在的位置。这行的最右端给出了现在新编辑文件的默认名：C:NONAME.C，如图 1-5（b）所示。

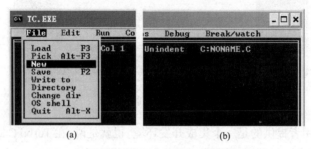

图 1-5　编辑新文件命令 New 和默认文件名

如果要对一个已经存在的 C 语言源程序进行编辑，那么应该从主菜单项 File 的下拉菜单中选择 Load，如图 1-6（a）所示。在选中 Load 之后，屏幕上会弹出一个包含"*.C"的"Load File Name（装入文件名）"对话框。此时，可以有两种操作方式，一是直接输入所需要的文件路径和文件名，这样，Turbo C 就会按照输入的信息，找到该文件，把它装入内存，在编辑区里显示出来，编辑区首行右端将由该文件的名字取代"C:NONAME.C"。另一个是删除"*.C"，键入路径名后按"Enter"键，这样，Turbo C 就会把指定路径（目录）下所有的 C 语言源程序文件显示出来，供用户选择，如图 1-6（b）所示。在图 1-6（b）中可以看出，当前目录是：

```
C: \ ZDH \
```

显示出的 "TEST.C"、"TEST1.C"，是该目录下的 C 源程序文件。

如果按第 1 种方式操作时，Turbo C 在所给路径上找不到用户键入的文件名，这意味该文件不存在。于是，Turbo C 会自动为用户建立这个文件，清空编辑区，等待用户输入新的源程序。所以，这时该操作相当于创建一个新文件，功能与在 File 下选择 New 命令相同。

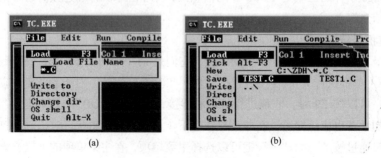

图 1-6　编辑已有文件命令 Load

1.3.3 编辑的基本操作命令

Turbo C 主菜单中的 Edit 菜单项没有下拉菜单，选中它后就进入编辑状态（能见到光标在闪烁），这意味可以在编辑区里输入或修改源程序了。

要注意，Turbo C 有自己的一套键盘编辑命令，可以用它对所编写源程序进行编辑。表 1-4 列出了初学者应该掌握的编辑命令，使用它们，可以提高程序的编写速度。

表 1–4　　　　　　　　　　　　Turbo C 的常用键盘编辑命令

键 盘 按 键	功 能	键 盘 按 键	功 能
←	光标左移一格	→	光标右移一格
↑	光标上移一行	↓	光标下移一行
PgUp	光标向前移一页	PgDn	光标向后移一页
Ctrl-QR	光标移到文件开始	Ctrl-QC	光标移到文件结尾
Home	光标移到行首	End	光标移到行尾
Ctrl-N	在光标处插入新行	Ctrl-Y	删除光标所在行
Ctrl-KB	做块首标记	Ctrl-KK	做块尾标记
Ctrl-KC	块复制	Ctrl-KY	块删除
Ctrl-KV	块移动	Ctrl-KH	显示/隐蔽块标记

表 1-4 提到了"块"这个概念，比如 Ctrl-KB。所谓"块"，是指程序中做了块首、块尾标记的那个部分。做了块标记的部分，成了一个整体，可以对它进行整体删除、移动（块移动后，原位置处不再保留该块内容）、复制（块复制后，原位置的块保留不动）等操作。不难看出，引入了块操作，简化了许多编辑工作。

为了在程序中定义一个块，具体做法如下。

（1）将光标移到该块的第 1 个字符位置上，然后按 Ctrl-KB 键（即按住 Ctrl 键不松手，同时按 K、B 两键），这时就在该位置处产生了块首标记（注意：并不出现特殊的变化）。

（2）将光标移到该块的最后一个字符的后面，按 Ctrl-KK 键，这时就在光标左边产生了块尾标记。

这样，一个块就定义好了，所定义块在程序中会被突出显现出来。注意，一个正在编辑的程序，一次只能定义一个块。若已经定义了一个块，又定义另一个块，那么原先定义的块就自动失效。另外，只要按 Ctrl-KH，就会使已定义块的首、尾标记隐藏起来。对被隐藏了标记的块，就不能做任何操作了，除非又用 Ctrl-KH 让块标记显现出来。

例 1-7 编辑区有如图 1-7（a）所示程序。现要求在语句 "scanf ("%d%d", &x, &y);" 处插入一个新行。

解 将输入光标移到该行之首，如图 1-7（a）所示。然后在按住 Ctrl 键的同时按 N 键。这样，原来该行的位置空了出来，就可以在那里输入新的语句了，如图 1-7（b）所示。

注意：按 Ctrl-N 键是在光标处插入一行。因此，如果光标是位于原来一行内容之中时，那么发这条命令后，这行内容就会被断开成为两半。

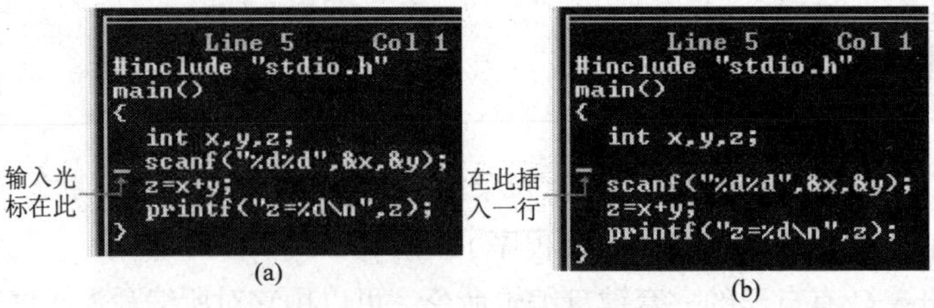

图 1-7　在光标处插入一行的示例

例 1-8　观察如图 1-8（a）所示的程序。可以发现其中语句：

```
p=max_char (b, n);
printf ("max_char : %c\n", *p);
```

与后面的语句：

```
p=max_char (b, n/2);
printf ("max_char : %c\n", *p);
```

几乎完全一样。于是，在编写过程中可以用块操作来简化编辑过程。

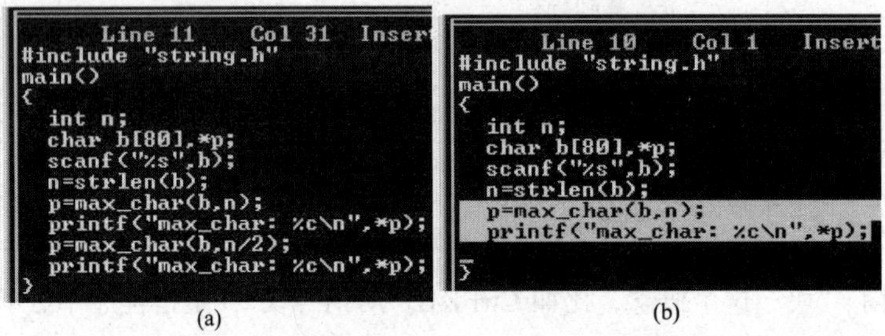

图 1-8　块操作命令的使用

解　源程序输入到如图 1-8（b）所示位置时，把光标定位在语句：

```
p=max_char (b, n);
```

的最前面，按 Ctrl-KB 键，做上块首标记；再把光标移到语句：

```
printf ("max_char : %c\n", *p);
```

的后面，按 Ctrl-KK 键，做上块尾标记。这时，定义的块整个被显现出来，如图 1-8（b）所示。把光标移到块尾行的下面，按 Ctrl-KC 键，定义的块被复制过来。对复制的语句做适当修改，就完成了如图 1-8（a）所示的编辑工作。

1.3.4　源程序的保存

编辑完后的源程序，存盘后才能永久保存，这需要使用主菜单项 File 下拉菜单里的 Save 命令。如果这个新的源程序是通过发 New 命令建立的，那么这个程序文件当前使用的还是默认名：NONAME.C。所以选中 Save 后，会弹出一个"Rename NONAME（为 NONAME 改名）"对话框，如图 1-9 所示。这时，用户可以为该程序文件指定正式的名字。

如果这个新的源程序是通过发 Load 命令建立的，那么由于在发 Load 命令时已经提供了文件存放的路径和名称，因此，这时使用 Save 就不会再弹出对话框，而是按照所定义路径保存。

如果是通过 Load 命令装入了一个原先已经存在的源程序文件进行编辑修改，完成后想把它换一个名字存放,以保证不破坏原来的文件,那么可以使用 File 下面的"Write to"命令。选择"Write to"后,会弹出一个"New Name(取新名)"对话框,如图 1-10 所示。在那里输入新的文件名后,原来的和新的文件就同时存在了。

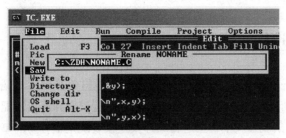

图 1-9　保存源程序文件的命令 Save

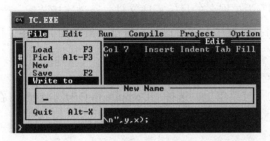

图 1-10　另存源程序文件命令 Write to

如果在要求给出文件名(比如前面提及的"Load File Name"、"Rename NONAME"或"New Name")时,编程者在那里明确地写出了文件所在的路径,那么存放时,就会按所给的路径去存放。如果只给出文件名,而没有指明文件存放的路径,那么,Turbo C 就会按主菜单项 File 下"Change dir"里现有的路径去存放文件。在进入 Turbo C 主窗口时,"Change dir"里放的是 Turbo C 自己所在的目录,称其为当前目录或工作目录。所以,当使用者只提供文件名,而没有给出文件存放的路径时,Turbo C 就会把用户文件与系统文件存放在同一目录里。不过,人们并不愿意把自己的文件与系统文件混杂在一起,而是放在自己的目录里面。这时,可以选择"Change dir"命令,事先在它的里面设置好用户的当前目录。这样,在用户只需提供文件名时,不必键入存放的路径,就能把文件存放到自己希望的目录中去。

比如,从图 1-11(a)看出,选中"Change dir"后,弹出一个"New Directory(输入新目录)"对话框。它现在的内容为

C:\ ZDH \ TC

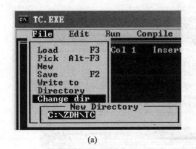　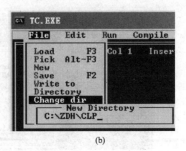

(a)　　　　　　　　　　(b)

图 1-11　改变当前目录命令 Change dir

代表了编者计算机上 Turbo C 位于的目录。如果把它改为

```
C: \ ZDH \ CLP
```

则表示以后只给出文件名而不提供存放路径时，系统就默认把文件都存放在这个目录里面了，如图 1-11（b）所示。

1.3.5 编译、连接和装配

编辑，只产生出以 ".C" 为扩展名的源程序文件，这并不是编写 C 语言程序的目的。编写 C 语言程序的目的，是要让它运行。因此，还必须对它进行编译和连接装配。

在 Turbo C 提供的集成开发平台里进行编译及连接装配是很容易的事情，既可以把编译、连接装配分成两步走，也可以把它们合并成一步进行。若是分两步走，那么通过编译，产生与源程序文件同名的、以 ".OBJ" 为扩展名的目标程序文件；通过连接装配，产生与源程序文件同名的、以 ".EXE" 为扩展名的可执行程序文件。这些文件都会按前面的叙述，存放到指定的目录下。若是并为一步进行，那么 C 就会同时产生出这两个文件。

1. 文件的编译命令：Compile to OBJ

在主菜单 Compile 的下拉菜单里，选择 "Compile to OBJ"，这时，在它的后面会显示出默认的目标文件名，如图 1-12 所示。按回车键就开始进行编译。

图 1-12 编译命令 Compile to OBJ

编译后，系统会在屏幕上弹出编译信息窗口："Compiling"。通过这个窗口告诉用户编译是成功了，还是发现了错误。比如图 1-13 给出了编译成功的信息："Success"。如果编译有错，系统也会显示编译信息窗口。这时，可能出现两种信息：一种是 "Warnings（警告）"，指较轻微的错误，系统对此错可以容忍，仍把有警告的程序生成目标程序文件；另一种是 "Errors（错误）"，指严重的错误，系统不能容忍任何一个这样的错误，这时，编译系统对有 "Errors" 信息的程序是不生成目标程序的，用户必须对源程序文件进行修改，再重新编译。

图 1-13 编译信息窗口

2．文件的连接命令：Link EXE file

产生了目标程序文件后，它还不能投入运行，必须将它与系统提供的库函数等连接起来，成为一个可执行的文件，才能达到运行的目的。在主菜单 Compile 的下拉菜单中，选择"Link EXE file"命令，按回车键就开始进行连接工作。连接完毕，屏幕上也会出现连接信息窗口："Linking"。通过这个窗口告诉用户连接是成功了，还是发现了错误。

注意：如果把编译和连接分两步进行，那么必须先做编译，得到".OBJ"文件后，才能进行连接，不然会出现错误。

3．一次完成编译和连接的命令：Make EXE file

选择 Compile 主菜单项下的"Make EXE file"命令，可以把上面的两步工作并在一起做，一次完成编译和连接，产生出".OBJ"和".EXE"文件。由于该命令简化了操作，而且使用频繁，所以 Turbo C 专门设立了功能键 F9，只要想进行编译和连接，按 F9 键即可。

1.3.6　运行和观看运行结果

编译、连接后，或使用 Make 命令后产生的".EXE"文件，就是一个可以投入运行的程序了。因此，在 DOS 下，输入该文件的名字，就能够运行。

由于 Turbo C 是一个集成开发平台，在这个环境中，也能够使产生的".EXE"文件投入运行。具体方法介绍如下。

（1）在主菜单项 Run 的下面选择 Run 命令。

（2）回车后，程序就开始运行。

（3）运行中如果遇到有键盘输入的要求（比如 scanf()），那么屏幕显示会切换到用户窗口，以等待用户从键盘完成输入。

（4）运行结束后，返回到 Turbo C 主窗口。

例 1-9　编写一个源程序，它从键盘输入两个整数，求出这两个整数的乘积后，打印输出。利用 Run 命令运行此程序。

解　（1）程序实现。

```
#include "stdio.h"
main ()
{
  int a, b, c;
  scanf ("%d%d", &a, &b);
  c=a*b;
  printf ("a*b = %d\n", c);
}
```

（2）分析与讨论。

该程序与例 1-2 类同。只是把那里的"求和"改为这里的"求积"。

发 Make 命令，完成编译和连接工作。在主菜单项 Run 的下面选择 Run 命令，如图 1-14 所示。

由于程序里面有键盘输入语句（scanf），所以屏幕就会切换到用户窗口，如图 1-15（a）所示，以等

图 1-14　运行命令 Run

待用户从键盘输入两个数据。比如在用户屏输入了两个数据：15 和 23（先键入 15，按回车键后再键入 23）。程序在接收到输入数据后，立即继续运行到结束。

一般情况下，程序运行结束后，就会立刻返回到 Turbo C 的主窗口，致使用户无法在自己的窗口看到运行的结果。为了能够看到结果，可以有两种办法：一是如前述在程序最后安排一条语句 "getchar();"，强迫计算机等待用户输入任何字符后，才返回到 Turbo C 的主窗口；另一个是在主菜单 Run 下选择 "User screen（用户屏）" 命令，如图 1-15（b）所示，这样，就可以在用户窗口上看到运行的结果了，如图 1-15（c）所示，即在屏幕上显示出：a*b=345，这时按任意键，就可以从用户窗口回到 Turbo C 的主窗口。

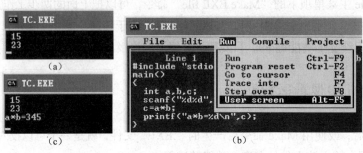

图 1-15　切换到用户窗口命令 User screen

对于 C，在没有编译、连接的前提下，直接使用 Run 命令也是可以的。这时，Run 命令会"自动"先完成编译，再进行连接，在不出错的情况下，接着投入运行。所以，编译、连接和运行这 3 件事情，可以一件一件独立地做（发 Compile to OBJ 命令，发 Link EXE file 命令，发 Run 命令）；也可以把编译、连接合在一起做（发 Make EXE file 命令），然后再运行（发 Run 命令）；甚至也可以 3 个一起做（发 Run 命令）。

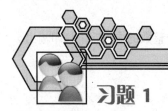

习题 1

一、填空

1. 机器语言即是指计算机本身自带的_____。

2. 将汇编语言编写的程序翻译成机器语言程序的过程称为_____，完成这个翻译工作的程序称为_____。

3. 在 C 语言程序中，写 "\110" 和写 "\x68"，分别代表字母_____和字母_____。

4. 在用 New 命令创建新的 C 源程序时，文件名默认为是_____。

5. C 语言程序都是从名为_____的函数开始执行的。

二、选择

1. 下面给出的命令中，（　　）不能保存源程序对应的 ".OBJ" 文件。

　　A. Make EXE file　　B. Run　　　　　　C. Save　　　　　　D. Compile to OBJ

2. 下面给出的编辑命令中，（　　）是用来定义块首标记的。

    A. Ctrl-KK   B. Ctrl-KB   C. Ctrl-KV   D. Ctrl-KH

3. 下面给出的编辑命令中，（　　　）是用来定义块尾标记的。

    A. Ctrl-KK   B. Ctrl-KB   C. Ctrl-KV   D. Ctrl-KH

4. 以下的（　　　）是不正确的转义字符。

    A. \\\\   B. \\'   C. \\81   D. \\0

5. 转义字符"\\x65"对应的字母是（　　　）。

    A. A   B. a   C. e   D. E

三、是非判断

1. Turbo C 中，只有命令 New 才能创建新的源程序文件。（　　　）

2. 使用主菜单 File 下面的 Save 命令，可以保存 ".EXE" 文件。（　　　）

3. Turbo C 是"编译"型的编译程序。（　　　）

4. 由 Turbo C 产生的所有程序（源程序、目标程序和可执行程序），都是按照主菜单 File 下面的 Change dir 里指定的路径进行存盘的。（　　　）

5. main 函数在程序中的位置，与它作为程序开始执行的地位没有什么关系。（　　　）

四、编程

模仿例 1-2 编写程序，功能是从键盘接收两个整数，求出它们的和、差、积，然后分别打印输出。

第2章

数据类型、运算符与表达式

C 这种程序设计语言的功能，是由设计 C 的编译程序的人决定的，也即它们取决于 C 语言的实现者。所以，我们应该尽量从 C 语言实现者的角度，也就是 C 编译程序的角度去学习和理解 C 语言。只有这样，才能真正学会和用好它。

用常量、变量表示数据，用各种运算符组成表达式，这是人们早已习惯了的。在 C 语言的程序中，也顺应了这样的做法。那么，C 语言中到底允许有哪些类型的常量、变量？一个变量的数据类型、存储类型告诉编译程序哪些重要的信息？在 C 语言中如何来对一个变量做出完整的说明？C 语言中有哪些运算符？哪些运算符是我们感到生疏的？它们代表了什么运算？它们都构成哪些表达式？这些问题，就是本章所要讨论的。

本章着重讲述以下 5 个方面的内容：

（1）C 语言的基本数据类型；

（2）C 语言认可的常量及其表示法；

（3）C 语言中变量的数据类型、存储类型；

（4）C 语言中完整变量说明的组成；

（5）C 语言中的各种运算符和由它们组成的表达式。

2.1 C 语言的数据类型

C 语言中，所谓一个数据的"数据类型"，是数据自身的一种属性，它将告诉编译程序，这个数据需要占用多少个存储字节来存放。通常，称一个数据所占用的存储量，为该数据的"长度"。这无疑是极重要的信息，因为需要加工处理的数据，必须先存放在计算机的某个地方，然后才能使用。

C 语言中的数据类型很多，可以把它们划分为三大类：一是"基本数据类型"，二是"用户自定义数据类型"（简称"自定义数据类型"），再就是"数组"。

1．基本数据类型

所谓"基本数据类型"，是指 C 语言预先就定义好的类型，即它们所占用的存储量（字节数）是 C 语言早就规定了的，它们是：整型(int)、实型(float)、字符型(char)、指针型(*)、空型(void)。指针型将在第 5 章介绍，空型将在第 6 章涉及。本节着重介绍整型、实型、字符型，表 2-1 列出了这三种基本数据类型的类型符和它们各自需要的存储字节数。

从表 2-1 看出，整型被分为基本整型(int)与无符号整型(unsigned int)两种，又各有短(short)和长(long)之分，日常我们熟悉的整数，就属于这类数据。实型被分成单精度(float)和双精度(double)两种，日常所说的实数就是这类数据。之所以这样细分，主要是考虑到能够用不同数量的存储字节来保存它们，以便既能满足我们对数据进行加工处理的要求，也能达到节约计算机宝贵存储资源的目的。

表 2-1   C 语言基本数据类型表

基本数据类型	数据类型符	占用字节数（长度）
整型	int	2
短整型	short int	2
长整型	long int	4
无符号整型	unsigned int	2
无符号短整型	unsigned short	2
无符号长整型	unsigned long	4
单精度实型	float	4
双精度实型	double	8
字符型	char	1

2．自定义数据类型

有的书也将自定义数据类型称作"导出数据类型"或"复杂数据类型"。在程序设计时，C 语言语法允许人们根据自己的需要，通过各种基本数据类型构造新的数据类型。不过，由于这样构造的新数据类型里所含的组成成分不同，计算机事先无法知道它们确切的存储量，所以 C 语言也就无法像对待基本数据类型似的，以保留字的形式给出它们明确的类型符。为此，C 语言只向用户提供构造新数据类型的几种方法，这些方法对应的保留字是：struct(结构式)、union(共用式)以及 enum(枚举式)。用户通过这些保留字，将告诉 C 语言自己打算用什么方法来定义一个新的数据类型的类型符。有了新的类型符，用户就可以在自己的程序里用它来说明具有这种数据类型的变量了。

比如，用户要在自己的程序里定义一个结构式数据类型，那么必须先在程序里给出 struct 字样（它告诉 C 语言，下面要定义一个结构式数据类型），然后具体给出这个结构式数据类型的定义：它叫什么名字（即给出新数据类型的类型符，以便在数据类型之间相互区分）；它由哪些成分构成（从而知道这个新数据类型总共需要占用多少个字节）。这样，在用户的程序里，就有了一个地位与基本数据类型（比如 int）相当的数据类型，这种数据类型的名字就是用户给它起的类型符的名字。完成了新数据类型的定义后，用户在程序中就能用这个类型符说明一个变量具有这种数据类型，这个变量所含的成分、它所需要的字节数当然都是确定的了。至于定义结构式、共用式或枚举式数据类型的具体语法规定，将在第 7 章中介绍。

3. 数组

"数组"是一种比较特殊的数据类型，它具有自定义数据类型的特点：里面有很多的组成成分；组成成分只能是基本数据类型；事先无法知道它确切的存储量。但它又不是自定义数据类型，因为它的所有组成成分只能来自于同一种基本数据类型。

不难看出，当一个计算问题需要对大量相同类型的数据进行处理时，利用数组这种数据类型可能是最好的选择。至于有关数组的具体语法规定，我们将在第4章中介绍。

2.2 常量

所谓"常量"，是指在程序执行过程中，其值不能改变的量。C语言中有如下几种常量：整型常量、实型常量、字符常量和字符串常量。一个常量的类型，完全由它的书写格式确定，无须事先加以说明。使用时，只要在程序需要的地方直接写出来即可。

2.2.1 整型常量

值为整数的常量称为"整型常量"，简称"整常量"，它包括正整数、零和负整数。整常量的数据类型当然是整型（int）的。

在C语言的程序里，整常量可以有三种不同的书写形式：十进制、八进制和十六进制。

1. 十进制整常量的书写形式

十进制整常量就是通常意义下的整数。例如，112，2 008，−58，0等。要注意，在C语言中用十进制表示整常量时，第一个数字绝对不能是0（除了0本身外）。

2. 八进制整常量的书写形式

八进制整常量是在通常意义下的八进制整数前加上前缀数字"0"构成的。例如，在C语言中，0112表示八进制数112，它相当于十进制的74；又如−012表示八进制数−12，即是十进制数的−10；+056表示八进制数+56，即是十进制数的+46；而00则表示八进制数0，也就是十进制的0。

3. 十六进制整常量的书写形式

十六进制整常量是在通常意义下的十六进制整数前加上前缀"0x"（数字0和小写字母x）构成。例如，在C语言中，0x15表示十六进制数15，它相当于十进制的21；又如−0x5B表示十六进制数−5B，即是十进制数的−91；+0xFF表示十六进制数+FF，它相当于十进制的+255；而0x0表示十六进制数0，也就是十进制的0。

注意，八进制整常量以及十六进制整常量前的数字"0"和"0x"，并没有什么实际的意义，只起一个标识作用，用以避免与C语言中的标识符（见1.2.3节）相混淆，否则C编译程序无法区分哪个是标识符，哪个是整型常量。还要注意的是，转义符"\"后面是十六进制数时，前面要加的标识是"x"（见表1-2），而不是"0x"。因此，"\x43"是正确的转义字符，代表大写字母"C"；"\0x43"不是转义字符，编译时会给出出错信息。

整型或短整型常量属于整型数据，要用2个字节存放。在计算机中具体实现时，是将其数值转换成相应的二进制数，放在2个字节（16个二进制位）里，因此其数值范围是十进制的−32 768～+32 767；长整型常量要用4个字节存放。在计算机中具体实现时，是将其数值转换成相应的二进制数，放在 4 个字节（32 个二进制位）里，因此其数值范围是十进制的−2 147 483 648～+2 147 483 647。如果是长整型常量，在程序中书写时，需要在它的末尾添加上小写的字母"l"，或大写的字母"L"作为后缀，以便与整型或短整型常量区分开来。

例 2-1　画出整常量 286、0374 和 0x8A6C 在内存中的存放形式。

解　如上所述，把数值存放到内存单元时，都是将其转换成相应的二进制数后存放在单元里的。286（$=2^8+2^4+2^3+2^2+2^1$）是一个十进制整常量，0374（$=2^7+2^6+2^5+2^4+2^3+2^2$）是一个八进制整常量，0x8A6C（$=2^{15}+2^{11}+2^9+2^6+2^5+2^3+2^2$）是一个十六进制整常量。它们都占用内存的 2 个字节。其存放形式分别见图 2-1（a）、图 2-1（b）和图 2-1（c）。

我们已经知道，在 printf()函数里，使用格式符"%d"，可以把要输出的整型值，按照十进制的形式加以输出。如果把格式符换成"%o"或"%x"，则可以把要输出的整型值，按照八进制或十六进制的整型形式加以输出。如果在 d，o，x 的前面添加一个小写字母"l"，就可以把要输出的长整型值，按照十进制、八进制或十六进制的长整型形式加以输出。

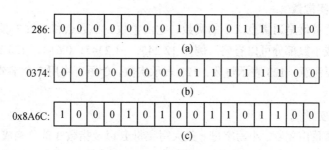

图 2-1　整数在内存中的存放形式

例 2-2　区分下面的整数哪些是整型常量，哪些是长整型常量？

```
12, 012, 0x12, 12L, 012L, 0x12L
```

解　前面 3 个整数：12、012 和 0x12 是整型常量，它们分别是十进制整数、八进制整数和十六进制整数；后面 3 个整数：12L、012L 和 0x12L 是长整型常量，它们分别是十进制长整数、八进制长整数和十六进制长整数。注意，虽然 12 和 12L 有相同的数值，但 12 在存储器中只要占用 2 个字节，而 12L 在存储器中则要占用 4 个字节。对于 012 和 012L、0x12 和 0x12L，也有同样的区别。

例 2-3　编写一个程序，将十进制整数 31，按照十进制、八进制和十六进制的形式输出。

解　（1）程序实现。

```
#include "stdio.h"
main()
{
  printf ("the decimal number of 31 = %d \n", 31);
  printf ("the octal number of 31 = %o \n", 31);
  printf ("the hexadecimal number of 31 = %x \n", 31);
}
```

（2）分析与讨论。

C 语言中是由格式符"%d"、"%o"、"%x"来控制数据的输出形式的。在函数 printf()里，"%d"、"%o"和"%x"分别决定了 31 以十进制形式、八进制形式以及十六进制形式的输出。程序运行后，观察用户窗口，其输出如图 2-2 所示。

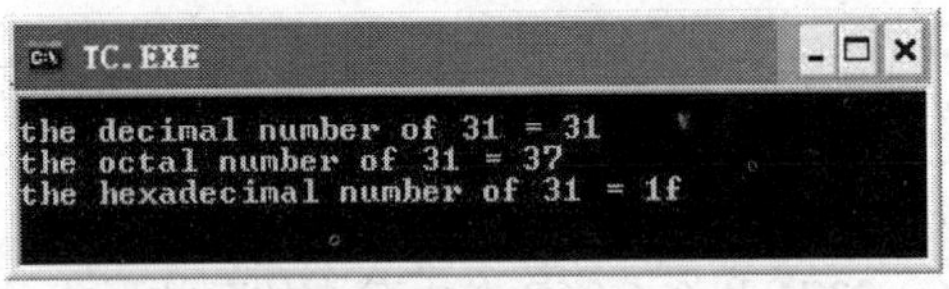

图2-2　十进制、八进制和十六进制整数的输出形式

注意，如果把例中的"%x"改为"%X"，那么输出的结果将是"31=1F"。

2.2.2　实型常量

值为实数的常量称为"实型常量"，简称"实常量"。在C语言中，整常量有十进制、八进制和十六进制3种书写形式，但是实常量只有十进制的书写形式，没有八进制和十六进制的实常量。在C语言中表示十进制的实常量，可以采用一般形式与指数形式两种办法。

1．一般形式的实常量

一般形式的实常量就是通常意义下的实数，它由整数、小数点和小数3部分构成。小数点是必须出现的。整数或小数部分可以省略。例如12.245，-1.2345，0.618，.123或123.都是C语言中合法的实常量。要注意，123表示整数，123.表示实数，C语言将用2个字节存放123，用4个字节存放123.。

2．指数形式的实常量

指数形式的实常量由尾数、小写字母e或大写字母E以及指数3部分构成，e或E必须出现。尾数部分可以是整数，也可以是实数；指数部分只能是整数（可以带+或-符号）。例如2.75e3，6.E-5，.123E+4等都是C语言合法的以指数形式表示的实常量；而.E-8（尾数部分只有小数点），e3（没有尾数），3.28E（没有指数），8.75e3.3（指数不能是实数）等都不是C语言合法的实常量。

可以用不同的尾数和指数，表示同一个实数。比如对于实数125.46，可以表示为125.46e0，12.546E1，1.2546e2或0.12546E3等。在这些形式中，如果尾数部分被写成小数点前有且仅有一位非0数字，那么就称它为"规范化的指数形式"。比如，125.46规范化的指数形式是1.2546e2。在C语言中，如果以指数形式输出实数时，都是按规范化的指数形式输出的。

实常量属于实型。从表2-1知道，如果它是单精度的，则要用4个字节来存放它；如果它是双精度的，那么要用8个字节来存放它。在printf()函数里，如果把格式符换成"%f"或"%e"，就可以把要输出的实型值，按一般形式或指数形式（单精度）加以输出。

例2-4　编写一个程序，将十进制实数125.46，按照一般形式和指数形式加以输出。

解　（1）程序实现。

```
#include "stdio.h"
main()
{
  printf ("the normal form of 125.46 = %f \n", 125.46);
  printf ("the exponential form of 125.46 = %e \n", 125.46);
}
```

（2）分析与讨论。

格式符"%f"、"%e"能够控制数据的输出形式。因此在函数printf()里，"%f"决定了125.46以一般形式输出，"%e"决定了125.46以指数形式输出。

程序运行后，观察用户窗口，其输出结果如图 2-3 所示。

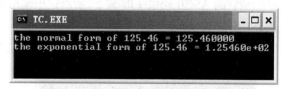

图 2-3　十进制实数的输出形式

2.2.3　字符常量

C 语言中，用一对单引号前、后括住的单个字符被称为"字符常量"。比如，'b'、'G'、'='和'%'等，都是字符常量。

由于转义字符本质上是一个字符，所以用一对单引号前、后括住转义字符，也就形成了一个字符常量。比如，"\n"、"\x41"和"\110"等都是字符常量，分别表示回车换行、大写字母 A 和数字 6。由表 1-2 里列出的各种转义字符可以看出，如果要得到反斜杠"\"这个字符常量，在程序中应该写成"\\"；要得到单引号"'"这个字符常量，在程序中应该写成"\'"。

C 语言是区分字母大小写的。因此，"a"和"A"是两个不同的字符常量。

程序中书写字符常量时，虽然要用一对单引号前、后把它括住，但单引号只起一个标识作用，并不是字符常量的组成部分。字符常量属于字符（char）型数据。由表 2-1 知，计算机将用一个字节（8 个二进制位）来存放字符，存放的内容是该字符相应的 ASCII 码值（见附录 2）。

ASCII 码值的数值范围是十进制的 0~127，只要用一个字节就可以放下。因此，如果限制整常量的值在 0~127 之间，那么从整常数的角度看，它是这个整常数的数值；从字符常数的角度看，它可以是一个字符的 ASCII 码值。所以，在 0~127 之间，整常量和字符常量可以通用。

在 printf()函数里，如果把格式符换成 "%c"，就可以把要输出的字符常量，按照其相应的字符形式打印出来。

例 2-5　编写一个程序，将整常量 100 按照十进制和字符两种形式加以输出；将字符常量'9' 按照字符和十进制两种形式加以输出。

解　（1）程序实现。

```
#include "stdio.h"
main()
{
 printf ("the decimal form of 100 is %d \n", 100);
 printf ("the character form of 100 is %c \n", 100);
 printf ("the character form of '9' is %c \n", '9');
 printf ("the decimal form of '9' is %d \n", '9');
}
```

（2）分析与讨论。

程序运行后，输出结果如图 2-4 所示。

由于整常量 100 的十进制数值就是 100，所以第 1 个 printf()里的格式符 "%d"，将打印出 100。由于 100 在 0~127 之间，可把它看作是字符的 ASCII 码值，于是第 2 个 printf()里的格式符 "%c"，就打印出字母 d（它的 ASCII 码值是十进制数 100）。第 3 个 printf()是按字符形式输出字符常量'9'，因此打印出 9（注意是字符 9，而不是数字 9）。第 4 个 printf() 是要把字符常量按十进制形式输出，由于存放字符'9'的字节里存的是它的 ASCII 码值（即 57），所以这里输出 57。

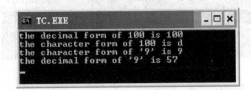

图 2-4　整常量与字符常量的关系

2.2.4　字符串常量

在 C 语言中，用一对双引号前、后括住的零个或若干个字符，被称为"字符串常量"，简称"字符串"。比如"a character string"、"G"、"486"和"\t\"Name \\Address\n"等都是字符串。要注意的是，若双引号内没有括任何字符，即""，称为"空字符串"。

一个字符串中所包含的字符个数，称为该"字符串的长度"。字符串中若有转义字符，则应该把它视为一个整体，当做一个字符来计算。比如，字符串"This is a book"的长度是 14（11 个英文字母和 3 个空格符）；"abcDEF_CCTV"的长度是 11；"tb\101&xy\x44"的长度是 7（其中\101 和\x44 是转义字符）。

存储字符串时，也是存放每个字符相应的 ASCII 码值。因此，一个字符只需要用一个字节来存放。不过，C 语言中每个字符串所含的字符个数是不同的（比如，字符串"This is a book"需要 14 个字节；字符串"abcDEF_CCTV"需要 11 个字节；字符串"tb\101&xy\x44"需要 7 个字节）。因此，存储区里只存放字符串里所含的字符，无法判定某字符串是否结束。为此，在 C 语言中总是为一个字符串分配"长度+1"个字节来存放它。即在顺序存放完字符串里的字符后，在存储区的最后一个字节里存放一个 ASCII 码值为 0 的字符，以标识该字符串的结束。这个 ASCII 码值为 0 的字符，称为"空字符"，程序中以转义字符"\0"的形式书写，它是字符串的"结束标记"。

例 2-6　画出字符串"This is a book"在内存中的存放形式。

解　这个字符串共有 14 个字符，因此要分配给它 15 个字节的存储区来存放，前 14 个字节放 14 个字符对应的 ASCII 码值，最后一个字节放字符串结束符"\0"，如图 2-5 所示。图中每个字节里的数值，是该字符的十进制 ASCII 码值，下面列出的是 ASCII 码值对应的字符。

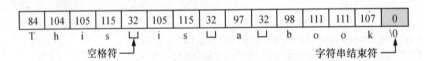

图 2-5　字符串在内存中的存放形式

例 2-7　在 C 语言中，'a'和"a"有什么区别？

解　'a'是一个字符常量，C 语言只需用一个字节来存放字母 a 的 ASCII 码值（十进制的 97）。"a"是一个长度为 1 的字符串常量，C 语言要用 2 个字节来存放"a"：第 1 个字节存放字母 a 的 ASCII 码值（十进制的 97），第 2 个字节存放字符串结束符"\0"。所以，'a'和"a"是完全不同的，图 2-6 画出了它们在存储上的不同。

例 2-8　在 C 语言中，1、'1'和"1"三者有什么区别？

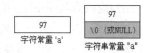

解　1 是一个整型常量，因此 C 语言要用 2 个字节来存放整型常量 1 的数值，如图 2-7（a）所示；'1'是一个字符常量，因此 C 语言要用 1 个字节来存放字符 1 的 ASCII 码值（十进制的 49），如图 2-7（b）所示；"1"是一个长度为 1 的字符串常量，因此 C 语言要用 2 个字节来存放字符串"1"，第 1 个字节放字符 1 的 ASCII 码值（十进制的 49），第 2 个字节放字符串结束符 "\0"，如图 2-7（c）所示。可见，它们在 C 语言里是三个完全不同的数据。

图 2-6　字符常量与字符串常量在内存中存放的情况

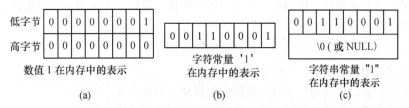

图 2-7　数值、字符常量、字符串常量在内存中的存放情况

例 2-9　在 C 语言中，'0'和'\0'有什么区别？

解　'0'是把 0 作为字符看待，形成一个字符常量。存储时，用 1 个字节存放它的 ASCII 码值（十进制的 48）即可，如图 2-8（a）所示；'\0'是把空字符（即 NULL）视为一个字符，形成一个字符常量。存储时，用 1 个字节存放它的 ASCII 码值（十进制的 0），如图 2-8（b）所示。所以'0'和'\0'虽然都是字符常量，但却是完全不同的。

在 printf()函数里，如果把格式符换成 "%s"，就可以把要输出的字符串常量，按照原样打印输出。比如有程序如下：

```c
#include "stdio.h"
main()
{
  printf ("%s\n", "What is this?");
  printf ("%s\n", "This is a book.");
  printf ("%s\n", "This is a computer book.");
}
```

运行该程序后，在用户屏上看到的结果如图 2-9 所示。

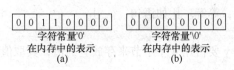

图 2-8　'0'和'\0'在内存中的存放情况

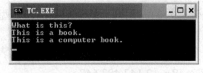

图 2-9　字符串常量的输出

最后要强调一点，空字符串（""）和包含一个空格符的字符串（" "）是不同的两个字符串常量，不能把它们混为一谈。

2.3 简单变量

在 C 语言中，允许其值发生变化的量，被称为 "变量"。编写程序时，都用变量来存放程序执行时的输入数据、中间结果以及最终结果等。

　　用户应该为程序中用到的每一个变量起一个名字，以示区别。为变量取的名字，称为"变量名"。在 C 语言中，为变量起名时应符合标识符的命名规则，即变量名只能以字母或下划线开头。为了区分是 C 语言系统本身使用的变量名，还是程序中用户给变量起的名字，习惯的做法是：C 语言系统使用的变量名，以下划线开头；用户程序中的变量名，以字母开头。另外，用户为变量起的名字里的英文字母，多用小写。

　　一个变量的可能取值，决定了这个变量的数据类型。根据变量的数据类型，就能为其分配所需要占用的存储字节数。另外，分配给一个变量使用的存储区，在程序运行过程中是长期占用？还是临时使用？这是变量的"存储类型"要解决的事情。最后，在说明一个变量时，同时给出它的取值，这就是"变量的初始化"。

　　于是，在程序中说明一个变量时，最完整的做法是：

　　（1）给出该变量的名字（以示区别）；

　　（2）给出该变量的数据类型（以决定所分配存储区的大小）；

　　（3）给出该变量的存储类型（以表明是长期占用还是临时使用）；

　　（4）还可以给出该变量的初始取值（变量初始化）。

2.3.1　变量的数据类型

　　程序中使用某个变量之前，最起码应该先对它进行说明，即做两件事情：起一个名字（变量名），指定它的数据类型。于是，变量说明语句的最基本格式是：

```
<数据类型符> <变量名>;
```

　　其中<数据类型符>就是表 2-1 中给出的各种数据类型符。

　　注意，千万不要忘记变量说明语句的最后要以分号（；）结束。

1．整型变量的说明

　　用数据类型符 int，可以将一个变量说明为是整型的。比如语句：

```
int x;
```

说明了一个名为 x 的变量是整型的，因此表示 x 要占用 2 个字节来存放它的值，其取值范围是 $-32\ 768 \sim +32\ 767$。

　　在整型变量说明符 int 的前面加上修饰符 signed、unsigned、long 或 short 后，就可以说明一个变量是带符号的、无符号的、长型的或短型的，等等。比如语句：

```
long int y;
```

说明了一个名为 y 的变量是长整型的，因此表示 y 要占用 4 个字节来存放它的值，其取值范围是 $-2\ 147\ 483\ 648 \sim +2\ 147\ 483\ 647$。

　　对于整型变量来说，有如下几点要注意。

　　（1）如果在说明一个整型变量时含有修饰符 signed、unsigned、long 或 short 等，那么 int 可以省略不写。即：

```
long int y;  与  long y;
```

　　两个语句所说明的变量 y 的含义是相同的。

　　（2）当在 int 前面没有修饰符时，默认为是带符号的，即 int 就是 signed int。

　　（3）signed int 与 unsigned int 的区别在于对该数的（二进制）最高位的解释不同：对于前者，

是把最高位当作符号位看待；对于后者，是最高位仍用于存储数据。

2．实型变量的说明

用数据类型符 float 或 double，可以将一个变量说明为是单精度实型的或双精度实型的。比如语句：

```
float x; 和 double nt;
```

这两个变量说明语句，第 1 个把 x 说明为是单精度实型的，需要分配给它 4 个字节来存放自己的值；第 2 个把 nt 说明为是双精度实型的，需要分配给它 8 个字节来存放自己的值。

3．字符型变量的说明

用数据类型符 char，可以将一个变量说明为是字符型的。比如语句：

```
char ch;
```

说明变量 ch 是字符型的，C 语言要用 1 个字节来存放该变量的 ASCII 码值。

关于变量的数据类型说明，有如下几点要注意。

（1）任何一个变量都必须遵循"先说明后使用"的原则。也就是说，只有已经用变量说明语句说明了的变量，才能在程序中使用，若违反了这个规则，程序就不会通过编译。

（2）在一个变量说明语句中，可以同时说明多个相同数据类型的变量。比如语句：

```
int a, b, c;
```

说明了变量 a、b 和 c 都是整型的，它们每一个都需要 2 个存储字节来存放自己的值。

（3）变量类型说明语句可以放在所有函数的外面，也可以放在某个函数的里面。如果是后者，那么必须将说明集中放在函数的最前面。比如有程序：

```
#include "stdio.h"
int qc;
double hg;
main()
{
  int i, j, k;
  char ch;
  …
}
```

qc、hg 是在函数 main 外说明的变量，i、j、k 和 ch 是在函数 main 内说明的变量。当然，把变量说明放在函数内或外，变量所起的作用是不相同的。第 6 章将会介绍这些内容。

（4）在同一个函数中说明的变量，变量名绝对不能相同。

（5）在 C 语言中，只有字符串常量，没有字符串型变量。之所以这样，是因为 C 语言规定任何一种数据类型（即使是用户自定义的数据类型）的长度都应该是固定的，但字符串的长度却不能确定，所以不能有这种数据类型的变量。

2.3.2 变量的存储类型

C 语言的系统分给用户使用的内存空间，有 3 个部分：

（1）应用程序区——用于存放用户程序；

（2）静态存储区——用于存放在程序执行的全部过程中，都需要保存的那种数据；

（3）动态存储区——用于存放在程序执行时，临时需要保存的那种数据。

那么，在程序里给出了一个变量说明之后，究竟应该把该变量分配在哪个存储区：是占用内存的静态存储区还是占用内存的动态存储区？这样的信息，将由变量的存储类型符传递给 C 语言的编译程序。表 2-2 给出了 C 语言允许使用的存储类型符。

表 2-2   C 语言的存储类型符

存 储 类 型	存 储 类 型 符	存 储 地 点
自动型	auto	动态存储区
寄存器型	register	CPU 的通用寄存器
静态型	static	静态存储区
外部型	extern	静态存储区

为了说明一个变量的存储类型，只需在变量说明语句里添加存储类型符即可。这时的变量说明语句的一般格式成为

```
<存储类型符> <数据类型符> <变量名>；
```

比如，如下的两个变量说明语句：

```
static int x; 和 auto float z;
```

使 C 的编译程序在内存的静态存储区为变量 x 分配 2 个字节的存储区；在内存的动态存储区为变量 z 分配 4 个字节的存储区。

1. 自动型变量

把存储类型符 auto 加在变量名及其类型符前时，该变量就成为一个自动型变量，简称自动变量，C 语言将在动态存储区里为其分配存储区。对于自动变量，有如下几点要注意。

（1）自动变量只能在函数内说明。

（2）如果一个变量是自动型的，那么保留字 auto 可以省略不写。也就是说，只要一个变量在函数内部被说明，并且没有显式给出其存储类型，那么就默认它是自动型的。正因为这一语法规则，前面我们所举例子中的变量，都属于自动型。

（3）在不同函数中说明的自动变量，可以取相同的名字，相同的类型（当然也可以不同），彼此间不会产生干扰。这是因为 C 语言只有在调用一个函数时，才在动态存储区里为它说明的自动变量分配存储区；退出函数时，那些被自动变量占用的存储区就立即被收回。第 6 章里还会详细介绍这方面的内容。

2. 寄存器型变量

把数据存放在寄存器里，操作起来比在内存里快。因此，可以把一个变量说明为是寄存器型的，这样编译程序就会把该变量放在 CPU 的一个通用寄存器中参与操作，比如：

```
register int x;
```

就把变量 x 说明为是一个寄存器型的整变量。对于寄存器型变量，有如下几点要注意。

（1）只能在函数的内部说明寄存器型变量。

（2）CPU 中的通用寄存器数量有限，因此程序中不能同时说明多个寄存器型变量，一般以 2 个为宜。如果超出，编译程序会把它们改设为自动型变量。

（3）不能把 long、float 和 double 型的变量定为寄存器型的。

（4）经优化后的编译程序，会自动判别程序中使用频繁的变量，并把它们存放到寄存器中，而不需要程序设计者人为地加以指定。因此，现实程序设计中已极少使用寄存器型变量。

3. 静态型变量

把存储类型符 static 加在变量名及其类型符前，该变量就成为一个静态型变量，简称"静态

变量"，C 语言将在静态存储区里为静态变量分配存储区，比如：

```
static int a;          /* a 是一个静态的整型变量 */
static double f;        /* f 是一个静态双精度的实型变量 */
```

对于静态变量，要注意如下两点。

（1）静态变量可以在函数内部说明，也可以在函数外部说明。本书只涉及在函数内部说明的静态变量。

（2）在整个程序运行期间，静态变量一直占据分配给它的存储区不予归还，直到程序运行结束。

4．外部型变量

把存储类型符 extern 加在变量名及其类型符前面，该变量就成为一个外部型变量，简称"外部变量"。C 语言将在静态存储区里为外部变量分配存储区，比如：

```
extern int x;          /* x 是一个整型外部变量 */
extern float y;        /* y 是一个实型外部变量 */
```

C 语言中，可把长的源程序分为若干个短的源程序来编写，然后分别编译，产生各自的目标程序，最后才连接装配成一个长的目标程序。因此可能会有这样的情形：源程序乙要用到源程序甲中的某个变量。为向编译程序提供这方面的信息，源程序甲就应该把这个源程序乙要用到的变量的存储类型说明为是 extern 型的，表示允许别的源程序使用该变量。本书不涉及外部（extern）型变量。

最后，关于变量的存储类型说明有如下几点要注意。

（1）如果多个变量具有相同的存储类型和数据类型，那么可以用一个语句做统一的说明。比如：

```
static int x, y, z;
```

表示 x、y 和 z，3 个都是静态的整型变量。

（2）通常，在变量说明语句中，总是在变量名前先写变量的存储类型符（如果写的话），再写变量的数据类型符。不过，存储类型符和数据类型符的书写顺序可以颠倒。

（3）在第 6 章以前，只涉及自动（auto）型变量。

2.3.3　变量的初始化与完整的变量说明语句

若在对变量进行说明的同时给变量赋予值，则称为"变量的初始化"。这样，一个完整的变量说明语句有如下的格式：

```
<存储类型符> <数据类型符> <变量名> = <常量>;
```

下面就是一些包含变量初始化在内的完整变量说明语句：

```
char ch1 = 'A', ch2 = 'g', ch3 = 'F';
static int fir_var = 12;
float num = 14.56;
```

第 1 条语句说明 3 个字符型变量，ch1 里放的是字母 A（它的 ASCII 码值），ch2 里放的是字母 g，ch3 里放的是字母 F。由于它们前面没有存储类型符，因此默认是 auto 型的；第 2 条语句说明变量 fir_var 是一个整型静态变量，初始值为 12；第 3 条语句说明变量 num 是实型的，初始值为 14.56。由于它的前面没有存储类型符，因此默认是 auto 型的。

注意，在说明一个变量时，不一定强求进行初始化。不过，对于不同存储类型的变量，在说明时进行或不进行初始化，其效果不尽相同。

对于自动（auto）型和寄存器(register)型变量，如果在说明时进行初始化，那么每次运行到该变量所在的函数时，都会随之再次被初始化；如果在说明时没有进行初始化，那么在执行到第一次赋予它值的语句之前，它的值是不确定的（也就是它的存储单元里的内容是不确定的）。只有在赋予它值（也就是往存储单元中写入数据）后，它才能参与运算。

对于在函数内说明的静态（static）型变量，如果在说明时进行初始化，那么这个初始化的工作只在第一次运行时进行。下次再运行到该变量所在的函数时，不会重新初始化，而是继承上次运行后保留的当前值参与这次运算；如果在说明时没有对它进行初始化，那么 C 编译程序会自动为其进行初始化：将整型（int）变量赋予初值 0，将实型（float、double）变量赋予初值 0.0，将字符（char）型变量赋予初值空字符（即 ASCII 码值为 0 的字符'\0'）。下次再运行到该变量所在的函数时，不会重新初始化，而是继承上次运行后保留的当前值参与这次运算。可见，静态变量总是要初始化的：或由用户做，或由系统赋予默认初始值。第 6 章里还会详细介绍这方面的内容。

例 2-10 阅读下面的程序，给出输出结果。

```
#include "stdio.h"
main()
{
  char c1=97, c2=101;
  printf ("%c\t%c\n", c1, c2);
  printf ("%d\t%d\n", c1, c2);
}
```

解 程序中说明了两个字符型变量，并进行了初始化。第 1 条 printf()语句，要求把变量 c1、c2 的内容视为 ASCII 码值来看待（%c），所以应该输出字母 a 和 e。第 2 条 printf()语句，是把 c1、c2 的内容视为数值来看待（%d），所以应该输出 97 和 101。至于出现在 printf()里的"\t"，是转义字符，表示在输出字母 a（或数值 97）后，先输出一个制表符（Tab），再输出字母 e（或数值 101）。所以，程序执行后输出结果为

```
a       e
97      101
```

例 2-11 编写一个程序，从键盘输入一个字符后，把该字符的 ASCII 码值加 1，输出新字符。

解 （1）程序实现。

```
#include "stdio.h"
main()
{
  char ch;                    /* 这里也可以说明为 int ch; */
  scanf ("%c", &ch);
  printf ("%c\n", ch+1);
}
```

（2）分析与讨论。

一个字符数据既可以以字符的形式输出，也可以以整数形式输出。以字符形式输出时，C 语言是先将其存储单元中的 ASCII 码值转换成相应字符，然后再输出；以整数形式输出时，C 语言就直接将存储单元里的 ASCII 码作为整型数输出。

由于在一定范围内，字符型数据和整型数据之间是通用的，所以字符型数据可以进行算术运算，也就是对其 ASCII 码进行算术运算。这里，printf ("%c\n", ch+1)表示是将键盘输入的字符（存放在变量 ch 里）的 ASCII 码加 1 后以字符形式输出，因此恰是输入字符后面跟随的那个字符。

比如，输入 A（ASCII 码为 65），加 1 后就应该输出 B（ASCII 码为 66）。

2.3.4 变量的地址与取地址符 "&"

程序中说明了一个变量之后，就会有一个存储区与之对应。这个存储区的第 1 个字节的地址，称为是该变量的"地址"。C 语言里，一个变量的地址要通过在变量前加"&"符号来得到，称"&"为"取地址符"。在第 1 章里介绍简单的 C 语言程序时曾说过，格式输入语句：

```
scanf ("%d%d", &m, &n);
```

在变量 m 和 n 前面加上字符"&"，就是变量 m 和 n 的地址。变量的地址是一个无符号的数值，在 printf() 函数里如果把格式符换成"%u"，就可以把系统分给某个变量的地址打印出来。

例 2-12 编写一个程序，将分配给变量的地址打印出来。

解 （1）程序实现。

```
#include "stdio.h"
main()
{
  int x = 64; float y = 44.23; char ch = 'K'; int j = 125;
  printf ("the value of x is %d, the address of x is %u\n", x, &x);
  printf ("the value of y is %f, the address of y is %u\n", y, &y);
  printf ("the ascii of ch is %d, the address of ch is %u\n", ch, &ch);
  printf ("the value of j is %d, the address of j is %u\n", j, &j);
}
```

（2）分析与讨论。

程序中说明了 4 个不同类型的变量：x 和 j 是整型的，y 是实型的，ch 是字符型的，连续用 4 条 printf() 语句将诸变量的取值（利用格式符 %d 和 %f）以及分配给各自的存储区地址（利用格式符 %u）打印了出来。为了打印出变量的地址，在 printf() 里对应于 4 个格式符 %u 的是变量的地址，即 &x、&y、&ch、&j。图 2-10（a）给出了程序的执行输出，图 2-10（b）是内存分配的示意。

从图 2-10（b）可以看出，由于变量 x 是 int 型的，所以分配给它 2 个字节（65 490～65 491），它的地址是 65 490；变量 y 是 float 型的，所以分配给它 4 个字节（65 492～65 495），它的地址是 65 492；变量 ch 是 char 型的，所以分配给它 1 个字节（65 497），它的地址是 65 497；变量 j 是 int 型的，所以分配给它 2 个字节（65 498～65 499），它的地址是 65 498。

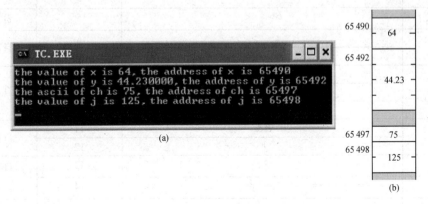

图 2-10 用 %u 打印出变量的地址

31

要说明的是，这里给出的存储区地址，只是在作者计算机运行环境下的结果。当在用户各自的机器上运行该程序时，有可能输出不同的结果。

2.4 C 语言的运算符与各种表达式

用来表示各种运算的符号称为"运算符"。C 语言的运算符种类非常多，有一些是我们熟悉的，有一些则是陌生的。比如前面介绍的取地址符"&"，有的书就把它视为是一个运算符，这个运算符作用在变量上，结果得到该变量的存储地址。

下面按算术运算符、赋值运算符、关系运算符、逻辑运算符、条件运算符、逗号运算符和位运算符的分类，对 C 语言的基本运算符进行介绍。注意，有的运算符只需一个运算对象，称为"单目运算符"；有的需两个，称为"双目运算符"；最多的需要 3 个，称为"三目运算符"。

用运算符把运算对象连接在一起组成的式子，称为"表达式"。随表达式中运算符的不同，有算术表达式、赋值表达式、关系表达式、逻辑表达式、条件表达式和逗号表达式等。每种表达式按照运算符的运算规则进行运算，最终都会得到一个结果，称为"表达式的值"。

当表达式中有多个运算符时，先做哪个运算，后做哪个运算，必须遵循一定的规则，这种运算符执行的先后顺序，称为"运算符的优先级"。优先级高的运算符的运算必须先于优先级低的进行。圆括号能够改变运算的执行顺序：其内的运算优先级最高。对于优先级相同的运算符，将由该运算符的结合性来决定它们的运算顺序。在 C 语言中，同级别运算符可以有两种结合性。所谓结合性是"自左向右"的，意即由左向右遇到谁就先做谁；所谓结合性是"自右向左"的，意即由右向左遇到谁就先做谁。表 2-3 给出了 C 语言中的运算符分类、运算符、它们的优先级（数字越小者，优先级越高）以及结合性。我们习惯的算术运算符都是自左向右结合的，因此根本不提运算符的结合性。在学习 C 语言时，大家必须关注那些结合性为自右向左的运算符。

表 2-3   C 语言运算符汇总

运算符类型	运　算　符	优先级	结　合　性
基本	() [] -> .	1	自左向右
单目	! ~ ++ -- + - (type) * & sizeof	2	自右向左
算术	* / %	3	自左向右
	+ -	4	
移位	>> <<	5	自左向右
关系	< <= > >=	6	自左向右
	== !=	7	
位逻辑	&	8	自左向右
	^	9	
	|	10	
逻辑	&&	11	自左向右
	||	12	
条件	? :	13	自右向左
赋值	= += -= *= /= %= |= ^= &= >>= <<=	14	自右向左
逗号	,	15	自左向右

2.4.1　算术运算符与算术表达式

表 2-4 列出了 C 语言中的算术运算符及其含义。

由这些算术运算符把数值型运算对象连接在一起，就构成了所谓的"算术表达式"。表中所列的前 5 种运算符是人们熟悉的，下面对除（/）、模（%）、增 1（++）、减 1（--）4 种运算符做一些说明。而其中的增 1、减 1 运算符，对我们来说则是以前完全没有接触过的新运算符。

表 2-4　　　　　　　　　　　C 语言的算术运算符

名　称	运　算　符	运算对象个数	含　义
负	-	单目	取负
正	+	单目	取正
减	-	双目	减法
加	+	双目	加法
乘	*	双目	乘法
除	/	双目	除法
模	%	双目	整除取余
减 1	--	单目	自减 1
增 1	++	单目	自加 1

1．除法运算符：/

C 语言规定，该运算符的运算规则与运算对象的数据类型有关：如果两个运算对象都是整型的，则结果是取商的整数部分，舍去小数（也就是做整除）；如果两个运算对象中至少有一个是实型的，那么结果是实型的，即是一般的除法。

例 2-13　有一个程序如下，试分析输出的结果。

```
#include "stdio.h"
main()
{
  int x = 26, y = 8;
  float f = 26.0;
  printf ("26/8 = %d\n", x/y);
  printf ("26.0/8 = %f\n", f/y);
}
```

解　第 1 个 printf() 是要打印输出 x/y，即是求分数 26/8 的结果。由于这时分子和分母都是整数，所以执行的是整除，结果为 3（舍去小数）；第 2 个 printf() 是要打印输出 f/y。这时分数的分子是一个实数 26.0，所以执行的是一般除法，结果为 3.250000。图 2-11 所示是这个程序的执行结果。

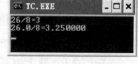

图 2-11　执行结果

这里要注意，由于我们希望求出除法 f/y 的真实值 3.250000，所以第 2 条 printf() 语句中，安排的是格式符 "%f"。即按实数的形式打印输出。如果把它改成：

```
printf ("26.0/8 = %d\n", f/y);
```

那么，不会打印出 3.250000，只能打印出 3。所以 printf() 中安排的格式符，将紧密地与所输出内容形式有关。

2．模运算符：%

C 语言规定，该运算符的两个运算对象必须是整型的，结果是取整除后的余数（即求余），符号与被除数相同。比如，14%5 的结果是 4；64%6 的结果是 4；13%3、13%-3 的结果都是 1（商分别是 4、-4）；-13%3、-13%-3 的结果都是-1（商分别是-4、4）。

3．增 1、减 1 运算符：++和--

增 1、减 1 运算符都是单目运算符，其运算对象只能是变量，且变量的数据类型限于整型、字符型，以及以后要学习的指针型、整型数组元素等。

增 1、减 1 运算符实施的具体操作是自动将运算对象实行加 1 或减 1，并把运算结果回存到运算对象中。所谓"回存"，是"仍然存放到运算对象的存储单元"的意思。

增 1、减 1 运算符与众不同之处，在于它们既能出现在运算对象之前，比如：++i、--j，成为所谓的"前缀运算符"；也能出现在运算对象之后，比如 x++、y--，成为所谓的"后缀运算符"。

前缀式增 1、减 1 运算符和后缀式增 1、减 1 运算符之间的差别，在于实施其增、减操作的时间。前缀式增 1、减 1 运算符，是先对运算对象完成加、减 1 和回存操作，然后才能使用该运算对象的值；后缀式增 1、减 1 运算符，是先使用该运算对象的值，然后才去完成加、减 1 和回存操作。对于这种前、后缀差异的正确理解是非常重要的。

例 2-14 有程序如下，试分析其输出的结果。

```c
#include "stdio.h"
main()
{
  int a = 3, b = 5;
  printf ("a=%d\n", ++a);
  printf ("a=%d\n", a);
  printf ("b=%d\n", b--);
  printf ("b=%d\n", b);
}
```

解 程序中说明了两个整型变量：a 的初始值为 3，b 的初始值为 5。第 1 条 printf()语句是要把++a 打印出来。由于运算符++为前缀式的，所以在打印前（即使用 a 值之前），应先做对 a 加 1 和回存的操作，然后才打印，因此第 1 条 printf()语句输出 a=4，如图 2-12（a）所示。

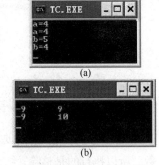
(a)

(b)

图 2-12 前缀、后缀的比较

既然 a 里的内容已经因为回存而变为 4，因此执行第 2 条 printf()语句时，输出的也是 a=4。第 3 条 printf()语句是要把 b--打印出来。由于运算符--为后缀式的，所以应该先使用（即打印）b 的值，然后才去完成对 b 减 1 和回存的操作。故第 3 条 printf()语句打印输出 b=5。由于第 3 条 printf()语句使用完 b 的值后，要对它减 1 和回存，于是 b 里的内容变为了 4。故第 4 条 printf()语句应输出 b=4，如图 2-12（a）所示。

关于增 1、减 1 运算符有如下几点要注意。

（1）++和--只能作用在变量上，不能用于常量和表达式，比如：

```c
99++, (x+y)--, (a+5)++, --(a*5)
```

等都是对它们的非法使用。这是因为只有变量有自己的单元，可以完成"回存"的动作。表达式、常量等没有存储单元与之对应，根本无法完成回存操作。

（2）++和--组成了两个新的运算符，不是通常意义的两个加号或两个减号。因此在录入源程序时，不能在++或--中间插入空格。

（3）当表达式中遇到连续出现多个加号或减号的情形时，C 语言规定从左向右尽可能多地将若干个加号或减号组成一个运算符。因此：

```
i+++j
```

C 语言将把它理解为是(i++)+j，而不是 i+(++j)。

例 2-15　有程序如下，试分析其输出的结果。

```
#include "stdio.h"
main()
{
  int a = 8;
  printf ("%d\t", -++a);
  printf ("%d\n", a);
  printf ("%d\t", -a++);
  printf ("%d\n", a);
}
```

解　程序中说明的 a 是一个整型变量,初值为 8。第 1 条 printf()语句中的-++a,相当于-(++a)。也就是说，对变量 a 应该先完成++（加 1 和回存），然后再取负打印，所以它输出-9。由于前面对 a 做了++，a 的内容变成了 9，因此第 2 条 printf()语句仍应输出 9。第 3 条 printf()语句应该理解为-(a++)。由于这时++在 a 的后面，所以先应该输出-a，即-9 以后，然后再对 a 进行++。所以第 4 条 printf()语句输出 10。这里，第 1 条 printf()语句输出-9 后，要输出一个 "\t"（制表符），第 2 条 printf()语句输出后，才输出 "\n"（回车换行）。所以，第 1、2 条 printf()语句输出的内容在同一行上，第 3、4 条 printf()语句输出的内容在同一行上，如图 2-12（b）所示。

注意：查表 2-3 可知，单目运算符+和-以及++和--的优先级是相同的，遵从自右向左的结合性。因此，例中-a++的变量 a，左边是负号运算符，右边是加 1 运算符。按照自右向左的结合性，它相当于-(a++)。如果按照自左向右的结合性，它相当于(-a)++，显然这是不对的，因为 "-a" 是一个表达式，++不能作用在表达式上。由此表明，在运算符的优先级相同时，必须注意它们的结合性，否则就有可能出现错误。

2.4.2　赋值运算符与赋值表达式

表 2-5 列出了 C 语言中的基本赋值运算符和一组算术自反赋值运算符及它们的含义。算术自反赋值运算符对我们来说是一组新的运算符，但理解它们不会感到困难。

表 2-5　　　　　　　　　　　　　　　　C 语言的赋值运算符

名　　称	运　算　符	运算对象个数	含　　义
基本赋值	=	双目	将表达式值赋予变量
加赋值	+=	双目	加表达式值后赋予变量
减赋值	-=	双目	减表达式值后赋予变量
乘赋值	*=	双目	乘表达式值后赋予变量
除赋值	/=	双目	除表达式值后赋予变量
模赋值	%=	双目	模表达式值后赋予变量

1. 基本赋值运算符：=

基本赋值运算符简称"赋值运算符"。赋值运算符是双目运算符，使用时左边必须是变量，右边是表达式，即应该具有形式：

<变量> = <表达式>

含义是先计算赋值号"="右边<表达式>的值，然后把计算的结果赋给（即存入）左边的<变量>。

运算符和运算对象组成的式子是表达式，因此上述式子即是一个表达式，称为"赋值表达式"。每个表达式都有一个值，C语言将右边<表达式>的值视为整个赋值表达式的值，也就是赋予左边变量的那个值。在赋值表达式的后面加上分号（即语句结束符），就成为一个赋值语句。它是C语言程序设计中使用得最为频繁的语句。

C语言里的赋值运算符虽然形同数学中的等号，但在C语言里它已经完全丧失了"等于"的原义，这是必须注意的。在C语言里：

x=5;

读作"把数值5赋予变量x"，即把5存放到分配给x的存储区里，它根本不表达"x等于5"的意思。所以，不能读作"x等于5"。

例2-16 有程序如下：

```c
#include "stdio.h"
main()
{
  float x;
  x = 56.57;
  printf ("x = %f\n", x);
}
```

printf()语句输出什么？

解 程序中，说明变量x时没有对它进行初始化。随后的"x=56.57;"是一条赋值语句，它把右边的数值56.57存入变量x的单元中。所以printf()语句将输出x=56.570 000。

注意，若要将程序中的几个变量赋予相同的值，那么可以把它们并写成一条赋值语句。比如，要把变量x、y、z都赋值5，那么可以写成一个语句：

x=y=z=5;

2. 算术自反赋值运算符：+=、-=、*=、/=和%=

算术自反赋值运算符的作用是把"运算"和"赋值"两个动作结合起来，成为一个复合运算符。这组算术自反赋值运算符都是双目运算符，都遵照"自右向左"的结合性。由于本质上它们都是进行赋值，所以运算符左边必须是变量，右边是表达式。

以"+="为例，其自反赋值的形式为

<变量> += <表达式>

含义是先把运算符左边<变量>的当前值与右边<表达式>的值进行"+"运算，然后把运算结果赋给（即存入）左边的变量。比如：x+=2等价于x=x+2。上述式子显然是一个表达式，也称为"赋值表达式"。

例2-17 设有如下变量说明：

int x = 8, y = 8, z = 5;

那么执行语句"x-=y-z;"后，变量x，y，z的值各是多少？

解 x-=y-z是自反式赋值表达式，所给语句等同于语句"x=x-(y-z);"，也就是语句"x=x-y+z;"。按x，y，z的值计算右边表达式，求得结果为5。将其赋给左边的变量x。于是x取值 5。由于语句 "x-=y-z;" 执行后，只改变了变量 x 的值，变量 y，z 的取值不受影响。所以最终 3 个变量的值为：

```
x=5，y=8，z=5
```

关于算术自反运算符有如下几点要注意。

（1）应该把算术自反运算符右边的表达式作为一个整体来对待。比如 "x*=y+5" 等效于 "x=x*(y+5)"，而不应该把它理解为 "x=x*y+5"，后者是错误的。

（2）由于运算符 "%" 的限制，算术自反运算符 "%=" 也只能用于整型数据，即它左边变量的当前值应该是整型的，右边表达式的值也应该是整型的。

2.4.3 关系运算符与关系表达式

表 2-6 列出了 C 语言中的关系运算符及其含义。

所有关系运算符都是双目的。用关系运算符将两个运算对象连接起来所形成的表达式，称为 "关系表达式"。关系运算符的作用是对其左、右两个运算对象进行比较，测试它们之间是否具有所要求的关系。关系表达式的最终结果是逻辑值：如果关系成立，则表达式取逻辑值 "真"，用数值 1 表示；如果关系不成立，则表达式取逻辑值 "假"，用数值 0 表示。

比如：

```
3>5
```

是一个关系表达式，它是要测试 3 是否大于 5。由于 3 不大于 5，故这个表达式的最终取值为 0，表示关系不成立。

表 2-6   C 语言的关系运算符

名　　称	运　算　符	运算对象个数	含　　义
小于	<	双目	左边是否小于右边
小于等于	<=	双目	左边是否小于等于右边
大于	>	双目	左边是否大于右边
大于等于	>=	双目	左边是否大于等于右边
等于	==	双目	左边是否等于右边
不等于	!=	双目	左边是否与右边不等

关系表达式中的运算对象可以是数值型的，也可以是字符型的。若是字符型的，则是按照它们的 ASCII 码值来进行比较。比如有关系表达式：

```
'A' > 'A'
```

它的最终取值为 0，因为字母 A 的 ASCII 码值不会大于自己的 ASCII 码值。又比如有关系表达式：

```
'A' >= 'A'
```

它的最终取值为 1，因为字母 A 的 ASCII 码值虽然不会大于自己的 ASCII 码值，但是等于自己的 ASCII 码值，所以这个关系表达式是成立的（表现为最终取值是 1）。

在 C 语言里，要特别区分符号 "==" 和符号 "="。前者是关系运算符，表示检验左右两个量之间是否具有 "等于、相等" 的关系；后者是赋值运算符，表示把右边的表达式值赋给（或存入）左边的变量。

例 2-18 试分析下面的程序输出：

```
#include "stdio.h"
main()
{
  int a = 3, b = 5, x, y, z;
  x = a > b;
  y = a < b;
  z = a == b;
  printf ("x = %d, y = %d, z = %d\n", x, y, z);
}
```

解 程序中整型变量 a 和 b 定义时被初始化为 3 和 5，而 x，y，z 都是通过赋值语句而获得值的。为什么呢？让我们来分析一下语句：

```
  x = a > b;
```

该语句里有两个运算符：=和>。查表 2-3 可知，赋值运算符的优先级低于关系运算符，因此应该先对变量 a 和 b 做>运算，然后再将结果与变量 x 做赋值运算，也就是把 a>b 的运算结果赋给变量 x。

有了这样的分析，由于变量 a 现在的值为 3，b 的值为 5，关系 a>b 和 a==b 不成立，关系 a<b 成立。所以 3 条赋值语句：

```
  x = a > b;
  y = a < b;
  z = a == b;
```

执行后，就分别把值 0 赋给变量 x，把值 1 赋给变量 y，把值 0 赋给变量 z。因此，printf()最终打印输出：

```
  x = 0, y = 1, z = 0
```

2.4.4 逻辑运算符与逻辑表达式

表 2-7 列出了 C 语言中的逻辑运算符及其含义。

逻辑运算符中，逻辑非是单目运算符，并且是前缀式的；逻辑与、逻辑或则是双目的。由逻辑运算符和运算对象构成的表达式，称为"逻辑表达式"。表 2-8 列出了逻辑运算符的运算规则。表中的 a 和 b 代表运算对象，是可以求出逻辑值的表达式。如果它们是前面所述的关系表达式，那么关系成立其结果值为 1，否则其结果值为 0；如果它们是数值，那么为了参与逻辑运算，C 语言规定非 0 的数值其结果值为 1，否则其结果值为 0。

表 2-7　　　　　　　　　　　　　C 语言的逻辑运算符

名　称	运　算　符	运算对象个数	含　义
逻辑非	!	单目	真为"假"，假为"真"
逻辑与	&&	双目	左右都成立才为"真"
逻辑或	‖	双目	左右有一个为真时就为"真"

1. 逻辑非运算符：!

从表 2-8 可以看到，逻辑非运算符是一个单目运算符，它作用在其右的运算对象上，运算结果是得到运算对象的"反"。

表 2-8 逻辑运算符的运算规则

a	b	a && b	a ‖ b	!a
0	0	0	0	1
0	1	0	1	1
1	0	0	1	0
1	1	1	1	0

比如:

```
int x = 5;
```

因为 x 不为 0, 所以其逻辑值为 1, 因此, !x 的值为 0。又由于 x 取值为 5, 因此 x−5 的值是 0, 于是表达式!(x−5)的值为 1。由此可知, 若要将一个条件的含义"反转"过来, 用"!"就能够达到目的。

2. 逻辑与运算符: &&

从表 2-8 可以看到, 该运算符作用在左、右两个运算对象上, 其结果是: 只有当两个运算对象同时为真时, 整个逻辑表达式的值才为真; 只要其中有一个为假, 整个逻辑表达式的值就是假。所以, 为了确保两个条件都为真时才做某件事, 就应该把这两个条件放在"&&"的两侧。比如有逻辑表达式: 7&&9, 由于左、右都是非 0 数值, 表示为真, 因此整个表达式的值为真(即 1)。又比如有逻辑表达式: 100&&(8−8), 左边为真, 右边为假, 所以整个表达式的值为假(即 0)。

3. 逻辑或运算符: ‖

从表 2-8 可以看到, 该运算符作用在左、右两个运算对象上, 其结果是: 只要两个运算对象中有一个为真时, 整个逻辑表达式的值就是真; 只有两个运算对象同时为假时, 整个逻辑表达式的值才是假。所以若希望两个条件中的一个为真时就去做某件事, 那么就应该把这两个条件放在"‖"的两侧。比如有逻辑表达式: 7‖0, 由于左边为真, 所以整个表达式的值为真(即 1)。又比如"int a = 5, b = 8;", 那么:

```
a > b || a != b
```

的结果为真。这是因为关系表达式: a>b 虽然不成立(取值为 0), 但是关系表达式 a!=b 却成立(取值为 1), 因此整个逻辑表达式的值为 1(真)。

使用前节介绍的关系运算符, 只能形成简单的比较条件。要把多个简单的条件组合形成复杂的条件, 就必须利用逻辑运算符。比如要表示"x 大于 a 小于 b"的数学关系:

```
a < x < b
```

在 C 语言里就要写成:

```
x > a && x < b
```

即逻辑运算符&&的左边是一个简单条件: x > a, 右边是一个简单条件: x < b。它把这两个简单条件组合成为一个复杂的条件: 只有 x 大于 a 并且小于 b, 这个逻辑表达式才成立(取值"真")。

关于逻辑运算符, 要注意如下几点。

(1)在参加逻辑运算时, 用非 0 值表示逻辑真, 但逻辑运算的结果则是用数值 1 来表示逻辑真; 至于逻辑假, 无论是参与逻辑运算时还是求得的运算结果, 都是以数值 0 来表示的。

(2)对于&&运算符, 只要其左边的运算对象为假, 则整个表达式肯定取值"假"(数值 0), C 编译程序不会再对右边的运算对象进行求值。

(3)对于‖运算符, 只要其左边的运算对象为真, 则整个表达式肯定取值"真"(数值 1), C 编译程序不会再对右边的运算对象进行求值。

例 2-19 分析下面程序的输出结果。

```
#include"stdio.h"
main()
{
  int x, m, n, a, b;
  m = n = a = b = 10;
  x = (m = a>b ) && (n = a>b );
  printf ("x=%d, m=%d, n=%d\n", x, m, n);
}
```

解 输出结果应该是：

```
x = 0, m = 0, n = 10
```

这是因为变量 m、n、a、b 的初始值都是 10。赋值语句：

```
x = (m = a>b ) && (n = a>b );
```

是把逻辑表达式"(m = a>b) && (n = a>b)"的值赋给变量 x。逻辑运算符&&左右两边也都是赋值表达式：左边是把关系表达式 a>b 的值赋给变量 m；右边是把关系表达式 a>b 的值赋给变量 n。

C 语言在计算这个逻辑表达式的取值时，左边的关系表达式 a>b 不成立，因此取值为 0。这就是说，变量 m 的值为 0。既然&&左边的条件已经取值为假，于是 C 语言就不再去计算这个逻辑表达式右边的条件，而直接把逻辑值 0 赋给变量 x。正因为没有去计算右边表达式的取值，所以并没有做把关系表达式 a>b 的值赋给变量 n 的操作。因此变量 n 仍保持它原有的值 10。

2.4.5　条件运算符与条件表达式

在 C 语言里，由"?"和":"两个符号组合成为条件运算符，是 C 语言里唯一的一个三目运算符。使用时的一般形式为

```
<表达式 1> ? <表达式 2> : <表达式 3>
```

其中，<表达式 1>是一个逻辑表达式，<表达式 2>和<表达式 3>的类型必须相同。由此而构成的整个表达式，称为"条件表达式"。

该条件表达式的含义是：计算<表达式 1>的值，如果值为真（非 0），则条件表达式将以 <表达式 2>的值作为自己的最终值；如果值为假（0），则条件表达式以<表达式 3>的值作为自己的最终值。可见，<表达式 1>起到一个判定作用，整个条件表达式要根据它的值来决定自己的最终取值。

例 2-20 试分析下面程序的功能。

```
#include"stdio.h"
main()
{
  int x, y;
  scanf ("%d", &x);
  y = (x%2 == 0 ) ? 0 : 1;
  printf ("x = %d, y = %d\n", x, y);
}
```

解 在程序里，先要求用户在键盘上输入一个整型数存放到变量 x 里，然后把条件表达式"(x % 2 == 0) ? 0 : 1"的值赋给变量 y。这里的关键是要理解"x%2 == 0"的含义：它表示要问一下输入的整数 x 被 2 除以后，余数是否为 0。也就是说，x 里的整数是否能被 2 除尽。我们知道只有当 x 是偶数时，x%2 的余数才为 0，即"x%2 == 0"才成立。所以这个条件表达式总的含义是：

若输入的是偶数，那么就把 0 赋给变量 y；若输入的是奇数，就把值 1 赋给变量 y。

比如，运行程序时在键盘上输入数值 12，则输出：

```
x = 12,  y = 0
```

又比如，在键盘上输入数值 15，则输出：

```
x = 15,  y = 1
```

通过该例大家应该记住："x%2==0"是判断 x 是偶数还是奇数的条件。

例 2-21　编写程序，从键盘接收输入的字符。如果字符是英文小写字母，则将其转换成大写后输出，否则输出原字符。

解　（1）程序实现。

```
#include"stdio.h"
main()
{
  char x;
  printf ("Enter a caracter!");
  scanf ("%c", &x);
  (x>='a' && x<='z') ? printf("%c\n", x-'a'+'A') : printf("%c\n", x) ;
}
```

（2）分析与讨论。

程序中要解决的第 1 个问题是如何判断输入的字符是小写。假定输入的字符在变量 x 里，若输入的是小写字母，那么其 ASCII 码值必定在字母 a 和 z 的 ASCII 码值之间，即满足条件：

```
x>='a'&& x<='z'    （或 x>=97&& x<=122 ）
```

这是判断一个字母是否是小写的条件。

推而广之，如果输入的字符是大写字母，那么其 ASCII 码值必定落在字母 A 和 Z 的 ASCII 码值之间，即应该满足条件：

```
x>='A'&& x<='Z'    （或 x>=65&& x<=90 ）
```

这就是判断一个字母是否是大写的条件。

程序中要解决的第 2 个问题是如何把小写字母变成大写。从附录 2 可知，大、小写英文字母的 ASCII 码值是连续的，因此可以很容易地在它们之间进行转换。比如，利用公式：

```
x-'a'+'A'    （或 x-32 ）
```

就可以将 x 里的小写字母转换成大写。而利用公式：

```
x-'A' +'a'    （或 x+32 ）
```

就可以将 x 里的大写字母转换成小写。

解决了这两个问题，就可以利用条件运算符 "?" 和 ":"，构成程序中所需的条件表达式：

```
(x>='a' && x<='z') ? printf("%c\n", x-'a'+'A') : printf("%c\n", x)
```

从而完成程序的设计目标。

通过该例，应该学会在编写程序时，如何来构成判定一个字母是大写还是小写的条件。

2.4.6　逗号运算符与逗号表达式

逗号运算符就是把逗号（,）作为运算符，利用它来把若干个表达式 "连接" 在一起。这样构成的表达式整体，称为 "逗号表达式"。逗号表达式的一般形式为

```
<表达式 1>, <表达式 2>, <表达式 3>, …, <表达式 n>
```

逗号表达式的执行过程是：从左到右顺序计算诸表达式的值，并且把最右边表达式的值作为

整个表达式的最终取值。也就是说，<表达式 n>的值，是逗号表达式的值。

例 2-22 执行下面程序后，输出的结果是什么？

```
main()
{
  int x = 10, y;
  y = (x + 4, x + 10);
  printf ("x = %d, y = %d\n", x, y);
}
```

解 这里，赋值表达式 y = (x + 4, x + 10)的右边是一个逗号表达式。该表达式的值是最右边表达式 x + 10 的值。因此是把 20 赋给变量 y。所以输出的结果是：

```
x = 10, y = 20
```

注意：在这里圆括号不能去掉。如果去掉圆括号，语句：

```
y = (x + 4, x + 10);
```

就成为语句：

```
y = x + 4, x + 10;
```

那么程序就是：

```
main()
{
  int x = 10, y;
  y = x + 4, x + 10;
  printf ("x = %d, y = %d\n", x, y);
}
```

这时整个语句由逗号表达式构成，它的第 1 个表达式是 y = x + 4，第 2 个表达式是 x + 10。计算第 1 个表达式，使变量 y 取值为 14。第 2 个表达式的值 20 是整个逗号表达式的值，但不会把这个值赋给变量 y。因此，程序的输出结果成为

```
x = 10, y = 14
```

2.4.7 位运算符

C 语言中的位运算，其意是按照二进制位对整个运算对象进行操作，而不是只操作其中的某一个二进制位。位运算符有位逻辑运算符、移位运算符，以及位自反赋值运算符 3 种。无论是哪一种位运算符，运算对象都只能是整型（包括字符型）的，运算的结果仍然是整型的。

1. 位逻辑运算符

表 2-9 列出了 C 语言中的位逻辑运算符及其含义。从表 2-9 中看出，C 语言中的位逻辑运算符，除了"位非"外，都是双目的。注意，位逻辑运算符都是以运算对象二进制形式的对应位，一位位地进行运算，相邻位之间不发生任何关系（即不考虑"进位"、"借位"等）。由位逻辑运算符和运算对象构成的表达式，称为"位逻辑表达式"。

表 2-9　　　　　　　　　　　　　C 语言的位逻辑运算符

名　称	运　算　符	运算对象个数	含　义
位非	~	单目	位 1 为 0，位 0 为 1
位与	&	双目	相应位都为 1 时，才是 1
位或	|	双目	相应位中只要有一个为 1，就是 1
按位加	^	双目	相应位中只有一个为 1 时，才是 1

例 2-23 已知 x 和 y 的二进制形式分别为：00010011 和 11110111。求～x、x&y、x|y、x^y 的结果。

解　～x 即是将 x 中原来为 1 的位变成 0，原来为 0 的位变成 1。因此，～x 为：11101100。

对于&（位与）、|（位或）、^（按位加），各自的运算规则如下：

&（位与）的运算规则：　1&1 = 1，　　1&0 = 0，　　0&1 = 0，　　0&0 = 0

|（位或）的运算规则：　1|1 = 1，　　1|0 = 1 ，　0|1 = 1，　　0|0 = 0

^（按位加）运算规则：1^1 = 0，　　1^0 = 1，　　0^1 = 1，　　0^0 = 0

所以，x&y、x|y、x^y 的结果为：

```
       00010011           00010011            00010011
 &: 11110111        |: 11110111          ^: 11110111
   ─────────          ─────────            ─────────
       00010011           11110111            11100100
```

注意，位逻辑运算符与前面讲述的逻辑运算符有如下区别：

（1）位逻辑运算符是针对二进制位的，而逻辑运算符是针对整个表达式的；

（2）位逻辑运算符要计算表达式的具体数值，而逻辑运算符只判别表达式的真（成立）与假（不成立）；

（3）位逻辑运算符&、|、^的两个运算对象是可以交换的，但逻辑运算符&&、||的两个运算对象不可交换，它们严格从左到右运算。

比如：

4&6 结果是 4，　　　4&&6 结果是 1（真）

4&8 结果是 0，　　　4&&8 结果是 1（真）

4|6 结果是 6，　　　4||6 结果是 1（真）

4|8 结果是 12，　　　4||8 结果是 1（真）

2. 移位运算符

表 2-10 列出了 C 语言中的移位运算符及其含义。

表 2-10　　　　　　　　　　　　　C 语言的移位运算符

名　称	运　算　符	运算对象个数	含　义
左移	<<	双目	整体向左移若干位
右移	>>	双目	整体向右移若干位

"<<"(左移)和">>"(右移)两个移位运算符都是双目的。由移位运算符和运算对象构成的表达式，称为"移位表达式"。

（1）左移位运算符：<<。

由左移位运算符构成的移位表达式一般为

<表达式> << n

其中<表达式>是进行移位的对象，n 指明移位的次数。功能是把左边表达式里以二进制形式给出的值向左移动 n 位，左边移出的位丢弃，右边空出的位补 0。比如，a 为 00001011。那么移位表达式 a << 3 的结果是 01011000。

（2）右移位运算符：>>。

由右移位运算符构成的移位表达式一般为

<表达式> >> n

其中<表达式>是进行移位的对象，n 指明移位的次数。功能是把左边表达式里以二进制形式给出的值向右移动 n 位，右边移出的位丢弃，如果运算对象是无符号数，则空出的位用数字 0 填补；如果运算对象是带符号数，则空出的位用符号位内容填补。

图 2-13 给出了移位运算符的操作示意。图 2-13（a）和图 2-13（b）是左移位的情形，无论运算对象是否带符号，右边移空的位总是用 0 去填补。图 2-13（c）和图 2-13（d）是右移位的情形。在运算对象是无符号数时，用 0 去填补左侧移空的位；在运算对象是带符号数时，用符号位去填补左侧移空的位。

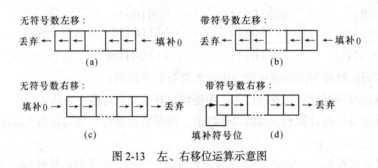

图 2-13　左、右移位运算示意图

3．位自反赋值运算符

表 2-11 列出了 C 语言中的位自反赋值运算符及其含义。

表 2-11　　　　　　　　　　　　C 语言的位自反赋值运算符

名　　　称	运　算　符	运算对象个数	含　　义
位与赋值	&=	双目	做位与操作后赋值
位或赋值	|=	双目	做位或操作后赋值
位按位加赋值	^=	双目	做位按位加操作后赋值
左移位赋值	<<=	双目	做左移位操作后赋值
右移位赋值	>>=	双目	做右移位操作后赋值

位自反赋值运算符类同于前面的算术自反赋值运算符。即：位自反赋值运算符的作用是把指定的"运算"和"赋值"两个动作结合起来，成为一个复合运算符。它们都是双目运算符，左边必须是变量，右边是表达式。以&=为例，它具有形式：

<变量> &= <表达式>

其含义是先把运算符左边<变量>的当前值与右边<表达式>的值进行"&"运算，然后把运算结果赋给（即存入）左边的变量。比如：x &= 2，相当于：x = x&2。上述式子显然也是一个表达式，统称为"赋值表达式"。

2.4.8　表达式中数据类型的转换

C 语言程序中，是通过赋值语句把右边表达式计算后的结果赋予左边变量的。那么，右边表达式里各个变量的数据类型不一致怎么办？计算后结果的数据类型与左边接受赋值的变量的数据类型不一致怎么办？这就是所谓的数据类型转换问题。

　　C 语言是这样来处理"右边表达式里各变量的数据类型不一致"的问题的：把参加运算的数据都自动转换成数据长度最长的数据类型，计算后的结果仍然保持数据长度最长的数据类型。C 语言是这样来处理"结果的数据类型与左边接受赋值的变量的数据类型不一致"的问题的：把结果的数据类型自动转换成变量的数据类型，然后赋予该变量。

　　比如有如下程序段：

```
int r = 12;             /* 圆的半径 */
float pi = 3.1415;      /* 圆周率 */
double area;
area = pi*r*r;          /* 求圆的面积 */
```

　　执行语句：area = pi*r*r 时，右边的算术表达式 pi*r*r 里，r 是 int 型的，pi 是 float 型的。因此在计算前，C 语言先将 r 的类型转换成为 float 型，然后进行计算。这时求出值的类型应该是 float 型的。由于左边的 area 是 double 型的，因此在把计算结果赋给 area 前，C 语言就把该结果转换成 double 型，然后将其存入 area。注意，这种数据类型的转换，只在计算表达式或赋值时进行，并不影响原有变量的类型。也就是说，虽把 r 的类型转换成为 float 型，但 r 仍是 int 型的。

　　上面的数据类型转换，是 C 语言自动完成的。在编写程序时，如果有必要的话，程序设计人员也可使用 C 语言提供的强制式数据转换方式，以得到自己所希望的数据类型。具体做法是在需要进行类型转换的表达式前面，用圆括号括住所希望的数据类型说明符。这样，C 语言就能够把该表达式转换成所指定的数据类型了。

　　强制式数据转换的一般格式是：

（<数据类型符>）（<表达式>）

例如，(float)(x+5)表示计算出 x+5 的值之后，把该值强制转换成 float 型。

　　关于数据类型的转换，要注意如下两点：

　　（1）无论是自动转换还是强制转换，都只是临时性的，不会改变所涉及变量原有的数据类型和取值；

　　（2）当把数据长度长的计算结果转换存入数据长度短的变量中时，有可能会影响到数据的精度，因为超长部分被截掉了。

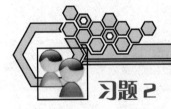

习题 2

一、填空

1. 在 C 语言中，写一个十六进制的整数，必须在它的前面加上前缀＿＿＿＿＿＿。

2. 在 C 语言中，是以＿＿＿＿＿＿作为一个字符串的结束标记的。

3. 增 1 运算符的功能是将运算对象加 1 后，把结果＿＿＿＿＿＿到运算对象。

4. 利用减 1 运算符--，下面的两个语句：

```
b = 5 + a;  a - = 1;
```

表达的功能，可以由一个语句来实现。这个语句是：＿＿＿＿＿＿。

5. 用 C 语言描述："x 是小于整数 m 的偶数"的表达式是＿＿＿＿＿＿。

二、选择

1. 以下有关增 1、减 1 运算符中，只有_____是正确的。

    A. ---a   B. ++100   C. a--b++   D. a++

2. 逻辑表达式 5&2||5|2 的值是_____。

    A. 0   B. 1   C. 2   D. 3

3. 设有变量说明：int x = 5, y = 3;那么表达式

```
x > y ? (x = 1) : (y = -1)
```

运算后，x 和 y 的值分别是_____。

    A. 1 和−1   B. 1 和 3   C. 5 和−1   D. 5 和 3

4. 设有变量说明：float x = 4.0, y = 4.0;。使 x 为 10.0 的表达式是_____。

    A. x −=y * 2.5   B. x /= y + 9   C. x *= y − 6   D. x += y + 2

5. 设有变量说明：int a = 7, b = 8;。那么语句：

```
printf ("%d, %d\n", (a + b, a), (b, a + b));
```

的输出应该是_____。

    A. 7, 15   B. 8, 15   C. 15, 7   D. 15, 8

三、是非判断

1. "\0x41" 这个转义字符代表大写字母 A。（   ）

2. 在 C 语言程序中，写 012 与写 12 是一样的含义。（   ）

3. 在 C 语言中，数值也可以参加逻辑运算。非 0 数值都表示逻辑真，因此结果是 1。至于逻辑假，无论是参与逻辑运算时还是求得的运算结果，都以数值 0 来表示。（   ）

4. 在一个程序的不同函数中说明的自动变量，可以使用相同的名字。（   ）

5. 若用双引号括住空格符，就是一个"空字符串"。（   ）

四、阅读程序

1. 试分析以下语句执行后诸变量的值。

```
int x = 4, w = 5;
y = w ++ * w ++ * w ++;
z = -- x * -- x * -- x;
```

2. 阅读程序，给出输出结果。

```c
#include "stdio.h"
main()
{
  int a = 3;
  printf ("%d, %d\n", a==3, a = 3);
}
```

3. 阅读程序，给出结果。

```c
#include "stdio.h"
main ()
{
  int a, b, c;
  a = 10; b = 20; c = 30;
  a = (--b <= a) || (a + b != c);
  printf ("%d, %d\n", a, b);
}
```

第3章

C 语言程序设计的 3 种基本结构

所谓"程序结构"，即指程序中语句的执行顺序。程序设计者要把事情交给计算机去做，通常是写出一条条语句，用它们描述事情的原委，这在程序设计里称作"顺序式"结构。不过，有时需要根据某个条件的成立与否，决定做这件事，或是做那件事，这在程序设计里称作"选择式"结构。还有，有时也会根据某个条件的成立与否，去重复多次去做某件事。这在程序设计里称作"循环式"结构。人们正是通过这些结构，来组织、构建自己的程序。

在 C 语言里，到底提供了哪些用以描述选择式结构的语句？提供了哪些用以描述循环式结构的语句？正确地理解这些语句，清楚地知道这些语句使用的场合，才能够按照实际问题的需求，编写出各种各样的程序来。因此，本章是用 C 语言进行程序设计的基础。

本章着重讲述以下 4 个方面的内容：

（1）顺序结构及 C 的赋值语句；

（2）字符输入/输出函数，格式输入/输出函数；

（3）选择结构及 C 的选择语句；

（4）循环结构及 C 的循环语句。

3.1　顺序结构程序设计

如果程序中的若干语句是按照书写的顺序执行，那么这段程序的结构就是顺序式的。一般地，采用顺序结构的程序段，总是先输入数据，接着利用赋值语句对这些数据进行加工或处理，最后把结果打印输出。

C 语言没有输入/输出语句，它的输入/输出功能，都是通过调用系统提供的输入/输出函数来实现的。前面见到的诸如：

```
scanf ("%d%d", &x, &y);
printf ("x = %d, y = %d\n", x, y);
```

其中的 scanf()、printf() 是系统函数名，括号内是调用它们时需要的参数。这种把输入/输出函数直接写出来，在它们的后面加上语句结束符 ";" 的方法，就形成了所谓的输入/输出 "函数调用语句"。注意，本节介绍的输入/输出函数：

```
getchar () putchar () printf () scanf ()
```

是通过输入设备（键盘）和输出设备（显示器）来完成输入/输出的。在第 8 章，还要就文件来介绍关于对它们的输入/输出（即读/写）函数。

C 语言提供了大量的库函数（也称系统函数），供用户编写程序时调用，以减轻编程者的工作负担。C 语言把库函数分门别类地放在扩展名为 ".h" 的磁盘文件中，习惯上称这些磁盘文件为 "头文件"。程序中用到某个库函数时，必须在程序的开头写一个包含命令，即：

```
#include "头文件名"
```

以指明该函数在哪一个头文件里。由于 scanf()、printf() 两个函数都在名为 "stdio.h" 的头文件里，所以在前面所见到的程序开头，都有一条包含命令：

```
#include "stdio.h"
```

本书附录 1，列出了 C 语言中常用的库函数以及它们所属的头文件。

3.1.1 赋值语句、复合语句、空语句

1. 赋值语句

在赋值表达式的后面，加上一个语句结束符 ";"，就形成了一个赋值语句。顺序结构程序中，赋值语句被大量地使用。编程人员就是通过它，对数据进行加工或处理，然后存入指定的变量。赋值语句的一般格式是：

```
<变量> = <表达式>;
```

功能是计算出赋值运算符 "=" 右边表达式的值，然后将该值赋予左边的变量。

赋值语句也可以有如下格式：

```
<变量> @= <表达式>;
```

其中，@= 是一个算术或位自反赋值运算符，功能是将其左边的变量和右边的表达式进行指定的算术或位运算后，将所得的值赋予左边的变量。

例 3-1 有程序如下，试分析程序运行结果。

```
#include "stdio.h"
main()
{
    int x, y;
    x = 4; y = 16;
    x <<= 1;                /* 把 x 左移一位 */
    printf ("x = %d\t", x);
    x <<= 1;                /* 又把 x 左移一位 */
    printf ("x = %d\n", x);
    y >>= 1;                /* 把 y 右移一位 */
    printf ("y = %d\t", y);
    y >>= 1;                /* 又把 y 右移一位 */
    printf ("y = %d\n", y);
}
```

解 程序中，"x = 4; y = 16;" 是两条赋值语句，第 1 条使得变量 x 获得取值 4，第 2 条使得

变量 y 获得取值 16。

语句 "x<<=1;" 和 "y>>=1;" 是位自反赋值运算符，相当于：

```
x = x<<1;        和    y = y>>1;
```

前一个是把 x 中的值左移一位，后一个是把 y 中的值右移一位。每移一次，就将结果打印输出，反复做两次。最终的输出结果是：

```
8 16
8 4
```

图 3-1 所示为用户窗口上的显示结果以及具体的移位操作过程。

图 3-1   赋值语句的应用

从本题可看出，对于整数，每左移一次等于将原来的值乘 2；每右移一次等于将原来的值除 2。另外要注意，编程时 C 语言允许在一行上书写几条语句，每条都以分号结束。

2．复合语句

在 C 语言程序中，可以用一对花括号把若干条语句括起来，形成一个整体。这个整体就被称为 "复合语句"。从语法上讲，它只相当于一个语句。复合语句的一般格式是：

```
{
  语句；
  语句；
    ⋮
}
```

关于复合语句，要注意：

（1）复合语句中可以出现变量说明；

（2）复合语句中的最后一条语句的语句结束符（分号）不能省略，否则会产生语法错误；

（3）标识复合语句结束的右花括号的后面不能有语句结束符（分号）；

（4）在选择结构和循环结构中，常会用复合语句作为程序中的一个语法成分。

3．空语句

在 C 语言中，称仅由一个分号组成的语句为 "空语句"，即：

```
;
```

编译程序在遇到空语句时，不会为其产生任何相应的指令代码。这就是说，空语句不执行任何操作，它只是 C 语言语法上的一个概念，起到一个语句的作用，仅此而已。

例 3-2   阅读程序，给出输出结果。

```
#include "stdio.h"
main()
{
 int x = 10;
 ;                          /* 空语句 */
 printf ("x is %d\t", x);
 {                          /* 复合语句开始 */
  int y = 50;
  printf ("y is %d\t", y);
  ;                         /* 空语句 */
```

```
}                              /* 复合语句结束 */
  printf ("x is %d\n", x);
}
```

解 程序运行后的输出是：

```
x is 10   y is 50   x is 10
```

3.1.2 字符输入/输出函数

本节介绍的 C 语言字符输入函数 getchar() 和字符输出函数 putchar()，都在头文件 "stdio.h" 里。因此，程序中使用它们时，必须在程序的开始处书写一条包含命令：

```
#include "stdio.h"
```

否则，编译时就会报出错信息（因为编译程序找不到它们）。

1. 字符输入函数：getchar()

调用形式：getchar ()

函数功能：使程序处于等待用户从键盘进行输入的状态。输入以在键盘上按回车换行键（Enter）结束，随之返回输入的第 1 个字符。该函数没有参数。

在程序中使用该函数的一般形式是：

```
<变量> = getchar ();
```

即把由 getchar() 返回的第 1 个字符，存入赋值语句左边的 <变量>。

注意，这里是把函数 getchar() 视为一个表达式，让它出现在赋值语句的右边，形成一个赋值语句。前面我们还见过直接在 getchar() 后面加上语句结束符，独立形成函数调用语句。这是 C 语言对函数调用的两种方法。关于函数调用，在第 6 章有更详细的介绍。

例 3-3 编写一个程序，从键盘接收一个字符的输入，然后打印输出。

解 （1）程序实现。

```
#include "stdio.h"
main()
{
  char ch;                     /* 说明一个字符型变量 */
  ch = getchar ();             /* 等待从键盘输入一个字符 */
  printf ("ch = %c\n", ch);    /* 打印输出变量里的内容 */
}
```

（2）分析与讨论。

程序里，通过字符输入函数 getchar () 形成的赋值语句，将键盘输入的字符序列中的第 1 个字符存入到 ch 的。运行此程序，假定在键盘上输入字符序列 abcd 后按回车键，则 getchar() 只把输入的第 1 个字符 a 送入变量 ch 保存，如图 3-2（a）所示。

要注意的是，虽然 getchar() 函数只把输入的第 1 个字符送入变量，但在按回车键之前输入的其他字符（连同 Enter 键在内）仍然保留，它们可以被其他的 getchar() 函数所接收。比如有程序：

```
#include "stdio.h"
main()
{
  char ch1, ch2, ch3, ch4, ch5;
  ch1 = getchar ();
  ch2 = getchar ();
  ch3 = getchar ();
```

```
  ch4 = getchar ();
  ch5 = getchar ();
  printf ("ch1 = %c, ch2 = %c, ch3 = %c\n", ch1, ch2, ch3);
  printf ("ch4 = %c, ch5 = %c\n", ch4, ch5);
}
```

如果运行该程序，在遇到第 1 个 getchar()时从键盘上输入字符序列 abcd，然后按 Enter 键结束输入。这时程序的输出如图 3-2（b）所示。它表明在输入了 abcd 以及回车换行后，ch1 里接收的是输入字符序列里的第 1 个字母 a，ch2 里接收的是字母 b，ch3 里接收的是字母 c，ch4 里接收的是字母 d，ch5 里接收的是回车换行字符（所以它显示不出来）。

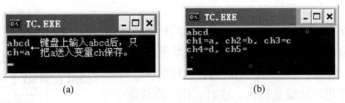

(a)　　　　　　　　　　(b)

图 3-2　getchar()的应用

2．字符输出函数：putchar()

调用形式：putchar (c)，其中 c 为该函数的参数，通常是一个已经赋值的字符型变量，或是一个字符常量。

函数功能：将字符变量 c 里的内容或字符常量在显示器上显示（即输出）。

在程序中使用该函数时的一般形式是：

```
putchar (<字符变量名>);　或 putchar (<字符常量>);
```

字符输入/输出函数 getchar()和 putchar()可以配合在一起使用。比如有如下程序：

```c
#include "stdio.h"
main()
{
  char x='G';
  putchar(x);                 /* 将 x 中的内容 G 显示输出 */
  putchar('\n');              /* 回车换行 */
  putchar (0x41);             /* 输出字母 A */
  putchar('\t');              /*输出制表符 */
  putchar('\102');            /* 输出字母 B */
  putchar('\\');              /* 输出字符\ */
  putchar('\'');              /* 输出字符' */
  getchar();
}
该程序的运行结果是：
A
A       B\'
```

3.1.3　格式输入/输出函数

本节介绍的 C 语言格式输入函数 scanf 和格式输出函数 printf()，都在头文件 stdio.h 里。因此，程序中使用它们时，在程序的开始处，应该书写一条包含命令：

```
#include "stdio.h"
```

不过，由于这两个函数在 C 语言程序设计中使用得实在是太频繁了，所以即使在程序中不写这一条包含命令，编译也不会出错。

1. 格式输入函数：scanf()

调用形式：scanf(<格式控制字符串>，<输入地址列表>)

该函数有两个参数。参数<格式控制字符串>是用双引号括起的一个字符串常量。字符串常量由两部分组成：一个是起分隔数据作用的字符，用户必须按原样从键盘将其键入，不过这部分内容可以没有；另一个是若干个以%开头、后面跟随格式字符的格式说明，由它们指出数据输入时采用的不同格式，这部分内容是必要要有的。参数<输入地址列表>列出存放输入数据的各个变量的地址。

函数功能：按照<格式控制字符串>中给出的格式说明以及数据间的分隔符，从键盘上输入数据，然后存放到输入地址列表所指示的变量地址里。

例如，图 3-3 给出了一条 scanf()语句，执行到该语句时，系统开始等待用户从键盘输入。这时，用户应该按<格式控制字符串>中给出的%d，在键盘上输入一个整数，然后输入数据分隔符逗号（,），表明这个整数输入完毕。接着根据%f，在键盘上输入一个实数，直到按键盘上的

图 3-3　scanf()函数各部分示意

Enter 键结束实数的输入。至此，系统就会把输入的整数按照变量 a 的存储地址存放；输入的实数按照变量 y 的存储地址进行存放。

表 3-1 列出了 scanf()函数中最常用的格式字符。

表 3-1　　　　　　　　　　scanf()函数中最常用的格式字符

格 式 字 符	说　　明	应 用 示 例	输 入 示 例
d	十进制整数	scanf("%d", &x);	输入 212，变量 x 里为 212
f	十进制实数	scanf("%f", &f);	输入 6.28，变量 f 里为 6.280 000
c	单个字符	scanf("%c", &ch);	输入 A，变量 ch 里为'A'(ASCII 码值)
s	字符串	scanf("%s", t);	输入 Beijing，数组 t 中为字符串"Beijing"
o	八进制整数	scanf("%o", &x);	输入 324，x 为八进制数 324
x	十六进制整数	scanf("%x", &x);	输入 D4，x 为十六进制数 D4

使用 scanf()函数输入多个数据时，最关键的是要提供判断一个数据的输入是否结束的分隔符。这可以有下面的三种方法。

方法 1　在 scanf()的格式控制字符串里，安排起到数据分隔作用的一般字符。用户输入时，必须按照安排，键入这些一般字符。

例 3-4　设 a、b 为字符型变量。执行"scanf ("a=%c, b=%c", &a, &b);"后，要使 a 为'A'、b 为'B'，试问在键盘上的正确输入是什么？

解　语句中，格式控制字符串"a=%c, b=%c"里的 a=、,、b=都是一般字符。在输入时，这部分字符用户必须按照原样从键盘键入。因此，在键盘上的正确输入形式应该是：

```
a=A, b=B          /* 这里用"✓"表示回车换行符 */
```

用户在键盘上完成这样的输入后，变量 a 里就存放字母 A 的 ASCII 码值，b 里就存放字母 B 的 ASCII 码值了。

　　方法 2　在 scanf()的格式控制字符串里，不安排任何数据分隔符，这时 C 默认是使用空格符、制表符（Tab 键）或按回车键换行符（Enter 键）作为每个数据输入完毕的分隔符。比如：

```
scanf ("%d%d%d", &a, &b, &c);
```

其中格式控制字符串里只有 3 个连续的格式说明，没有安排任何分隔符。这时，输入完一个数据后，就可以键入空格（或 Tab 键，或 Enter 键），再输入下一个数据，直到最后输入按回车键换行表示整个输入的结束。

　　方法 3　在格式符前冠以附加格式符，指明输入数据的域宽（正整数）。比如：

```
scanf ("%3d%2d%4d", &a, &b, &c);
```

其中，%3d 里的 3 就是附加格式符，表示由 d 限定的十进制数为 3 位数。因此，当在键盘上连续键入 245321258 后回车，scanf 就会自动把 245 存入变量 a，接着把 32 存入变量 b，最后把 1258 存入变量 c。

　　要正确使用 scanf()函数，还必须注意如下几点。

　　（1）所有数据从键盘输入完毕后，必须以回车换行（即键盘上的 Enter 键）作为整个数据输入的结束。

　　（2）<输入地址列表>中给出的必须是变量地址，而不能是其他。因此在变量名的前面不要忘记加上取地址符&。

　　（3）<格式控制字符串>中给出的格式说明个数（即给出的"%"个数），必须与输入地址列表中所列变量地址的个数相一致，因为它们之间应该是一一对应的。

　　2．格式输出函数：printf()

　　调用形式：printf (<格式控制字符串>，<输出变量列表>);

　　该函数有两个参数，其中参数<格式控制字符串>是用双引号括起的一个字符串常量。字符串中可以有两部分内容：一个是要求函数原样输出的一般字符；一个是若干个以"%"开头、后面跟随格式字符的格式说明，由它们规定所要输出的数据所采用的格式。参数<输出变量列表>列出了需要输出的变量名（或表达式），正是它们的内容要按照格式说明的规定加以输出。

　　函数功能：按照<格式控制字符串>中给出的格式说明，将<输出变量列表>中列出的变量值转换成所需要的输出格式，然后在显示器上输出。出现在<格式控制字符串>中的其他字符，将按照原样输出。

　　比如，图 3-4 给出了一条 printf()语句。执行该语句，就把 Two roots: x1 = 、\t x2 =，以及\n 按照原样输出（注意，\t 和\n 是两个转义字符，输出时将按照转义字符的本身含义输出）。另一方面，语句又把输出变量表中所列的变量 re1 和 re2，按照格式控制字符串里给出的两个格式说明 %f，分别将它们转换成规定的数据格式（实数）后，在指定的位置处进行输出。

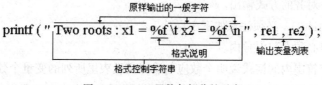

图 3-4　printf()函数各部分的示意

表 3-2 列出了函数 printf()中最常用的格式字符及示例。

表 3-2   函数 printf()中最常用的格式字符

格 式 字 符	说　　明	应 用 示 例	输 出 示 例
d	十进制 int 型	printf("x=%d\n", x);	x=212
f	十进制 double 型	printf("sum=%f\n", sum);	sum=0.628 000
c	单个字符	printf("It is %c\n", c);	It is W
s	字符串	printf("***　%s　***\n", s);	***　Beijing　***
u	无符号十进制数	printf("address=%u\n", &x);	address=65 498
o	八进制整数	printf("Oct=%o\n", x);	Oct=324
X	十六进制整数	printf("Hex=%x\n", x);	Hex=D4

在函数 printf()的格式字符前，还可以冠以附加格式字符，从中给出更多的格式输出信息。表 3-3 列出了函数 printf()中最常用的附加格式字符及示例。

表 3-3   函数 printf()中最常用的附加格式字符

附加格式字符	说　　明	应 用 示 例	输 出 示 例
m(一个正整数)	规定输出域宽	printf("x=%3d\n", x);	x=212
.n(一个正整数)	规定小数位数	printf("sum=%5.2f\n", sum);	sum=44.86
–	输出数据左对齐	printf("%-3d\n", a);	数据左对齐

例 3-5　有程序如下，试给出程序的输出格式。

```
#include "stdio.h"
main()
{
  int x = 18, y = 222, z = 34;
  printf ("%4d %4d %4d\n", x, y, z);
  printf ("%-4d %-4d %-4d\n", x, y, z);
}
```

解　两条 printf()语句里，第 1 条格式控制字符串由 3 个"%4d"组成，每个"%4d"之间有两个空格，最后安排一个按回车键换行，输出数据采用右对齐方式；第 2 条格式控制字符串由 3 个"%-4d"组成，每个"%-4d"之间有两个空格，最后安排一个按回车键换行，输出数据采用左对齐方式（因为在 4d 的前面有附加格式字符"–"）。整个结果如右图所示。

由此可以看出：函数 printf()输出时，默认输出的数据都采用右对齐方式，即输出的数据往右靠。附加格式符 m 规定的域宽，在没有这么多数字时，用空格填补。只有当出现"–"号时，数据才按照左对齐的方式输出。

正确使用函数 printf()，必须注意如下 3 点。

（1）格式控制串必须在双引号内。

（2）格式控制字符串内的格式说明个数应与输出变量表里所列的变量个数吻合，类型一致。

（3）对输出变量表里所列诸变量（表达式），其计算顺序是自右向左进行的。因此，要注意右边的参数值是否会影响到左边的参数取值。

例 3-6　有程序如下，试分析该程序的输出是什么？

```
#include "stdio.h"
main()
{
  int x = 4;
  printf ("%d\t %d\t %d\n", ++x, ++x, --x);
}
```

解 要特别注意函数 printf() 对输出变量表里所列诸变量（表达式）的计算顺序是自右向左进行的。因此 printf() 在输出前，应该先计算 --x，再计算中间的 ++x，最后计算左边的 ++x。但 %d 与输出变量的对应关系仍然是从左往右一一对应。所以，该程序执行后的输出是：

```
5    4    3
```

而不是：

```
5    6    5
```

3.2 选择结构程序设计

选择结构程序设计，就是在程序中含有可供选择的程序分支。在运行时通过对条件的判断，有选择地去执行某一个分支。在 C 语言中，实现选择结构程序设计的手段，一是用 if 语句，一是用 switch 语句。其中 if 语句有 3 种格式：if 单分支选择，if…else 双分支选择，以及 if…else if 多分支选择。

3.2.1 if 单分支选择语句

if 单分支选择语句的一般格式是：

```
if (<条件>)
<语句>;
```

功能：在程序执行过程中遇到 if 时，若圆括号里的 <条件> 取值为非 0（即条件成立），则执行 <语句>；否则，若 <条件> 取值为 0（即条件不成立），就不执行 if 中的 <语句>，而去执行该单分支选择语句的后续语句。注意，如果在条件成立时所要做的事情需要用几条语句来表达，那么格式中的 <语句> 就应该通过使用花括号以复合语句的形式出现。if 单分支选择语句的整个执行流程，如图 3-5（a）所示。

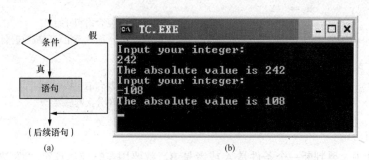

图 3-5　if 单分支选择语句

例 3-7 编写一个程序，从键盘输入一个整数，然后输出其绝对值。

解 （1）程序实现。

```
#include "stdio.h"
main()
```

```
{
  int num;
  printf ("Input your integer:\n");              /* 给出输入提示信息 */
  scanf ("%d", &num);                            /* 等待键盘输入 */
  if (num <0)                                    /* 如果输入的是负数，则变号 */
    num = -num;
  printf ("The absolute value is %d\n", num);    /* 打印输出 */
}
```

（2）分析与讨论。

程序中，当判定条件 num<0 成立时，就执行单分支语句："num = −num;"。这样，在变量 num 里，总保持是一个正数，即它的里面存放的是输入数据的绝对值。

打印语句：

```
printf ("The absolute value is %d\n", num);
```

是单分支语句的后续语句，无论"num = −num;"是否做，这条打印语句总是要执行的。比如两次运行该程序，第 1 次输入 242，第 2 次输入−108，其结果如图 3-5（b）所示。

在具体编程时，也常用 printf()给出提示信息。比如上面程序一开始给出语句：

```
printf ("Input your integer:\n");
```

即是提示用户输入数据。这样的做法，使得编写的程序具有人性化，界面更为显友好。

例 3-8 编写一个程序，输入两个整数，随之输出。然后，再输入一个字符，如果字符是 y 或 Y，则将两个整数交换后输出。

解 （1）程序实现。

```
#include "stdio.h"
main()
{
  int x, y, swap;
  char ch;
  printf ("Input two integers.\n");
  scanf ("%d%d", &x, &y);               /* 输入两个整数 */
  getchar ();                           /* 接收 scanf 遗留下来的回车键 */
  printf("x = %d, y = %d\n", x, y);     /* 第 1 次输出数据 */
  printf ("Input a character.\n");      /* 提示输入字符 */
  ch = getchar ();
  if (ch == 'y' || ch == 'Y')
  {                                     /* 复合语句开始 */
    swap = x;                           /* 下面 3 条语句完成数据交换 */
    x = y;
    y = swap;
  }                                     /* 复合语句结束 */
  printf ("x = %d, y = %d\n", x, y);    /* 单分支的后续 */
}
```

（2）分析与讨论。

在程序设计中，要判断一个条件是 A 或者是 B，就要用逻辑或运算符"||"来构成条件，即：A||B。比如，为要判断 ch 里输入的是小写 y 或大写 Y 时，其条件应该写成：

```
ch == 'y' || ch == 'Y'
```

这时写成：

```
ch = 'y' || ch = 'Y'
```

是不对的！

另外，两个变量间内容的交换，不能贸然地写成：

```
x=y;   y=x;
```

因为现在 x、y 对应的都是内存单元，执行 "x=y;" 后，原来 x 里的值就没有了。再做 "y=x;"，达不到交换的目的。为此，在程序中应说明一个临时工作变量 swap，以它为中介，分 3 步完成变量间的交换。即先执行：

①：swap = x;（把 x 里的值暂存于 swap 中）。

再执行：

②：x = y;（把 y 的值送入变量 x）。

最后执行：

③：y = swap;（把暂存于 swap 中的 x 值送入变量 y）。

交换的整个过程如图 3-6（a）所示。由于这时需要用 3 条语句来描述这一过程，所以程序中用花括号将它们括起，形成一条复合语句，即：

```
{                                    /* 复合语句开始 */
  swap = x;
  x = y;
  y = swap;
}                                    /* 复合语句结束 */
```

图 3-6 （b）给出了当输入的两个数是 25 和 48、且输入的字符是 y 时，程序的运行情况。

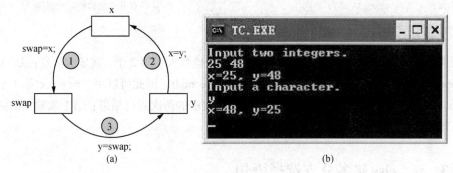

图 3-6　复合语句在 if 中的应用

3.2.2　if…else 双分支选择语句

if…else 双分支选择语句的一般格式是：

```
if (<条件>)
  <语句 1>;
else
  <语句 2>;
```

功能：在程序中遇到 if 时，若圆括号里的<条件>取值为非 0（条件成立），则执行<语句 1>；否则（即<条件>取值为 0，条件不成立）则执行<语句 2>。无论执行的是<语句 1>还是<语句 2>，随后都去做后续语句。注意，代表两个分支的<语句 1>或<语句 2>，都可以以复合语句的形式出现。If…else 双分支选择语句的整个执行流程，如图 3-7（a）所示。

例 3-9　编写一个程序，在键盘上输入两个整数，如果第 1 个大于第 2 个，则显示信息：first is greater than second!，否则显示信息：first is not greater than second!。最后显示信息：All done!。

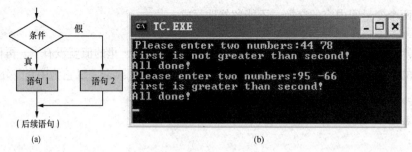

图 3-7　if…else 双分支选择语句

解 （1）程序实现。

```c
#include "stdio.h"
main()
{
  int fir, sec;
  printf ("Please enter two numbers:");          /* 提示输入两个数 */
  scanf ("%d%d",&fir, &sec);
  if (fir > sec)                                  /* 第1个大于第2个 */
    printf ("first is greater than second!");
  else                                            /* 第1个不大于第2个 */
    printf ("first is not greater than second!");
  printf ("All done!\n");                         /* 这是双分支结构的后续语句 */
}
```

（2）分析与讨论。

这是典型的双分支选择结构：如果输入的第 1 个整数大于第 2 个，就显示信息：first is greater than second!；否则显示信息：first is not greater than second!。因此可以用"fir > sec(第 1 个整数是否大于第 2 个)"作为判断条件。图 3-7（b）所示是程序的两次运行结果：第 1 次输入的两个整数是 44 和 78；第 2 次输入的两个整数是 95 和-66。

3.2.3　if…else if 多分支选择语句

if…else if 多分支选择语句的一般格式是：

```
if (<条件1>)
    <语句1>;
else if (<条件2>)
    <语句2>;
else if (<条件3>)
    <语句3>;
    ⋮
else if (<条件n-1>)
    <语句n-1>;
else
    <语句n>;
```

功能：在程序中遇到 if 时，若圆括号里的<条件 1>取值为非 0（条件成立），则执行<语句 1>；否则去判定 else if 后面圆括号里<条件 2>，如果值为非 0（条件成立），则执行<语句 2>；否则去判定下一个 else if 后面圆括号里<条件 3>的值，如果值为非 0（条件成立），则执行<语句 3>；如此等。如果<条件 1>、<条件 2>、<条件 3>、……、<条件 n-1>都为 0（不成立），那么执行 else 后面的<语句 n>。在执行了<语句 1>或<语句 2>或<语句 3>……或<语句 n>后，去执行后续语句。

注意，格式中的<语句 1>、<语句 2>、……、<语句 n>等，都可以以复合语句的形式出现，以表明需要做的整个事情。If...else if 多分支选择语句的执行流程，如图 3-8（a）所示。

例 3-10　在键盘上输入一个字符。如果字符是数字，则打印出：It is a number!；如果是小写字母，则打印出：It is a small letter!；如果是大写字母，则打印出：It is a capital letter!。否则打印出：It is a other character!。

解　（1）程序实现。

```c
#include "stdio.h"
main()
{
  char ch;
  printf ("Please enter a character:");
  scanf ("%c", &ch);
  if (ch>= '0' && ch<= '9')                    /* 是数字 */
     printf ("It is a number!");
  else if (ch>= 'a' && ch<= 'z')               /* 是小写字母 */
     printf ("It is a small letter!");
  else if (ch>= 'A' && ch<= 'Z')               /* 是大写字母 */
     printf ("It is a capital letter!");
  else
     printf ("It is a other character!");      /* 是其他字符 */
}
```

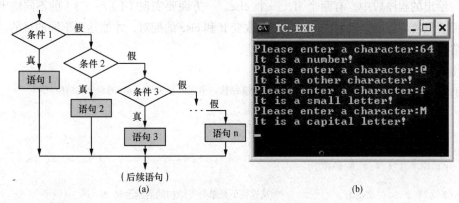

图 3-8　if...else if 多分支选择语句

（2）分析与讨论。

这是一个典型的多分支结构，各个条件分别是：是数字？是小写字母？是大写字母？是其他字符？根据输入字符的不同情况，打印出不同的信息。

图 3-8（b）所示为程序分别输入数字 64、字符@、小写字母 f 以及大写字母 M 后，运行 4 次的输出结果。

从上面的讨论可以看出，单分支和双分支的语句结构都只是根据一个条件来进行选择的，多分支语句结构则是根据多个不同的条件来做出选择。在程序中无论使用哪种选择结构，编程者都必须构造出恰当的条件，必须清楚谁是这个结构的后续语句。只有这样，才能正确地通过编写的程序，描述出所需要实现的功能。

3.2.4 if 语句的嵌套结构

在各种 if 选择结构里，其分支语句本身也可以是一个 if 选择结构语句，这就是所谓的 "if 语句的嵌套结构"。由于在这种语句中，可能会出现许多个 if 和 else，因此必须注意 if 和 else 之间的匹配问题。原则上，else 总是与它最近的 if 配对。但在一个 if 的嵌套结构中，if 和 else 的个数不一定相等。所以，为了使嵌套结构清晰，避免配对错误，编程人员应该通过使用花括号，形成复合语句，正确地表达出自己的设计意图。

例 3-11 有程序段如下。

```
if (y == 8)
if (x == 5)
printf ("@ @ @ @ @\n");
else
printf ("# # # # #\n");
printf ("$ $ $ $ $\n");
printf ("& & & & &\n");
```

假定初始时有 x=5、y=8，如何只用安插花括号形成不同复合语句的方法，使上述程序段输出以下三种各异的结果：

（1）@ @ @ @ @   （2）@ @ @ @ @ （3）@ @ @ @ @

   $ $ $ $ $ & & & & &

   & & & & &

解 给出的程序段中，有两个 if，一个 else。一方面要实现（1）～（3）的不同输出要求，另一方面又只准许安插花括号。因此，只有改变 if 和 else 的配对，才能达到不同的目的。这是对 if 嵌套结构和 C 语言复合语句的应用。

（1）的花括号安排如下。

```
if (y == 8)                    /* if 的单分支结构，里面嵌套 if…else 的双分支结构 */
{
  if (x == 5)
     printf ("@ @ @ @ @\n");
  else
     printf ("# # # # #\n");
}
printf ("$ $ $ $ $\n");         /* 从这往下是单分支结构的后续语句 */
printf ("& & & & &\n");
```

这里，让第 1 个 if 构成单分支结构，其单分支就是括在花括号里的第 2 个 if 和 else（它们两个配对形成 if…else 双分支结构）。最后两条 printf()语句是整个单分支结构的后续语句。

（2）的花括号安排如下。

```
if (y == 8)               /* if…else 的双分支结构 */
{                      /*这个分支是嵌套的 if 单分支结构 */
  if (x == 5)
    printf ("@ @ @ @ @\n");
}
else
{                     /*这个分支是一个复合语句 */
  printf ("# # # # #\n");
```

```
printf ("$ $ $ $ \n");
printf ("& & & & \n");
```

这里，由于第 2 个 if 被括在花括号里，所以 else 是与第一个 if 配对。这样，整个程序段就成为一个 if...else 的双分支结构。第 1 个分支是复合语句：

```
{
  if (x == 5)
    printf ("@ @ @ @ \n");
}
```

第 2 个分支是复合语句：

```
{
  printf ("# # # # \n");
  printf ("$ $ $ $ \n");
  printf ("& & & & \n");
}
```

这样的安排，没有语句留下来作为后续语句。

（3）的花括号安排如下。

```
if (y == 8)                      /* 这是 if...else 的双分支结构 */
{                                /* 这个分支是嵌套的 if 单分支结构 */
  if (x == 5)
    printf ("@ @ @ @ \n");
}
else
{                                /*这个分支是一个复合语句 */
  printf ("# # # # \n");
  printf ("$ $ $ $ \n");
}
printf ("& & & & \n");           /* 这是整个双分支结构的后续语句 */
```

这里，由于第 2 个 if 被括在花括号里，所以 else 是与第一个 if 配对，形成一个 if...else 双分支结构。这与（2）类同，不同的是这里把最后的 printf()作为整个双分支结构的后续语句来处理。

3.2.5　switch 多分支选择语句

用 if...else if 结构可以解决多个分支的选择问题。但当判定的条件较多时，无形中会增加程序的层次，使各方面的逻辑关系变得不那么清晰，给人们阅读和理解带来麻烦。C 语言中还提供了另一种多分支选择的语句结构：switch 语句。它将根据一个整型（或字符型）表达式的不同取值，来实现对分支的选择。

switch 多分支选择语句的一般格式如下。

```
switch (<表达式>)
{
  case 常量值1:
    <语句1>;
    break;
  case 常量值2:
    <语句2>;
    break;
    :
```

```
    case 常量值 n-1:
      <语句 n-1>;
      break;
    default :
      <语句 n>;
      break;
  }
```

语句中的 switch、case、break 和 default 这些 C 语言的保留字，都是语句的组成部分。不过，break 和 default 是任选的，语句里可以不出现。

功能：先求 switch 后圆括号内的整型表达式值，然后用该值逐个去与 case 后给出的常量值做比较。当找到相匹配者时，就执行其后的语句。随之继续执行后面 case 里的语句。只有在对所有 case 后的常量值的比较都找不到匹配者时，才去执行 default（如果有的话）后的语句。在执行匹配 case 后的语句中，若遇到 break 语句，则不再继续后面的执行，而是立即跳出 switch 语句，去执行 switch 的后续语句。所以，break 语句的功能是终止 switch 语句的执行。图 3-9 所示为 switch 语句的执行流程。

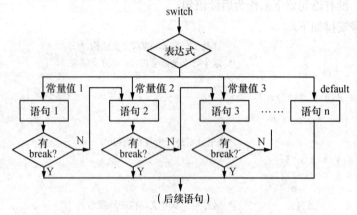

图 3-9　switch 语句的执行流程

对 switch 语句有如下几点说明。

（1）switch 后面的表达式一定要用圆括号括住，其取值必须是整型或字符型的。

（2）每个 case 与后面的常量之间要有一个空格符，常量值必须是整数或一个字符常量，并且它们不应该相同。

（3）执行完 case 后面的语句，如果没有遇到 break，那么就会自动去执行下一个 case 后面的语句，而不去判别与其常量值是否匹配。

（4）如果语句中安排有 default，那么通常都把它放在 switch 语句的最后。但这不是强求的，它在语句里出现的位置，不会影响程序的执行结果。编译程序处理 switch 语句时，总是把 default 部分放在最后去考虑。注意，当把 default 安排在最后时，它的后面可以不要 break。

（5）case 后面的语句也可以是 switch 语句，从而形成 switch 语句的嵌套形式。

例 3-12　编写一个程序，它从键盘接收一个算术运算符和两个整数。根据运算符的不同，求出相应的算术运算结果，打印输出。

解　（1）程序实现。

```
#include "stdio.h"
main()
{
```

```
      int x1, x2;
      char opt;
      printf ("Please enter an operator and two integers:");
      scanf ("%c%d%d", &opt, &x1, &x2);
      switch (opt)
      {
        case '+':                                  /* 是求两数的加法 */
          printf ("x1+x2=%d\n", x1+x2);
          break;
        case '-':                                  /* 是求两数的减法 */
          printf ("x1-x2=%d\n", x1-x2);
          break;
        case '*':                                  /* 是求两数的乘法 */
          printf ("x1*x2=%d\n", x1*x2);
          break;
        case '/':                                  /* 是求两数的除法 */
          if (x2 != 0)
            printf ("x1/x2=%d\n", x1/x2);
          else
            printf ("division by zero!\n");
          break;
        default:                                   /* 不清楚应该做什么运算 */
          printf ("unknown operator!\n");
          break;
      }
    }
```

（2）分析与讨论。

算术运算符有+、-、*和/ 4 种。因此可以根据输入的运算符，用 switch 语句来完成相应的算术运算，从而使整个程序的逻辑关系一目了然。在编写程序时，要考虑两个特殊情况：一是做除法时分母不能为 0，所以在 "case '/':" 时，分支语句是一个双分支的形式，根据分母是否为 0，做出相应的选择；二是如果输入的不是算术运算符，那么全都应该归到 "default:" 里处理。进行程序设计时，只有把各种情况都考虑到了，程序执行才会万无一失。

图 3-10 所示为这个程序运行 4 次的输出结果。第 1 次做一个正常的整除；第 2 次做一个加法；第 3 次由于输入了一个非法的运算符，所以打印出信息：unknown operator!；第 4 次由于做除法时，分母为 0，因此打印出信息：division by zero!。

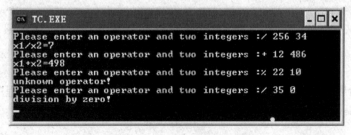

图 3-10　switch 语句的运行结果

例 3-13　有程序如下。

```
#include"stdio.h"
main()
```

```
{
  int x;
  printf ("Enter a number:\n");
  scanf ("%d",&x);
  switch (x)
  {
   case 1:
     printf ("x = 1\n");
     break;
   case 2:
     x = 1;
   case 3:
     x += 2;
     printf ("x = %d\n",x);
     break;
   case 4:
     printf ("x = %d, ", x++);
     printf ("x = %d\n", x);
     break;
  }
}
```

分别输入数据 1、2、3 和 4，让该程序运行 4 次。试问每次的输出结果是什么？

解　输入 1 时，做"case 1:"后面的语句。由于安排有 break，所以整个程序在输出结果 x=1 之后，就结束运行。

输入 2 时，输出的结果是：x=3。这是因为输入 2 时，先做"case 2:"下的 x = 1。因为后面没有 break 语句，所以继续做 case 3 后面的语句 x += 2 和 printf ("x = %d\n",x)，于是输出 3。这时遇到 break 语句，结束整个程序的运行。

输入 3 时，输出的结果是：x=5。

输入 4 时，输出的结果是：x=4, x=5。这是因为在做 printf ("x = %d, ", x++)时，x 值为 4，将 4 输出后才对 x 进行++操作。所以紧接着由 printf ("x = %d\n", x)输出 x=5。

例 3-14　实现 if…else if 多分支语句与 switch 多分支语句之间的改写。

（1）把下面给出的 if…else if 多分支语句程序段改写成 switch 多分支语句程序段。

```
if (ivalue == 1)
  ncount1++;
else if (ivalue == 2)
  ncount2++;
else if (ivalue == 3)
  ncount3++;
else
  ncount4++;
```

（2）把下面给出的 switch 多分支语句程序段改写成 if…else if 多分支语句程序段。

```
switch (ivalue)
{
  case 1:
  case 2:
  case 3:
    ncount1++;
    break;
```

```
    default:
      ncount2++;
      break;
}
```

解（1）由于这里的 if…else if 多分支语句中，都是以变量 ivalue 的整数取值来形成不同条件的。因此，可以把它改写成用 switch 语句的形式，即：

```
switch (ivalue)
{
  case 1:
    ncount1++;
    break;
  case 2:
    ncount2++;
    break;
  case 3:
    ncount3++;
    break;
  default:
    ncount4++;
    break;
}
```

（2）这个 switch 多分支语句中，"case 1:"、"case 2:" 后面没有安排任何语句，这表示 ivalue 取值 1 和 2 时，都归到 "case 3:" 去是做相同的工作：

```
ncount1++;
break;
```

当 ivalue 的取值不是 1、2 或 3 时，就做 "default:"，因此可以把该 switch 多分支语句改写成 if…else 的双分支语句。即对应的 if 语句程序段是：

```
if (ivalue == 1 || ivalue == 2 || ivalue == 3)
  ncount1++;
else
  ncount2++;
```

例 3-15　试编写一个程序，根据用户输入 1 和 2 的不同组合，进行下列不同的运算。

当 $x = 1$，$y = 1$ 时，计算 $x^2 + y^2$；
当 $x = 1$，$y = 2$ 时，计算 $x^2 - y^2$；
当 $x = 2$，$y = 1$ 时，计算 $x^2 * y^2$；
当 $x = 2$，$y = 2$ 时，计算 x^2 / y^2。

解（1）程序实现。

```
#include "stdio.h"
main()
{
  int x, y;
  printf ("Enter two numbers(1 or 2):");
  scanf ("%d%d", &x, &y);
  switch (x)
  {
    case 1:                      /* 这是关于 x 的 case 1 */
      switch (y)
      {
        case 1:                  /* 这是关于 y 的 case 1 */
```

```
            printf ("x²+y²=%d\n", x*x + y*y);
            break;
        case 2:                    /* 这是关于 y 的 case 2 */
            printf ("x²-y²=%d\n", x*x - y*y);
            break;
        }
    break;                         /* 这个 break 不能忘记写*/
case 2:                            /* 这是关于 x 的 case 2 */
    switch (y)
    {
    case 1:                        /* 这是关于 y 的 case 1 */
        printf ("x²*y²=%d\n", (x*x) * (y*y) );
        break;
    case 2:                        /* 这是关于 y 的 case 2 */
        printf ("x²/ y²=%d\n", (x*x) / (y*y) );
        break;
    }
    break;                         /* 这个 break 不能忘记写*/
default:
    printf ("Enter two numbers (1 or 2), please!");
    break;
    }
}
```

（2）分析与讨论。

这是典型的 switch 语句的嵌套结构：外层的 switch 语句根据 x 取值 1 或 2 来进行分支；在每一个分支里，内层的 switch 语句又各以 y 的取值 1 或 2 来进行分支。该程序的结构如图 3-11 所示。

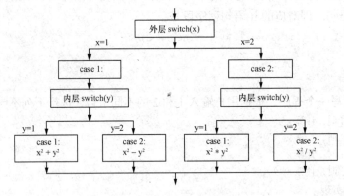

图 3-11　switch 语句的嵌套结构示例

根据 C 语言的语法，在 switch 语句中，找到一个匹配的 case，并执行跟随它的语句后，如果没有安排 break，那么就会去执行后面 case 中的语句。因此在使用 switch 语句时，要特别注意 break 语句的安排，否则就有可能出现意想不到的结果。因此，即使在 default 之后，最好也养成安排一条 break 语句的习惯。

3.3　循环结构程序设计

在一定的条件下，去重复执行一组语句，这样的语句结构称为"循环结构"，被重复执行的那组语句被称为"循环体"。循环结构在程序设计中的应用是极为广泛的。C 语言中用于实现循环的语句有 3 种，它们是：while 循环语句，do…while 循环语句，以及 for 循环语句。本节将介绍这 3 种语句。

在 C 语言里还提供一个无条件转移语句：goto。在程序设计中，也可以用它与 if 语句相互配合，建立起循环结构。但是由于它能随意转移程序的执行，多用会造成程序结构的混乱不清，给理解程序的功能和维护带来麻烦。因此，现在在程序设计中不提倡使用它，我们也就略去不提。

3.3.1　while 循环语句

while 循环语句的一般结构是：

```
while (<条件>)
  <语句>;
```

功能：程序中遇到 while 时，先检查圆括号里的<条件>是否成立。若成立，就去执行一次<语句>（即"循环体"），然后再去检查<条件>是否成立，以此形成循环。若<条件>不成立，则终止循环，去执行 while 语句的后续语句。构成循环体的<语句>可以是复合语句。图 3-12 所示为 while 语句的执行流程。

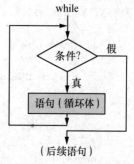

图 3-12　while 语句的执行流程

在程序设计中使用 while 循环语句时，要注意两个问题：一是在进入循环前，必须为控制循环的条件赋初值，否则无法检验条件是否成立；二是在循环体中，应该有修改循环条件的语句，因为如果循环的条件不发生变化，就有可能造成死循环。

例 3-16　编写一个程序，输出 1～50 中间所有能被 3 整除的正整数。

解　（1）程序实现。

```
#include "stdio.h"
main()
{
  int num = 1;                  /* 给循环控制变量赋初值 */
  while (num<=50)
  {
    if (num%3 == 0)            /* 判断 num 中的数能否被 3 除尽 */
      printf ("%3d", num);
    num++;                     /* 修改循环控制变量取值 */
  }
}
```

（2）分析与讨论。

虽然不知道 1～50 之间能被 3 整除的正整数到底有多少个，但是可以从 1 到 50 一个一个地去试。试一个就加 1，试一个就加 1，直到越过 50 时停止。这是一个 while 循环的典型示例。

为了得知某数是否能被 3 整除，可以通过条件：

```
num%3 == 0
```

来判定，即：用 3 去除这个测试的数。如果余数为 0，就表明该数能被 3 除尽，是所求的数，应该把它打印出来。

　　程序中有两条语句是需要注意的。一是在进入 while 之前，变量 num 必须要有初值，否则无法去检测是否满足条件"num<＝50"，这就是为循环控制条件赋初值的工作；二是在循环体中必须要对变量 num 进行修改，促使它逐渐向循环控制的结束条件"50"靠拢，以便最终结束循环。这将由语句"num++;"来实现。图 3-13 中（a）给出了运行结果。

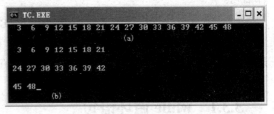

图 3-13　while 循环的运行结果

　　从程序输出中看出，如果要把 1～100 之间能够被 3 整除的数全部打印出来，那么在用户窗口的一行里有些数就显示不出来了。为此可以修改程序，控制它在一行里只打印比如 7 个数据。此时上面的程序将修改成为

```c
#include "stdio.h"
main()
{
  int i= 0, num = 1;
  while (num<=50)
  {
    if (num%3 == 0)
    {
        printf ("%3d", num);
        i++;                    /* 用 i 记录已打印的个数 */
        if (i%7 == 0)           /* 若 i 能被 7 除尽，就输出一个回车换行 */
           printf ("\n");
    }
    num++;
  }
}
```

　　这时，程序中的变量 i 有两个作用，一是记录当前已经输出了几个数，这由语句"i++;"来完成；二是用来控制一行输出数据的个数，当它能够被 7 整除时，就输出一个回车换行符，这由两条语句：

```c
if (i%7 == 0)
  printf ("\n");
```

来完成。该程序的输出结果如图 3-13 中（b）所示。从这个程序中，我们应该学会控制一行输出几个数据的程序设计方法。

　　例 3-17　反复从键盘输入一个正整数，计算并输出组成该数的各位数字之和。比如，输入的数是 13 256，则输出 1+3+2+5+6=17。直到输入的数为 0 时停止。

　　解　（1）程序实现。

```c
#include "stdio.h"
main()
{
  int x, x1=0, x2=0, x3=0, x4=0, x5=0;
  printf ("Please enter a integer:");
  scanf ("%d", &x);
  while (x != 0)
  {
    x5 = x%10;      /* x5 中存放个位数字 */
    x = x/10;
```

```
    x4 = x%10;      /* x4 中存放十位数字 */
    x = x/10;
    x3 = x%10;      /* x3 中存放百位数字 */
    x = x/10;
    x2 = x%10;      /* x2 中存放千位数字 */
    x = x/10;
    x1 = x%10;      /* x1 中存放万位数字 */
    printf ("x1+x2+x3+x4+x5=%d\n", x1+x2+x3+x4+x5);
    scanf ("%d", &x);
  }
}
```

（2）分析与讨论。

这里先要注意两点：一是如果将变量说明为是 int 型的，那么其最大值为 32 767（五位数），因此程序中输入的数必须小于等于 32767，且我们应该开辟 5 个变量 x1～x5 来存放最多 5 个数字；二是最初应该把 x1～x5 都赋值 0，这样即使输入的是一个三位数，也能够保证最后计算的正确。

程序中的关键是如何能够根据所输入的数，把它的个、十、百、千、万位分离出来。注意到 13 256 除以 10，其商为 1 325，余数为 6（个位数字）；1 325 除以 10，其商是 132，余数是 5（十位数字）；等等。这就是分离各位数字的办法。

进入 while 前的输入语句"scanf ("%d", &x);"是为控制循环的条件置初值；循环体最后的输入语句"scanf ("%d", &x);"是完成对循环控制条件的修改。当在这里输入一个 0 时，就会得到循环结束的条件。

3.3.2　do...while 循环语句

do...while 循环语句的一般结构是：

```
do
{
  <语句>;
}while (<条件>);
```

功能：在程序中遇到 do 时，直接执行<语句>（即循环体），然后才去检查 while 后圆括号内的<条件>是否成立。如果<条件>成立，则继续执行<语句>；如果不成立，则终止循环，去执行 do...while 语句的后续语句。图 3-14 所示为 do...while 语句的执行流程。

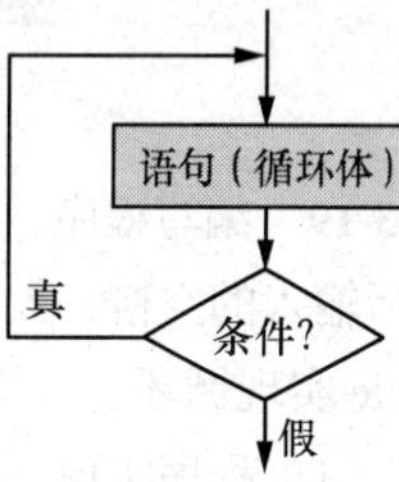

关于 do...while 语句，有如下几点说明。

（1）循环体可以是复合语句。C 语言建议书写时，无论循环体是否为复合语句，最好都用花括号括起来。

（2）在 do...while 语句右花括号外 while(<条件>)的后面，必须要有分号表示结束，这个分号不能忽略不写。

图 3-14　do...while 循环语句的执行流程

（3）比较 while 和 do...while 这两种循环语句，最大的差别是前者的循环体有可能一次也不做(如果进入循环时条件就为假);而后者的循环体至少要做一次，因为它的判定条件被安排在了做完一次循环体之后。

例 3-18　用 do...while 编写一个程序，将个位数为 6，且能被 3 整除的三位数全部打印输出

（每行打印 10 个数据），最后输出这种数的个数。

解 （1）程序实现。

```c
#include "stdio.h"
main()
{
 int count = 0, num = 126;
 do
  {
  if (num%3 == 0)                /* 个位为 6、且能够被 3 整除 */
   {
    printf ("%4d", num);         /* 打印输出 */
    count++;
    if (count%10 == 0)           /* 一行已打印 10 个数，进入下一行 */
      printf ("\n");
   }
   num +=10;                      /* 进到下一个个位数为 6 的三位数 */
  }while (num<=996);
  printf ("count = %d\n", count);
}
```

（2）分析与讨论。

稍加分析知道，第 1 个个位数为 6、能被 3 整除的三位数是 126。在此基础上，考虑到要保证个位数必须是 6，因此每加一个 10 就应该是下一个可考察的数。正因如此，程序中说明的变量 num 被初始化为 126，这是为循环控制条件赋初值。而循环体里的语句：

```c
num += 10;
```

不仅保证每个被考察的三位数的个位数是 6，而且也是对循环控制条件的修改语句，以使 num 的取值能够逐渐向终值 996 靠拢。另外，程序中用变量 count 来进行计数，以便控制一行只打印 10 个数据，它的初值应该是 0。程序设计时，什么变量要初始化，初始值应该是多少，这是不能疏忽的问题。图 3-15 所示为程序的运行结果。

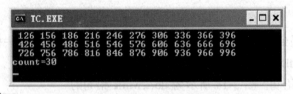

图 3-15　例 3-18 的运行结果

例 3-19 编写程序，从键盘上连续输入若干个字符，直到输入的是回车换行符时结束。统计并输出所输入的空格、大写字母、小写字母，以及其他字符（不含回车换行符）的个数。要求用 do…while 实现循环。

解 （1）程序实现。

```c
#include "stdio.h"
main()
{
 char ch=' ';                     /* 输入字符的初始取值 */
 int i=0, j=0, k=0, m= -1;        /* 各计数变量赋初值 */
 do
  {
```

70

```
    if (ch>='a' && ch<='z')           /* 是小写英文字母 */
      i++;
    else if (ch>='A' && ch<='Z')      /* 是大写英文字母 */
      j++;
    else if (ch == ' ')               /* 是空格 */
      m++;
    else                              /* 是其他字符 */
      k++;
  }while((ch=getchar())!='\n');
  printf ("small letter = %d, capital letter = %d\n", i, j);
  printf ("space = %d, other = %d\n", m, k);
}
```

（2）分析与讨论。

若程序运行时输入的一串字符是："Business IBM e-mail,Good by!"，则图 3-16 所示为输出的结果。程序中有如下几点要注意。

① 考虑到 do…while 循环是先做一次循环体后，才去测试循环控制条件，而循环体里主要是分情况对变量 ch 里的内容进行多分支处理。所以在进入循环前，必须为 ch 赋一个初值，程序里把它赋为空格。

② 由于变量 ch 里的初值（空格）是人为设置的，不是通过键盘输入得到，因此不能对它进行计数。所以记录空格数的变量 m 的初值，应该设置为-1。

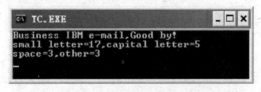

图 3-16　例 3-19 的运行结果

③ 控制循环进行的条件是：(ch=getchar())!='\n'，即先通过函数 getchar()读入一个字符，将其赋予变量 ch，然后再测试 ch 里的内容是否为回车换行符。因为 ch=getchar()是一个赋值语句，所以要在它的外面用圆括号括起来，才能对 ch 里的内容进行测试。

该程序也可以用 while 循环来实现。这时的程序可修改成为

```
#include "stdio.h"
main()
{
  char ch=' ';                      /* 输入字符的初始取值 */
  int i=0, j=0, k=0, m=0;           /* 各计数变量赋初值 */
  while((ch=getchar())!='\n')
  {
    if (ch>='a' && ch<='z')         /* 是小写英文字母 */
      i++;
    else if (ch>='A' && ch<='Z')/* 是大写英文字母 */
      j++;
    else if (ch == ' ')             /* 是空格 */
      m++;
    else                            /* 是其他字符 */
      k++;
  }
```

```
    printf ("small letter = %d, capital letter = %d\n", i, j);
    printf ("space = %d, other = %d\n", m, k);
}
```

将两个程序进行比较，找出它们之间的差异，可体会 while 和 do...while 循环的不同，同时也可体会在程序设计时，应该如何来对变量作出正确的初始化。

例 3-20 利用级数：

$$\frac{\pi}{4} = 1 - \frac{1}{3} + \frac{1}{5} - \frac{1}{7} + \frac{1}{9} - \cdots \pm \frac{1}{n}$$

计算 π 的近似值，精度要求为 $|1/n| < 10^{-4}$。

解 （1）程序实现。

```
#include "stdio.h"
#include "math.h"
main()
{
  float pi = 0.0, n = 1.0, sign = 1.0, item;
  do
  {
    item = sign/n;            /* 得到一个新的项 */
    pi += item;               /* 把新项加到 pi 上 */
    sign *= -1.0;             /* 得到下一项的符号 */
    n += 2;                   /* 得到下一项的分母 */
  }while(fabs(item)>=1e-4);
  printf ("π= %f\n", 4*pi);
}
```

（2）分析与讨论。

程序中的关键是如何形成新项。通过对级数的分析可知，各项的分子都是 1，分母由奇数组成，符号是正负相间。为了形成奇数分母，只需以 1 为起点，不断加 2 即可（这由程序中的 n += 2;完成）。为了形成正负相间的各项符号，循环时利用变量 sign 来改变 item 的符号。

注意：在 C 语言中，专门提供了求一个数 x 的绝对值的函数。如果该数是整型的，则使用函数 abs(x)；如果该数是实型的，则使用函数 fabs(x)。本程序里判定循环条件时，就用到了 fabs(x)。由于这些系统函数是在头文件 "math.h" 里，所以程序开头增加了一条包含命令：

```
#include "math.h"
```

3.3.3 for 循环语句

for 循环语句的一般结构是：

```
for (<表达式 1>; <表达式 2>; <表达式 3>)
  <语句>;
```

功能：先计算<表达式 1>，通常是为循环变量指定初值（在整个循环过程中，它只做一次）。然后计算<表达式 2>，判定它的值是否为非 0（成立）。如果其值不为 0，表示循环条件为真，则进入循环体，执行<语句>（可以是复合语句）；如果其值为 0，表示循环条件为假，则终止循环，去执行 for 循环语句的后续语句。在循环条件为真、执行完循环体后，就去计算<表达式 3>。<表达式 3>通常是对循环条件施加修改。随后就又重新计算<表达式 2>，以便判定是否进入下一个循环。图 3-17 所示为 for 语句的执行流程。

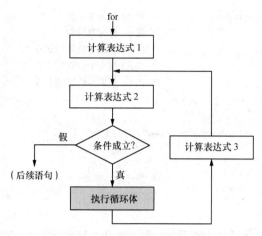

图 3-17　for 循环语句的执行流程

例 3-21　用 for 循环来实现例 3-18 的要求。

解　关键是要组成 for 语句的 3 个表达式。第 1 个表达式是给循环变量定初值，因此可以是 num = 126；第 2 个表达式是循环是否继续的判定条件，可以是 num<=996；第 3 个表达式是对循环条件施加修改，可以是 num+=10。于是，整个程序可以改写成为

```c
#include "stdio.h"
main()
{
  int count = 0, num;
  for (num = 126; num<=996; num +=10)
  {                              /* 循环体开始 */
    if (num%3 == 0)
    {
      printf ("%4d", num);
      count++;
      if (count%10 == 0)
        printf ("\n");
    }
  }                              /* 循环体结束 */
  printf ("Count = %d\n", count);
}
```

例 3-22　编写一个程序，求 100～999 之间所有的水仙花数。所谓"水仙花数"，即是一个三位数，它个位、十位、百位数字的立方和，恰好就等于该数本身。比如数 153，由于：

$$1^3 + 5^3 + 3^3 = 1 + 125 + 27 = 153$$

所以，153 是一个水仙花数。

解　（1）程序实现。

```c
#include "stdio.h"
main()
{
  int i, j = 1;
  int nf, ns, nt;
  for (i =100; i<=999; i++)
  {                              /* 循环体开始 */
    nf = i - i/10*10;            /* 在 nf 里为个位数 */
```

```
    ns = (i - i/100*100)/10;            /* 在 ns 里为十位数 */
    nt = i/100;                         /* 在 nt 里为百位数 */
    nf = nf * nf * nf;                  /* 在 nf 里为个位数的立方 */
    ns = ns * ns * ns;                  /* 在 ns 里为十位数的立方 */
    nt = nt * nt * nt;                  /* 在 nt 里为百位数的立方 */
    if ((nf + ns + nt) == i)
    {
      printf ("The %d's number is %d\n", j, i);
      j++;
    }
  }                                     /* 循环体结束 */
}
```

（2）分析与讨论。

用 for 循环来实现时，循环从 100 开始，到 999 止，每次增加 1。对这个区间里的每一个数都进行测试，看是否满足"个位、十位、百位数字的立方和，恰好就等于该数本身"的要求。如果满足，就是所求。

在例 3-17 中，介绍了一种分离出个位、十位等数字的方法，在这里又给出另外一种方法。即如果 i 是一个三位数，那么：

```
nf = i - i/10*10;                       /* 在 nf 里为个位数 */
ns = (i - i/100*100)/10;                /* 在 ns 里为十位数 */
nt = i/100;                             /* 在 nt 里为百位数 */
```

这样一些程序设计的方法是应该记住的，以便将来能够把它们灵活运用到自己的程序中去。图 3-18 所示为该程序的运行结果。可以看出，在 100～999 之间，总共有 4 个水仙花数，它们是：153、370、371 和 407。

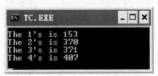

图 3-18　例 3-22 的运行结果

例 3-23　从键盘输入 3 个整数，作为一个等差数列的首项、公差、和项数。然后求出该等差数列的和，并加以输出。

解　（1）程序实现。

```
#include "stdio.h"
main()
{
  int a, d, n, i, x, sum=0;
  printf ("Type in a = ?  d = ?  n = ?\n");
  scanf ("%d%d%d", &a, &d, &n);
  x = a;
  for (i = 1; i <= n; i++)
  {
    sum += x;
    x += d;
  }
  printf ("The sum = %d\n", sum);
}
```

（2）分析与讨论。

等差数列的一般形式是：

$$a_1, a_2, a_3, \cdots, a_n$$

其中，$a_{i+1}=a_i+d$（$i=1, 2, \cdots, n-1$）称 a_1 为首项，d 为公差，n 为项数。求 n 项的和，即是：$a_1+a_2+a_3+\cdots+a_n$。由于从第 2 项开始，每一项都是它前一项加上公差 d，所以，知道等差数列的首项、公差、和项数，就能够求出这些项的和。

注意，程序中并没有对输入的数据进行检查，默认它们之间的逻辑关系是正确的。但在真正编写程序时，这是不应该忽略的事情，否则就不可能得到正确的结果。

相对于 while 和 do…while 循环语句，for 可算是最为灵活的循环语句了。它可以有多种变体形式，从而大大增加了它表述的能力，使用起来更显灵活性，更具实用性。下面分 3 种情况加以介绍。

情况 1：for 语句中的<表达式 1>和<表达式 3>都可以是逗号表达式。

例 3-24　编写一个程序，求 2 到 100 之间所有偶数之和。

解　程序编写如下，这里，<表达式 1>是逗号表达式，完成对变量 x 和 sum 的初始化。<表达式 3>也是一个逗号表达式，完成求累加和以及对循环控制变量 x 的增量运算。循环体只是一个空语句而已。

```
#include "stdio.h"
main()
{
  int x,sum;
  for(x=2, sum=0; x<=100; x+=2, sum+=x)
    ;                              /* 循环体只是一个空语句 */
  printf("sum is %d\n", sum);
}
```

情况 2：for 语句中循环变量的值可以递增变化，也可以递减变化（表现在<表达式 3>上）。也就是说，增量可正、可负，举例如下。

循环变量的值从 1 变到 100，增量为 1，则可以写成：

```
for(j=1; j<=100; j++)
```

循环变量的值从 100 变到 1，增量为-1，则可以写成：

```
for(j=100; j>=1; j--)
```

循环变量的值从 7 变到 77，增量为 7，则可以写成：

```
for(j=7; j<=77; j+=7)
```

循环变量的值从 20 变到 2，增量为-2，则可以写成：

```
for(j=20; j>=2; j-=2)
```

循环变量的值按顺序变化为 2，5，8，11，14，17，20，则可以写成：

```
for(j=2; j<=20; j+=3)
```

循环变量的值按顺序变化为 99，88，77，66，55，44，33，22，11，0，则可以写成：

```
for(j=99; j>=0; j-=11)
```

情况 3：for 语句中的<表达式 2>，可以不涉及对循环变量的测试，它能够是任何合法的 C 语言表达式。语句中的<表达式 1>、<表达式 3>甚至都可以略去不要。但要注意，略去某个表达式时，分隔它们的分号却不能省略，那是必须书写的。

例 3-25　编写一个程序，每循环一次给出一道整数加法题目让用户计算。如果用户的计算结果正确，打印信息：You are right!，错误时，打印信息：You are wrong!。做完一题后，都征求用户是否继续的意见。当用户回答"n"时，循环结束。

解 （1）程序实现。

```
#include "stdio.h"
#include "stdlib.h"
main()
{
  int x, y, sum;
  char ch = ' ';
  for ( ; ch != 'n'; )          /* 没有表达式 1 和 3, 但分号不能省略 */
  {
   x = rand ();                 /* 产生一个随机数 */
   y = rand ();                 /* 又产生一个随机数 */
   printf ("%d + %d = ?", x, y);
   scanf ("%d", sum);
   getchar();                   /* 去除 scanf 输入后遗留的回车符 */
   if (sum == x +y)
      printf ("You are right!\n");
   else
      printf ("You are wrong!\n");
    printf ("Do you want to more?");
    ch = getchar();
    printf ("\n");
  }
}
```

（2）分析与讨论。

图 3-19 所示是程序循环执行两次时的显示结果。

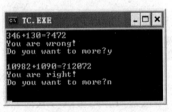

图 3-19　例 3-25 循环执行两次时的结果

程序中用到了 C 语言提供的随机数函数 rand()。该函数在头文件"stdlib.h"中，所以程序一开头，就有一个包含命令：

```
#include "stdlib.h"
```

由以上几点可以看出，在 C 语言里，for 循环语句的使用确实是非常灵活多变的。不过，它在大多数情况下，都用于循环次数已知的场合。

3.3.4　break 和 continue 语句

前面介绍的 while、do...while 和 for 循环语句，都是在判定循环条件不成立时，才结束整个循环。但有时却希望能够在循环过程中，根据程序的执行情况做某种转移。比如在循环执行过程中，能否立即结束整个循环？比如在循环执行过程中，能否立即结束本次循环，而直接进入下一次循环？前者就需要用到 break 语句，后者将用到 continue 语句。

1. break 语句

break 语句的一般形式是：

```
break;
```

功能：该语句只能用于 C 程序中的两个场合，一是用在 switch 多分支选择结构中，当某个 case 后的语句执行完、遇到 break 时，就结束 switch 语句，去执行后续语句（前面已经介绍）；二是用在循环结构中，如果遇到 break，就立即结束整个循环，跳到该循环的后续语句处去执行。

例 3-26　阅读下面的程序，它输出什么结果？

```
#include"stdio.h"
main()
{
  int x;
  for(x = 1; x<=10; x++)
  {                       /* 循环体开始 */
    if (x == 5)
      break;
    printf ("%d\t", x);
  }                       /* 循环体结束 */
  printf ("\nBroke out of loop at x = %d\n", x);
}
```

解　这是在 for 循环结构中使用 break 语句的例子。题目的意思是让变量 x 从 1～10 控制语句 "printf ("%d\t", x),"的执行，把当时 x 的取值打印出来。但是如果 x 等于 5，那么就强行结束整个循环，去做该循环的后续语句：

```
printf ("\nBroke out of loop at x = %d\n", x);
```

所以程序的执行过程中打印出的结果如下：

```
12   3    4
Broke out of loop at x = 5
```

由此看出，按照 for 的规定，循环应进行 10 次。但在 x 取值为 5 时，由于条件 x==5 成立而做 break，强迫循环到此结束，后面的 5 次循环不做了。

例 3-27　编写一个程序，从键盘最多接收 50 个整数，计算它们的累加和。如果在键盘的输入过程中输入了 0，则立即停止输入，打印出当时的累加结果。

解　（1）程序实现。

```
#include "stdio.h"
main()
{
  int i, j=1, num, sum = 0;
  for (i=1; i<=50; i++)
  {
    printf ("\nPlease enter %d' number:", j);
    scanf ("%d", &num);
    if (num == 0)
      break;
    sum += num;
    j++;
  }
  printf ("The sum of the %d numbers is %d\n", j-1, sum);
}
```

（2）分析与讨论。

程序中用变量 sum 记录累加和，所以该变量的初始值应该是 0；用变量 j 记录输入数据的个数。考虑到可能第 1 次就输入 0 等情况，所以在最后打印语句中，应该打印出 j-1 的值，而不是 j 的值。该程序有两个出口，一个是输入满 50 次后，循环正常结束；另一个是若在循环过程中输入了数值 0，那么就利用 break 语句，提前结束整个循环。图 3-20 所示为该程序的一次运行的输出结果。

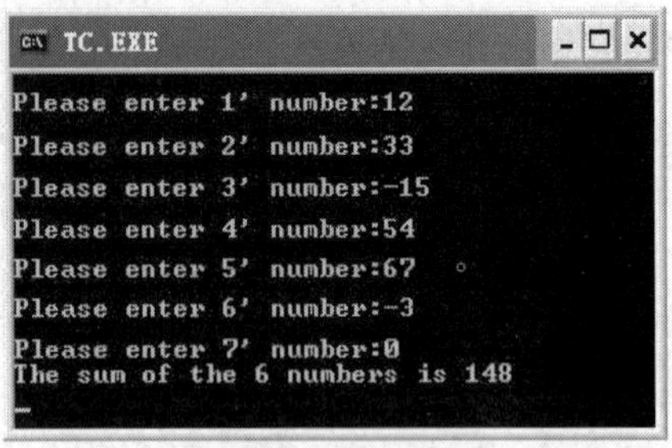

```
TC.EXE                                    _ □ ✕
Please enter 1' number:12
Please enter 2' number:33
Please enter 3' number:-15
Please enter 4' number:54
Please enter 5' number:67
Please enter 6' number:-3
Please enter 7' number:0
The sum of the 6 numbers is 148
```

图 3-20　例 3-27 的一次运行结果

2. continue 语句

continue 语句的一般形式是：

```
continue;
```

功能：在循环结构里遇到它时，就跳过循环体中它后面原本应该做的其他语句（如果有的话），提前结束本次循环，直接去判断循环控制条件，以决定是否进入下一次循环。注意，该语句只能用在 C 语言的循环结构中。

例 3-28　阅读下面的程序，它输出什么结果？

```
#include"stdio.h"
main()
{
    int i=6, x, y;
    for (x = 1; x<=10; x++)
    {                              /* 循环体开始 */
        if (x == 5)
        {
            y = x;
            continue;
        }
        printf ("%d\t", x+i);
        i+=3;
    }                              /* 循环体结束 */
    printf ("\nUsed continue to skip printing the value : %d\n", y);
}
```

解　这是在 for 循环结构中使用 continue 语句的例子，中心意思是如果变量 x 取值 5，则什么也不做，直接进入下一次循环，否则每次都把 x+i 的值打印出来，然后修改 i 的值。所以程序执行后，打印出的结果如下：

```
7   11      15      19      24      28      32      36      40
Used continue to skip printing the value : 5
```
注意，如果把语句 "printf ("\nUsed continue to skip printing the value : %d\n", y);" 改

写成"printf ("Used continue to skip printing the value : %d\n", y);",那么它的输出就会直接接在前面输出的 9 个数据之后,而不是换行后再输出。这就是在此打印语句开始时增加了一个"\n"的原因。

例 3-29　编写一个程序,功能是打印出 1～100 之间不能被 3 整除的数,并要求输出结果时,10 个数一行。

解　(1)程序实现。

```
#include "stdio.h"
main()
{
  int x = 0, y = 0;
  while (++x <= 100)
  {
    if (x % 3 == 0)
      continue;
    printf ("%4d", x);
    ++y;
    if (y %10 == 0)
      printf ("\n");
  }
  printf ("\n");
}
```

(2)分析与讨论。

该程序主要由一个 while 循环构成。由于希望打印出 1～100 间不被 3 整除的数,所以在循环体里判断出某个数能够被 3 整除时,就用 continue 结束此次循环而进入下一次循环。程序中,把修改循环控制条件的语句,与判断继续循环的条件合二为一,成为

```
++x <= 100
```

另外,程序中用变量 y 来控制每行打印 10 个数据。图 3-21 所示为该程序运行的结果。

图 3-21　例 3-29 的运行结果

3.3.5　循环的嵌套结构

如果在一个循环结构的循环体内,又出现了循环结构,那么这就是所谓的"循环的嵌套结构",有的书上称其为"多重循环"。既然是嵌套式的结构,那就表明各循环之间只能是"包含"关系,即一个循环结构完全在另一个循环结构的里面。通常把位于里面的循环称为"内循环",外面的循环称为"外循环"。

C 语言提供的 3 种循环语句都可以嵌套,它们既可以自身嵌套,也可以相互嵌套。比如,while 语句可以出现在 for 语句的循环体里,for 语句也可以出现在 do…while 语句的循环体里,如此等等,完全根据实际问题的需要来搭配。另外,C 语言对循环嵌套的层数没有限制,但一般用得较多的是二重循环或三重循环。

比如，有如下的循环嵌套语句片段：

```
int i, j, nr = 0;
for (i = 1; i<100; i++)              /* 外循环 */
{                                    /* 外循环循环体开始 */
  for (j = i; j<=100; j++)           /* 内循环*/
  {                                  /* 内循环循环体开始 */
    nr = nr + 1;
  }                                  /* 内循环循环体结束 */
}                                    /* 外循环循环体结束 */
```

试问语句"nr = nr + 1;"总共执行多少次？

这里，变量 i 控制的是外循环，它要求其循环体做 99 次（因为变量 i 是从 1 变到小于 100，一共 99 次）。由变量 j 控制的是内循环，内循环每次要执行多少次呢？从 for 给出的第 1 个表达式（j=i）可以看出，它每次执行的次数与外循环变量 i 的当前取值有关，是一个不定的数：内循环第 1 次执行时，变量 j 的初始值为 1，所以它的循环体将执行 100 次；内循环第 2 次执行时，变量 j 的初始值为 2，所以它的循环体将执行 99 次……内循环最后一次（即第 99 次）执行时，变量 j 的初始值为 99，所以它的循环体将执行 2 次。由此分析可知，内循环体总共要被执行：100+99+…+2=5049 次。这就是语句"nr = nr + 1;"总共执行多少次的答案。

为了在编程时明确语句结构间的各种关系，通常都采用"缩进"的格式书写程序。其实，我们在前面编程时，一直都采用着这种缩进的格式，这是一种良好的书写程序的习惯。

例 3-30 编写一个程序，能够输出如图 3-22 中显示的表格形式，即打印出 1～9 这 9 个数的 2，3，4 倍数。

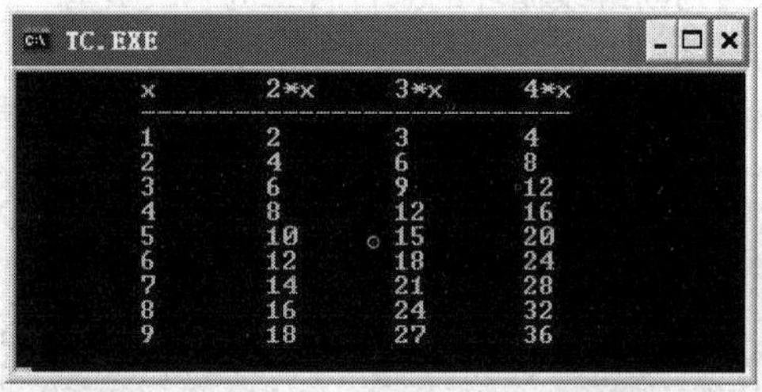

图 3-22　1～9 这 9 个数的 2，3，4 倍数

解　（1）程序实现。

```
#include "stdio.h"
main()
{
  int j, k, x;
  printf ("\tx\t2*x\t3*x\t4*x\n");
  printf ("\t--------------------------\n");
  for (j =1; j<=9; j++)
  {                              /* 外循环开始 */
    for (k = 1; k<=4; k++)
    {                            /* 内循环开始 */
      x = j*k;
      printf ("\t%d", x);
    }                            /* 内循环结束 */
    printf ("\n");               /* 进入下一行打印 */
  }                              /* 外循环结束 */
}
```

（2）分析与讨论。

这是一个两重循环问题：外循环由变量 j 控制（j 从 1 变到 9），用于控制表格行的输出；内循环由变量 k 控制（k 从 1 变到 4），用于控制每行输出 4 个数据。要注意，由于打印一行后，应进入下一行打印，所以在内循环结束、但还没有进入下一次外循环时，要输出一个回车换行，这由语句"printf("\n");"完成。所以，外循环体是由内循环和语句"printf("\n");"两部分组成。

例 3-31　不断地从键盘输入两个正整数，求它们的最大公约数。直到用户回答"n"时，停止程序的运行。

解　（1）程序实现。

```
#include "stdio.h"
main()
{
  int x1, x2;
  char ch;
  while (1)
  {
     printf ("Please enter two positive integers:");
     scanf ("%d%d", &x1, &x2);
     getchar();              /* 让过 scanf 最后的回车符 */
     do
     {
        if (x1>x2)
           x1 -= x2;
        else if (x2>x1)
           x2 -= x1;
     }while (x1 != x2);
     printf ("The greatest common divisor is %d\n", x1);
     printf ("Do you want to continue?(y or n)");
     ch=getchar ();
     getchar();                 /* 让过前面 getchar 的回车符 */
     if (ch == 'n')
        break;
  }
}
```

（2）分析与讨论。

整个程序由两重循环构成：while 是外循环，do...while 是内循环。在 while 循环语句的圆括号里，1 表示条件永远为真，即循环一直要做下去。正因为这样，在进入 while 循环之前，并没有为它准备循环控制条件的初值语句。这个外循环只有在它的循环体最后往变量 ch 里输入了一个字符"n"时，才通过 break 语句强制结束循环。

do...while 内循环是通过辗转相减的方法求两个正整数的最大公约数的。比如有两个正整数为 x1 和 x2，那么辗转相减求两个正整数的最大公约数的步骤如下。

第 1 步：如果 x1>x2，则 x1=x1−x2。

第 2 步：如果 x2>x1，则 x2=x2−x1。

第 3 步：如果 x1==x2，则算法结束，当前 x1（或 x2）的值就是所求的最大公约数；否则重复上述步骤。

图 3-23 所示为程序循环执行 3 次的情形：第 1 次输入的两个数为 30 和 192，最大公约数是 6；

第 2 次输入的两个数为 152 和 44，最大公约数是 4；第 3 次输入的两个数为 55 和 78，最大公约数是 1。最后由于键入了字母 n，于是通过 break 使循环强行结束。

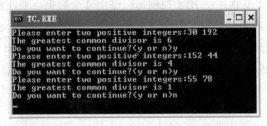

图 3-23　3 次求最大公约数的执行情况

例 3-32　用嵌套循环来改写例 3-22 的求 100～999 之间所有的水仙花数。

解　（1）程序实现。

```c
#include "stdio.h"
main()
{
 int x, y, nf, ns, nt, count = 0;
 for (nt = 1; nt <= 9; nt ++)
    for (ns = 0; ns <= 9; ns ++)
     for (nf = 0; nf <= 9; nf ++)
     {
        x = nt*100 + ns*10 + nf;
        y = nf*nf*nf + ns*ns*ns + nt*nt*nt;
        if (x == y)
        {
            printf ("The %d' narcissus number is : %d\n", count+1, x);
            count++;
        }
     }
}
```

（2）分析与讨论。

整个程序是 for 的 3 重循环，形成从 100 开始到 999 之间的所有正整数。在程序中，变量 nf 里是个位数字，ns 里是十位数字，nt 里是百位数字。通过循环，这些数字在变量 x 里形成一个个介于 100～999 之间的三位数，在变量 y 里形成它们的立方和。这样，如果条件 x == y 成立，那么它肯定就是一个水仙花数。于是，一方面将当前的 x 值打印出来，另一方面由变量 count 进行计数。

注意，如果在多重循环中遇到 break 语句，它只起到退出所在层循环的作用。比如有程序：

```c
#include "stdio.h"
main()
{
 int i,j;
 for(i=0;i<4;i++)
 {
 for(j=0;j<4;j++)
 {
 if(j==2)
 {
```

```
       printf("#########\n"");
       break;
    }
  printf("**********\n");
 }
 }
 }
```

　　它的外循环由 i 控制，内循环由 j 控制，内循环中有一条 break 语句。原本外循环每做一次，内循环要做 4 次，共做 16 次循环。但因每次内循环到第 3 次时满足条件 "j==2"，在打印出 "#########" 后遇到了 break，于是内循环只做 3 次就强制结束进入下一次外循环，从而整个循环只做 12 次。上述程序运行后的输出结果为

```
**********     (i=0,j=0)
**********     (i=0,j=1)
#########     (i=0,j=2)
**********     (i=1,j=0)
**********     (i=1,j=1)
#########     (i=1,j=2)
**********     (i=2,j=0)
**********     (i=2,j=1)
#########     (i=2,j=2)
**********     (i=3,j=0)
**********     (i=3,j=1)
#########     (i=3,j=2)
```

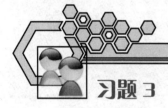

习题 3

一、填空

1. 若变量 x、y、z 都是 int 型的。现有语句：

```
scanf ("%3d%4d%2d", &x, &y, &z);
```

假定在键盘上输入 123456789↙。那么变量 x 里是＿＿＿＿，y 里是＿＿＿＿，z 里是＿＿＿＿。

2. 若变量 x、y、z 都是 int 型的。现有语句：

```
scanf ("%d,%d,%d", &x, &y, &z);
```

为了使 x 里是 12，y 里是 345，z 里是 187，应该在键盘上键入＿＿＿＿。

3. 程序填空。

```
#include"stdio.h"
main()
{
  int x, y;
  scanf ("%d", &x);
  y=x%2;
  switch( ① )
  {
    case 0:
    printf ("It is a even integer.\n");
```

```
        ②      ;
    default:
      printf ("It is a odd integer.\n");
  }
}
```

4. 循环：for (x=0; x != 123;   ) scanf ("%d", &x); 在_____时被终止。

5. 设 int x=5，则循环语句：while (x>=1) x--; 执行后，x 的值是_____。

二、选择

1. 设有变量说明：int x = 3, y = 4; 那么执行语句：

```
printf ("%d, %d\n", ( x, y ), ( y, x ) );
```

后，输出的结果是_____。

    A. 3, 4   B. 3, 3   C. 4, 3   D. 4, 4

2. 设有变量说明：int x = 010, y = 10; 那么执行语句：

```
printf ("%d, %d\n", ++x, y--);
```

后，输出的结果是___。

    A. 11, 10   B. 9, 10   C. 010, 9   D. 10, 9

3. break 语句不能出现在___语句中。

    A. switch   B. for   C. while   D. if…else

4. 若有程序段如下：

```
a=b=c=0; x=35;
if (!a)
  x--;
else if (b)
  ;
if (c)
  x=3;
else
  x=4;
```

执行后，变量 x 的值是_____。

    A. 34   B. 4   C. 35   D. 3

5. 有 switch 语句如下：

```
switch (k)
{
  case 1: s1; break;
  case 2: s2; break;
  case 3: s3; break;
  default: s4;
}
```

与它的功能相同的程序段是_____。

    A.   if (k = 1) s1;   B.   if (k == 1) s1;

         if (k = 2) s2;   if (k == 2) s2;

         if (k = 3) s3;   if (k == 3) s3;

         else s4;   else s4;

    C.   if (k == 1) s1; break;   D.   if (k == 1) s1;

         if (k == 2) s2; break;   if (k == 2) s2;

```
    if (k == 3) s3; break;              if (k == 3) s3;
    else s4;                           if ( !((k == 1) || (k == 2) || (k == 3))) s4;
```

三、是非判断

1. 如果把例 3-7 的程序修改如下：

```
#include "stdio.h"
main()
{
  int num;
  printf ("Input your integer:\n");
  scanf ("%d", &num);
  if (num <0)
  {
    num = -num;
    printf ("The absolute value is %d\n", num);
  }
}
```

两次运行此程序，第 1 次输入 242，第 2 次输入 -108，其结果完全与图 3-5（b）所示一样。（　　）

2. 在 switch 的 case 语句里，必须出现 break 语句。（　　）

3. break 只能出现在 switch 语句和各种循环语句中。（　　）

4. continue 语句只能出现在各种循环语句中。（　　）

5. 复合语句中最后一条语句的语句结束符 ";" 可以省略。（　　）

四、程序阅读

1. 若变量 j、m 和 n 是 int 型的，m 和 n 的初值均为 0。下面程序段运行后，m 和 n 的最终取值是多少？

```
for ( j = 0; j < 25; j++ )
{
  if ( (j%2) && (j%3) )
    m++;
  else
    n++;
}
```

2. 若变量 a、b 都是 int 型的。当 b 分别取值 1、2、3、4、5、6 时，试问以下程序段运行后变量 a 的取值分别是多少。

```
if (b > 3)
{
  if (b > 5)
    a = 10;
  else
    a = -10;
}
else
  a = 0;
```

3. 阅读下面的程序，解释其功能。

```
#include"stdio.h"
main()
{
  int x=1, total=0, y;
```

```
   while (x<=10)
   {
      y = x*x;
      printf ("%d  ", y);
      total += y;
      ++x;
   }
   printf("\nTotal is %d\n", total);
```

4. 阅读下面的程序，写出其执行结果。

```
#include"stdio.h"
main()
{
   int a = 10, b = 14, c = 3;
   if (a<b) a = b;
   if (a<c) a = c;
   printf ("a=%d, b=%d, c=%d\n", a, b, c);
}
```

5. 有程序如下：

```
#include"stdio.h"
main()
{
   char ch;
   ch = getchar();
   if (ch>='a' && ch<='m' || ch>='A' && ch<='M')
      ch = ch+3;
   else if (ch>='n' && ch<='z' || ch>='N' && ch<='Z')
      ch = ch-3;
   printf ("%c\n", ch );
}
```

假设从键盘上输入 Exit 或输入 next 后回车。试问 printf 语句打印出什么信息？

五、编程

1. 利用 switch 语句编写一个程序，用户从键盘输入一个数字。如果数字为 1～5，则打印信息：You entered 5 or below!；如果数字为 6～9，则打印信息：You entered 6 or higher!；如果输入其他，则打印信息：Between 1～9, please!。

2. 利用 while、do…while、for 循环语句，分别编写程序，求：$1+2+3+\cdots+99+100$ 的值，并打印输出。

3. 接收键盘输入的一个个字符，并加以输出，直到键入的字符是 "#" 时终止。

4. 求以下算式的近似值：

$$1+\frac{1}{2}+\frac{1}{3}+\frac{1}{4}+\cdots+\frac{1}{n}\cdots$$

要求至少累加到 $1/n$ 不大于 0.009 84 为止。输出循环次数和累加和。

5. 编写一个程序，求出各位数字的立方和等于 1 099 的三位整数。比如，379 就是这样的一个满足条件的三位数。

第4章

数组

C 语言中，"数组"不属于基本数据类型，也不属于自定义数据类型。但如果在同一个计算问题中，需要对一大批具有相同数据类型的数据进行处理，那么选择数组这种数据类型可能是最好的办法了。正因如此，与基本数据类型似的，在 C 语言中也事先定义了数组这种"特殊"的数据类型，编程人员只需在程序中给出它的说明，就可以直接进行使用了，它是程序设计中广为使用的一种重要数据类型。

什么是数组？数组如何分类？如何在程序中说明一个数组？如何区分数组中的各个元素？数组作为一个整体以及数组的各个元素（个体）之间，有什么关系和区别？这是我们学习时应该关注的焦点。

本章着重讲述以下 3 个方面的内容：

（1）一维数组；

（2）二维数组；

（3）字符数组和字符串。

4.1 数组的基本概念

如果在程序里需要说明 100 个 int 型的变量，到目前为止，只能为它们一个个起名字，然后一个个写出来。这当然是一件非常使人心烦的事情。有了数组，就省却了这样的烦琐说明工作。

所谓"数组"，是用一个名字去代表相同数据类型元素的有序集合，用对应的序号来区分这个集合中的一个个元素。所起的名字，称为"数组名"，序号称为数组元素的"下标"。用一个下标来区分其元素的数组，称为"一维数组"；用两个或多个下标来区分其元素的数组，称为"二维数组"或"多维数组"。程序设计中经常用到的，是一维数组和二维数组。

在 C 语言程序中说明一个数组后，系统就为它分配一个连续的存储区，顺序存放该数组中的元素。这个存储区所需要的字节数，按如下公式计算：

$$总字节数 = 数组元素个数 \times 数据类型长度$$

比如，有一个名为 a 的数组，由 20 个 int 型的元素组成，那么，系统就要为它分配 40 个字节的存储区来存放这 20 个元素，因为它的每一个元素需要 2 个字节。这种 int 型的数组，称为"整型数组"。比如，有一个名为 b 的数组，由 20 个 float 型的元素组成，那么，系统就要为它分配 80 个字节的存储区来存放这 20 个元素，因为它的每一个元素需要 4 个字节。这种 float 型的数组，称为"实型数组"。再比如，有一个名为 c 的数组，由 20 个 char 型的元素组成，那么，系统就要为它分配 20 个字节的存储区来存放这 20 个元素，因为它的每一个元素需要 1 个字节。这种 char 型的数组，称为"字符数组"。

由于数组这种数据类型在 C 语言里已有定义，所以在程序中使用它时，与简单变量相似：说明了一个数组后，就可以使用它。一个数组说明向系统传达的信息如下。

（1）给出数组的名字，用它来代表这些相同数据类型的数据整体。注意，为数组起名字，应该符合 C 语言对标识符的规定。

（2）指明数组元素的数据类型。

（3）确定数组的大小，即该数组包含的元素个数（进而得到所需连续存储区的规模）。

在程序中，如果数组和变量的数据类型一样，那么对它们的说明可以混同在一个语句里给出。也就是说，只要数据类型相同，一个说明语句里，既可以有变量说明，也可以有数组说明，它们的中间用逗号隔开即可。

4.2 一维数组

4.2.1 一维数组的说明

说明一个一维数组的语句格式是：

```
<存储类型> <数据类型> <数组名> [<长度>];
```

其中，<存储类型>可以是 auto（自动型）、static（静态型）。存储类型省略时，C 语言默认认为是 auto 型的；<数据类型>可以是已经学过的基本类型，也可以是以后要介绍的指针型、结构型等；<数组名>即是符合 C 语言标识符规定的一个名字；<长度>是一个用方括号括住的整形常量，其数值表示该数组所拥有元素的个数。

比如，语句：

```
int array [8];
```

它说明了一个名为 array 的整型数组，该数组共有 8 个元素，每个元素都是一个 int 型的变量。这 8 个元素各自的名称是：

```
array[0], array[1], array[2], array[3], array[4], array[5], array[6], array[7]
```

其中括在方括号内的数就是数组元素的下标。要注意，C 语言数组元素的下标总是从 0 开始的。所以，数组 array 虽然有 8 个元素，它们对应的下标是 0～7，没有下标为 8 的元素，即在这个数组里不应该有名为 array[8]的元素。由于人们习惯于从 1 开始计数，因此本书约定，将 array[0]称为是数组的第 1 个元素，array[1]称为是第 2 个元素，array[2]称为是第 3 个元素，如此等等。编程时，要注意区分这种习惯上的说法与 C 语言内部处理方式的不同，否则容易引起混淆。因此，"数组的第 5 个元素"指的是 array[4]，而"下标为 5 的数组元素"指的是 array[5]，它们绝对不是一个概念。

说明了这个数组后，系统就分配给它 16 个连续的字节作为存储区。注意，C 语言关于数组有这样的两点重要的规定：第一，数组名（这里就是 array）是该存储区的起始地址，即 array 不是变量名，而是一个内存地址常量（无符号数）;第二,组成数组的各个元素是一个个变量，即 array[0]、array[1]等都是变量。

例 4-1　在程序中说明有 5 个元素的一个整型数组 ab[5]，打印输出数组存储区的首地址和各元素的地址。

解　（1）程序实现。

```
#include "stdio.h"
main()
{
  int ab[5];                          /* 说明有 5 个元素的整型数组 */
  int j;                              /* 循环控制变量 */
  printf ("ab = %u\n", ab);          /* 打印出首地址 */
  for(j = 0; j<5; j++)               /* 循环打印数组元素地址 */
    printf ("&ab[%d] = %u\n", j, &ab[j]);
}
```

（2）分析与讨论。

地址是一个无符号数，程序中要打印变量的地址时，在 printf 中应该使用格式符"%u"。按照 C 的规定，数组名 ab 是系统分配给该数组的存储区的起始地址。所以，直接把它以"%u"格式打印出来即可。正因为如此，在语句"printf("ab=%u\n",ab);"的输出变量列表中，只写"ab"而不是写"&ab"。但数组的各元素是变量，它们的地址应该在变量名前加上取地址符&才能得到。所以，在语句"printf("&ab[%d]=%u\n",j,&ab[j]);"的输出变量列表中，要写"&ab[j]"，而不能只写"ab[j]"。

图 4-1（a）是程序的运行结果，图 4-1（b）是对它们存储区的分配示意。从图中可以看出，系统分配给这个数组的存储区起始地址是 65490。从图中也看出，ab 与&ab[0]的值是一样的。不过，它们的含义不同，前者表示的是整个存储区的起始地址，后者仅是第 1 个元素（ab[0]）的地址。

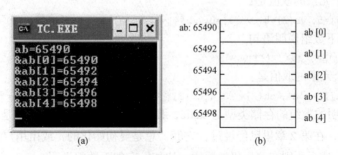

图 4-1　数组和它的存储区

由于只要类型相同，变量说明和数组说明可以出现在一条说明语句里，所以下面的语句：

```
int x, y, dic[10];
```

是允许的，它说明 x 和 y 是整型变量，dic 是一个有 10 个元素的整型数组（即这个数组是由 10 个整型变量组合而成的，它们的名字分别是：dic[0]、dic[1]、dic[2]、dic[3]、dic[4]、dic[5]、dic[6]、dic[7]、dic[8]、dic[9]）。

4.2.2　一维数组元素的初始化

所谓一维数组的初始化，即指在说明数组的同时为其诸元素（变量）赋初值。因此，完整的数组说明语句格式为

<存储类型> <数据类型> <数组名> [<长度>] = {<常量1>, <常量2>, <常量3>,…};

其中<常量1>是数组第1个元素的取值，<常量2>是数组第2个元素的取值，<常量3>是数组第3个元素的取值，如此等等。比如，有如下数组说明语句：

```
int x[10] = {1, 2, 3, 4, 5, 6, 7, 8, 9, 10};
```

这意味着名为 x 的数组有 10 个元素，它们的存储类型是 auto（省略未写），数据类型是 int。x 各个元素的初始取值分别为

```
x[0]=1, x[1]=2, x[2]=3, x[3]=4, x[4]=5, x[5]=6, x[6]=7, x[7]=8, x[8]=9, x[9]=10
```

又比如，有如下数组说明语句：

```
float f[4] = {0.1, 1.1, 2.1, 3.1};
```

这意味着名为 f 的数组有 4 个元素，它们的存储类型是 auto，数据类型是 float，f 各个元素的初始取值分别为

```
f[0]=0.1, f[1]=1.1, f[2]=2.1, f[3]=3.1
```

关于数组元素的初始化，有 4 种情况需要注意。

（1）如果说明时是对数组的所有元素赋初始值，那么在数组说明中可以将<长度>省略（但是千万不能省略方括号）。比如，对于上面的数组 x 和 f，下面给出的说明与它们完全等价：

```
int x[ ] = {1, 2, 3, 4, 5, 6, 7, 8, 9, 10};  /* 省略了长度 10 */
float f[ ] = {0.1, 1.1, 2.1, 3.1};           /* 省略了长度 4 */
```

它们仍然表示数组 x 有 10 个元素，数组 f 有 4 个元素。

（2）如果数组说明时给出了<长度>，但只是依次为前面的几个数组元素赋了初值，并没有给所有的元素赋初始值。那么 C 语言将自动对余下的元素赋初值。具体是：如果该数组是数值型的，那么余下的元素都赋予 0（或 0.0）；如果该数组是字符型的，那么余下的元素都赋予空字符（即 ASCII 码值为 0 的'\0'）。比如，有如下数组说明语句：

```
int vb[8] = {12, 5, 8};
```

那么数组 vb 的 8 个元素的取值是：

```
vb[0]=12, vb[1]=5, vb[2]=8, vb[3]=0, vb[4]=0, vb[5]=0, vb[6]=0, vb[7]=0
```

又比如，有如下数组说明语句：

```
char ch[6] = {'a', 'A', 'f'};
```

那么数组 ch 的 6 个元素的取值是：

```
ch[0]= 'a', ch[1]= 'A', ch[2]= 'f', ch[3]= '\0', ch[4]= '\0', ch[5]= '\0'
```

（3）如果所说明的数组的存储类型是 static，那么这个数组的所有元素都是静态（static）型变量。对于静态变量，在第 2 章里已经说过，它们"总是要初始化的，或由用户自己做，或由系统赋予默认初始值"，这个原则在这里仍然适用。比如，有如下数组说明：

```
static char ch1[5]={'a', 'b'}, ch2[5];
```

该语句说明了两个数组 ch1 和 ch2，它们都是静态型的字符数组。在说明中，对第 1 个数组 ch1 的前两个元素赋了初值。因此，它的 5 个元素分别取值为

```
ch1[0]= 'a', ch1[1]= 'b', ch1[2]= '\0', ch1[3]= '\0', ch1[4]= '\0'
```

对第 2 个数组 ch2，说明时没有为任何元素赋初值，因此它的 5 个元素将由系统分别赋予默认初始值。所以它们的初始取值为

```
ch2[0]= '\0', ch2[1]= '\0', ch2[2]= '\0', ch2[3]= '\0', ch2[4]= '\0'
```

（4）注意，如果数组说明时给出了<长度>，并对元素进行了初始化，那么所列出的元素初始值的个数，不能多于数组元素的个数。否则 C 语言就会判定为语法错。

4.2.3　一维数组元素的引用

如果在数组说明时没有为数组元素赋初值，那么在程序中如何做才能使数组元素获得取值呢？首先要说的是，程序中绝不能用如下的赋值方式来达到为数组元素赋值的目的。比如，有数组说明：

```
int x[10];              /* 说明数组 x 时，没有对元素赋初值 */
那么，
x = {1, 2, 3, 4, 5, 6, 7, 8, 9, 10};
是错误的，因为数组名 x 是一个地址常量，不是变量，按照赋值语句的定义，常量绝不应该出现在赋值运算符的左
边接受任何赋值。至于
```

$x[10]= \{1, 2, 3, 4, 5, 6, 7, 8, 9, 10\};$

也是错误的。一方面，在程序中写 x[10]，表示它是数组 x 的、下标为 10 的那个元素，但是 x 只能有名为 x[0]~x[9]的十个元素，x[10]根本不是 x 的元素。另一方面，C 语言中的任何一个变量一次只能接收一个值，一下子接收 10 个值是不可能的。

数组的每一个元素是变量，它们是可以接受赋值的。程序中只能通过向一个个数组元素赋值的方法，使它们获得取值。程序中把数组的每个元素当成普通的变量来使用，这就是所谓的"数组元素的引用"。

例 4-2　编写一个程序，从键盘上输入 5 个字符，然后按照相反的次序输出。

解　我们先不用数组来编写这个程序。这时由于要从键盘接收 5 个字符，所以程序中要说明 5 个字符型变量。程序编写如下。

```
#include "stdio.h"
main()
{
  char ch1, ch2, ch3, ch4, ch5;
  scanf ("%c", &ch1);
  scanf ("%c", &ch2);
  scanf ("%c", &ch3);
  scanf ("%c", &ch4);
  scanf ("%c", &ch5);
  printf ("%c", ch5);
  printf ("%c", ch4);
  printf ("%c", ch3);
  printf ("%c", ch2);
  printf ("%c\n", ch1);
}
```

下面，用数组和循环来编写这个程序，可以是：

```
#include "stdio.h"
main()
{
  char ch[5];
  int i;
```

```
  for (i=0; i<=4; i++)
    scanf ("%c", &ch[i]);
  for (i=4; i>=0; i--)
    printf ("%c", ch[i]);
  printf ("\n");
}
```

从这两个程序的对比中可以看出，使用了数组，不仅减少了变量说明的数量，而且可以通过使用循环，减少程序中的语句数量。可以想象，如果需要同时处理的相同类型变量的数量非常大，那么在程序中使用数组的优越性就会更加明显。

例4-3　编写一个程序，说明一个长度为10的整型数组，不对它进行任何初始化。在程序中，把从2开始的一个偶数序列值依次赋给该数组的各个元素，随后打印输出。

解　（1）程序实现。

```
#include "stdio.h"
main()
{
  int i, array[10];
  for (i=0; i<10; i++)         /* 依次为数组各元素赋值 */
    array[i] = i*2 + 2;
  for (i=0; i<10; i++)         /* 依次将数组各元素的值打印输出 */
    printf ("%3d", array[i]);
  printf ("\n");
}
```

（2）分析与讨论。

程序中的关键是要生成偶数序列。由于要求偶数序列从2开始，这个序列生成的规律可以是：第 i 个数等于 i*2+2（i=0, 1, 2, …）。于是，通过循环执行语句：

array[i] = i*2 + 2;

就可以在数组 array 的 10 个元素里，分别赋值 2，4，6，8，10…

例4-4　编写程序，从键盘输入 10 个无序的整数，存放在数组 s 中。然后将它们由小到大排好，加以输出。

解　（1）程序实现。

```
#include "stdio.h"
main()
{
  int i, j, t, s[10];
  printf ("Please enter 10 integers:\n");
  for (i=0; i<10; i++)
    scanf ("%d", &s[i]);
  for (i=0; i<9; i++)             /* 外循环要做 9 趟扫描 */
  {
    for (j = i + 1; j<10; j++)   /* 每趟扫描的比较范围依赖于 i */
    {
      if (s[j] < s[i])           /* 满足条件时，进行元素交换 */
      {
        t = s[i];
        s[i] = s[j];
        s[j] = t;
      }
```

```
      }
    }
    for (i=0; i<10; i++)
      printf ("%4d", s[i]);
    printf ("\n");
  }
```

（2）分析与讨论。

程序中采用的排序方法是：如果数组 a 有 n 个元素，那么总共要做 n-1 趟扫描（即是外循环）。第 1 趟扫描的范围是 1～n-1（其意是用 a[0]与 a[1]～a[n-1]两两比较，如果发现某个元素小于 a[0]，就把它们的位置交换，最后致使 a[0]中的值为最小者）；第 2 趟扫描的比较范围是 2～n-1（其意是用 a[1]与 a[2]～a[n-1]两两比较，最后致使 a[1]中的值是次小者）；如此等等。称这种排序方法为"冒泡排序"。

关于数组元素的引用，还应该指出的是，C 语言虽然规定数组的下标取值范围是从 0 开始，到<长度>-1 为止，但是，C 语言在进行编译时，并不去专门对数组元素的下标值做合法性检查。也就是说，如果程序中说明了一个长度为 10 的数组，那么即使是去访问下标为 15 的那个所谓的数组元素，C 语言也不会发觉出了错，它仍然是从分给该数组的存储区开始，按照该数组一个元素的长度，往下到第 15 个区域里去取数据。这样取出来的数据当然是不对的，那个区域里的数据根本就不是这个数组的。因此，程序员在程序中使用数组时要特别小心，访问数组元素的下标时，如果越出了允许的范围（称为"溢出"），就有可能侵入到了别的数据存储空间里去了。发生这样的错误，不光程序的运行肯定不正确，而且 C 语言还不对它报错，这样的错误很不容易被检查出。

4.3 二维数组

4.3.1 二维数组的说明

说明一个二维数组的语句格式是：

<存储类型> <数据类型> <数组名> [<长度 1>] [<长度 2>];

其中：<存储类型>、<数据类型>、<数组名>等与一维数组相同。<长度 1>和<长度 2>都是用方括号括住的整型常量，其数值的乘积（即<长度 1>*<长度 2>），表示该数组所拥有的元素个数。比如有如下的一个二维数组说明语句：

```
int a[3][4];
```

它说明了一个名为 a 的二维整型数组，由于省略了存储类型，因此该数组是 auto 型的，它有 3*4=12 个元素，每个元素都是一个 int 型的变量。第 1 个下标是从 0 变到 2，第 2 个下标是从 0 变到 3，这 12 个元素（变量）的具体名称是：

```
a [0][0], a [0][1], a [0][2], a [0][3]
a [1][0], a [1][1], a [1][2], a [1][3]
a [2][0], a [2][1], a [2][2], a [2][3]
```

为了处理二维数组，C 语言总是先把二维数组看成是一个有<长度 1>这么多个元素的一维数组，每个元素的名为<数组名>[0]，<数组名>[1]，……，<数组名>[<长度 1>-1]。然后再把这个一维数组的每一个元素看作是一个有<长度 2>这么多个元素的一维数组。

这样一来，对于上面说明的数组 a，C 语言先是把它视为有 3 个元素的一个一维数组，其元素名分别是：

a[0]，a[1]，a[2]。（其实就是 3 行）

随之，a[0]是一个有 4 个元素的一维数组，它们是：a [0][0]，a [0][1]，a [0][2]，a [0][3]；a[1]是一个有 4 个元素的一维数组，它们是：a [1][0]，a [1][1]，a [1][2]，a [1][3]；a[2] 是一个有 4 个元素的一维数组，它们是：a [2][0]，a [2][1]，a [2][2]，a [2][3]。

根据"数组名就是系统分配给它的存储区起始地址"的规定，对于上面说明的二维数组 a，就有如下重要结论：a 作为二维数组名，是一个地址常量；a[0]，a[1]，a[2]作为一维数组名，也都是地址常量。a 是系统分配给这个二维数组整个存储区的起始地址；a[0]是一维数组元素 a [0][0]，a [0][1]，a [0][2]，a [0][3]占用的存储区的起始地址；a[1] 是一维数组元素 a [1][0]，a [1][1]，a [1][2]，a [1][3] 占用的存储区的起始地址；a[2] 是一维数组元素 a [2][0]，a [2][1]，a [2][2]，a [2][3] 占用的存储区的起始地址。

例 4-5 编写一个程序，打印出分配给上面说明的二维数组 a 的存储区的起始地址；打印出分配给 3 个一维数组 a[0]，a[1]，a[2] 的存储区的起始地址；打印出二维数组各个元素的地址。

解 （1）程序实现。

```
#include "stdio.h"
main()
{
  int j, k, a[3][4];
  printf ("a=%u\n", a);              /* 打印出二维数组的起始地址 */
  for (j=0; j<3; j++)                /* 打印出每一行的起始地址 */
    printf ("a[%d]=%u ", j, a[j]);
  printf ("\n");
  for (j=0; j<3; j++)                /* 打印出每个元素的地址 */
  {
    for (k=0; k<4; k++)              /* 控制每行打印 4 个数据 */
      printf ("&a[%d][%d]=%u ", j, k, &a[j][k]);
    printf ("\n");
  }
}
```

（2）分析与讨论。

图 4-2 给出了程序的运行结果。从图中可以看出，a，a[0]，&a[0][0]这 3 个量的数值是一样的，都是 65476。因为 a 是分配给这个二维数组的存储区的起始地址，a[0]是这个二维数组第 1 行 a[0]所占用存储区的起始地址，而&a[0][0]是这个二维数组第 1 个元素的地址。它们 3 个当然都应该是 65476，但却有完全不同的含义。从图 4-2 中显示的地址也可以看出，C 语言对二维数组进行存储分配时，是按照行的顺序存放的：先存放第 1 行的元素 a [0][0]，a [0][1]，a [0][2]，a [0][3]；再存放第 2 行的元素 a [1][0]，a [1][1]，a [1][2]，a [1][3]；最后存放第 3 行的元素 a [2][0]，a [2][1]，a [2][2]，a [2][3]。

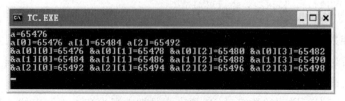

图 4-2　二维数组名是地址常量

4.3.2 二维数组元素的初始化

如果在说明二维数组的同时，对其每个元素赋予初始值，那么这就是所谓的"二维数组的初始化"。对二维数组的初始化，有如下几种方法。

方法 1 分行对二维数组进行初始化。比如语句：

```
int a[3][4]={{1, 2, 3, 4}, {5, 6, 7, 8}, {9, 10, 11, 12}};
```

说明了一个名为 a 的 int 型二维数组，共有 12 个元素，用两层花括号给出各元素的初始值，即在外层花括号里面有 3 个内花括号，第 1 个内花括号括住的数值是赋予 a 的第 1 行元素的，第 2 个内花括号括住的数值是赋予 a 的第 2 行元素的，第 3 个内花括号括住的数值是赋予 a 的第 3 行元素的。因此，说明后的结果是：

```
a[0][0]=1, a[0][1]=2, a[0][2]=3, a[0][3]=4
a[1][0]=5, a[1][1]=6, a[1][2]=7, a[1][3]=8
a[2][0]=9, a[2][1]=10, a[2][2]=11, a[2][3]=12
```

方法 2 不分行将所有数据依次列在一个花括号中。比如语句：

```
int a[3][4]={1, 2, 3, 4, 5, 6, 7, 8, 9, 10, 11, 12};
```

这时，C 语言会按照由行到列的排列顺序，自动将数值赋予相应的数组元素，从而达到上面相同的赋值结果。

方法 3 分行对二维数组进行初始化时，可以只对部分元素赋初值。这时，剩余元素的初值由系统自动补齐：如果该数组的数据是数值型的，那么赋予 0（或 0.0）；如果该数组的数据是字符型的，那么赋予空字符（即 ASCII 码值为 0 的'\0'）。比如语句：

```
int a[3][4]={{1}, {4}, {11}};
```

那么说明后的结果是：

```
a[0][0]=1, a[0][1]=0, a[0][2]=0, a[0][3]=0
a[1][0]=4, a[1][1]=0, a[1][2]=0, a[1][3]=0
a[2][0]=11, a[2][1]=0, a[2][2]=0, a[2][3]=0
```

方法 4 如果是对二维数组的全部元素进行初始化，那么在数组说明语句中，<长度 1>可以省略不写（方括号是必须要的）。比如语句：

```
int a[ ][4]={ 1, 2, 3, 4, 5, 6, 7, 8, 9, 10, 11, 12};
```

的作用与语句：

```
int a[3][4]={{1, 2, 3, 4}, {5, 6, 7, 8}, {9, 10, 11, 12}};
```

或语句：

```
int a[3][4]={1, 2, 3, 4, 5, 6, 7, 8, 9, 10, 11, 12};
```

相同。

4.3.3 二维数组元素的引用

类同于一维数组，二维数组的每个元素也都是变量，所以它可以接受赋值。在程序中通过向一个个数组元素赋值的方法，就使它们获得取值。把二维数组中的每个元素当成普通的变量来使用，这就是所谓的"二维数组元素的引用"。

例 4-6 有一个 3 行 3 列的二维数组，元素顺序取值为 1，2，3，4，5，6，7，8，9。把该数组的行、列元素对调，构成一个新的二维数组。即原数组第 1 行元素是新数组第 1 列元素，原数组第 2 行元素是新数组第 2 列元素，如此等等。打印输出新、老数组的各个元素。

解 （1）程序实现。

```
#include "stdio.h"
main()
{
  int j, k;
  int new[3][3], old[3][3]={1, 2, 3, 4, 5, 6, 7, 8, 9};
  printf ("The old array:\n");
  for (j=0; j<3; j++)
  {
    for (k=0; k<3; k++)
    {
      printf ("%4d", old[j][k]);
      new[k][j] = old[j][k];              /* 设置 new 数组的元素 */
    }
    printf ("\n");
  }
  printf ("The new array:\n");
  for (j=0; j<3; j++)
  {
    for (k=0; k<3; k++)
      printf ("%4d", new[j][k]);
    printf ("\n");
  }
}
```

（2）分析与讨论。

由于题目中说先有一个 3 行 3 列的二维数组，经元素对调后，将产生一个新的二维数组。所以程序中应该说明两个 3*3 的二维数组。对调后的结果，应该存放在新的二维数组里。图 4-3 是该程序的运行结果。

例 4-7 编写一个程序，从键盘上输入 2 行 3 列数组的元素值，将其转置（即行变列，列变行）后，形成一个新的 3 行 2 列的数组，并打印输出。

解 （1）程序实现。

```
#include "stdio.h"
main()
{
  int old[2][3], new[3][2], j, k;
  printf ("Please enter 6 elements:\n");
  for (j=0; j<2; j++)                 /* 输入老数组的各元素值 */
    for (k=0; k<3; k++)
      scanf ("%d", &old[j][k] );
  for (j=0; j<3; j++)                 /* 完成老数组的转置 */
    for (k=0; k<2; k++)
      new[j][k] = old [k][j];
  for (j=0; j<3; j++)                 /* 输出新数组的各元素 */
  {
    for (k=0; k<2; k++)
      printf ("%5d", new[j][k]);
    printf ("\n");
  }
}
```

（2）分析与讨论。

这个例子与例 4-6 类似，只是例 4-6 中两个数组都是 3 行 3 列的（即是方阵），而这里的两个数组，输入的原数组是 2 行 3 列的，转置后的新数组是 3 行 2 列的。图 4-4 是该程序的运行结果。

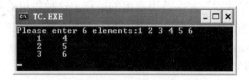

图 4-3　例 4-6 的输出结果　　　　　　　　图 4-4　例 4-7 的输出结果

例 4-8　利用二维数组，计算下面两个矩阵 a 和 b 的乘积 c：

$$a = \begin{pmatrix} 1 & 2 & 3 \\ 4 & 5 & 6 \end{pmatrix} \qquad b = \begin{pmatrix} 7 & 8 \\ 9 & 10 \\ 11 & 12 \end{pmatrix}$$

其中 $c_{ij} = a_{i0} \ b_{0j} + a_{i1} \ b_{1j} + a_{i2} \ b_{2j}$　$(0 \leqslant i \leqslant 1, 0 \leqslant j \leqslant 1)$。

解　（1）程序实现。

```c
#include "stdio.h"
main()
{
 int a[ ][3] = {{1, 2, 3 }, {4, 5, 6 }};
 int b[ ][2] = {{7, 8 }, {9, 10 }, {11, 12}};
 int c[2][2], i, j, k, s;
 for (i=0; i<2; i++)            /* 求矩阵 c 的 for 二重循环 */
  for (j=0; j<2; j++)
  {
    s = 0;
    for (k=0; k<3; k++)
     s = s + a[i][k]*b[k][j];
    c[i][j] = s;
  }
 for (i=0; i<2; i++)            /* 打印出矩阵 c 的诸元素 */
 {
  printf ("\n");
  for (j=0; j<2; j++)
   printf ("c[%d][%d] = %4d\t",i ,j, c[i][j] );
 }
}
```

（2）分析与讨论。

图 4-5 是该程序运行的结果显示。矩阵 a 是 2 行 3 列的，b 是 3 行 2 列的，它们的乘积 c 是 2 行 2 列的。

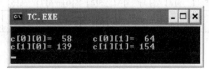

图 4-5　例 4-8 的运行结果

4.4 字符数组与字符串

4.4.1 字符数组与字符串

"字符数组"是字符型数组的简称，这种数组的各个元素都是字符。说明一个字符数组时，<数组名>前的<数据类型>应该是 char。比如下面的说明语句：

```
char name [15], t[5];
```

说明有两个字符数组：名为 name 的数组有 15 个元素，系统为它分配 15 个字节的存储空间；名为 t 的数组有 5 个元素，系统为它分配 5 个字节的存储空间。

既然字符数组属于数组，因此可以使用对一般数组元素初始化的方法，来完成对字符数组的初始化。比如有说明语句：

```
cher s[7] = {'p', 'r', 'o', 'g', 'r', 'a', 'm'};
```

这属于列出所有数组元素来进行初始化的情形。它表明该数组的 7 个元素 s[0]～s[6]分别取初值为

```
s[0]= 'p', s[1]= 'r', s[2]= 'o', s[3]= 'g', s[4]= 'r', s[5]= 'a', s[6]= 'm'
```

由于在 C 语言中，字符是以其 ASCII 码值的形式存放在存储区中的，所以这种用字符常量对字符数组进行初始化的方法，与用字符的 ACSII 码值对字符数组进行初始化的效果是一样的。比如说明语句：

```
char str [6] = {'s', 't', 'r', 'i', 'n', 'g'};
```

与说明语句：

```
char str [6]= {115, 116, 114, 105, 110, 103};
```

是相同的，都表明字符数组 str 的 6 个元素初始取值为

```
str[0]= 's', str[1]= 't', str[2]= 'r', str[3] ='i', str[4]= 'n', str[5]= 'g'
```

又比如有说明语句：

```
char b[ ] = {'C', 'h', 'i', 'n', 'a'};
```

这属于对数组的所有元素赋予初始值，因此在数组说明中可以省略<长度>的情形。它表明该数组的 5 个元素 b[0]～b[4]分别取初值为

```
b[0]= 'C', b[1]= 'h', b[2]= 'i', b[3]= 'n', b[4]= 'a'
```

不过，对于 C 语言中的字符数组，还可以直接使用字符串常量，来完成对其元素的初始化工作。具体的做法有两种。

方法 1　用字符串常量对字符数组进行初始化。比如有说明语句：

```
char s[10]= "Beijing";
```

这表明字符数组 s 共有 10 个元素，前 7 个元素分别取初值为

```
s[0]='B', s[1]='e', s[2]='i', s[3]='j', s[4]='i', s[5]='n', s[6]='g'
```

后面的 3 个元素按照 C 语言的规定，被自动赋予空字符 "\0"，即：

```
s[7]='\0', s[8]='\0', s[9]='\0'
```

图 4-6 给出了字符数组 s 在内存中的存放示意。

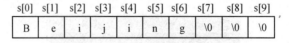

图 4-6　字符数组 s 在内存的存放

方法 2　用花括号括住字符串常量对字符数组进行初始化。比如有说明语句：

```
char s[10]={ "Beijing"};
```
它的作用与 "char s[10]= "Beijing";" 相同。

这里要注意，直接用字符串常量或用花括号括住字符串常量的办法对字符数组元素进行初始化时，所说明数组的<长度>必须比字符串拥有的字符个数大 1，以便能在末尾安放字符串结束符 "\0"。比如说明语句：

```
char s[5] = "Book";
```
是正确的数组说明语句。但若把它写成：

```
char s[4] = "Book";
```
就不对了，因为没有预留安放字符串结束符 "\0" 的位置。又比如说明语句：

```
char str[ ] = "I love you!";
```
系统将会自动为数组 str 开辟 12 个字节，用于存放这个字符串，并在最后一个字节里放上字符串结束符 "\0"。

所以，在程序中，采用如下两种方式对数组元素进行初始化，其效果是不一样的：

```
b[ ] = {'C', 'h', 'i', 'n', 'a'};
b[ ] = "China"; 或 b[ ] = {"China"};
```
系统为前者说明的数组只分配 5 个字节的存储区，如图 4-7（a）所示；为后者说明的数组则需要分配 6 个字节的存储区，如图 4-7（b）所示。

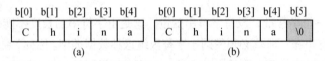

图 4-7　两种数组元素初始化方法的不同效果

例 4-9 用字符串 "Hi, morning!" 对数组 str 元素赋初值，然后打印出该数组各个元素及所对应的 ASCII 码值。

解 （1）程序实现。

```
#include "stdio.h"
main()
{
  char str[ ] = "Hi, morning!";
  int k = 0;
  while (str[k] != '\0')                    /* 打印出元素及 ASCII 码值。*/
  {
    printf ("%c = %d\t", str[k], str[k]);
    if ((k+1)%4 == 0)                  /* 控制每行打印 4 个数据 */
      printf ("\n");
    k++;
  }
  printf ("%c = %d\n", str[k],str[k]);
}
```

（2）分析与讨论。

由于题目要求用字符串对数组初始化，因此这个数组的最后一定会有一个字节用于存放字符串结束符。所以，可以用循环来把数组元素中的内容打印出来，让循环在遇见字符串结束符时停止。另外，字符在内存中是以其 ASCII 码值的形式存放的。因此，让数组元素以 "%c" 格式打印时，就是打印出字符本身；以 "%d" 格式打印时，就是打印出该字符对应的 ASCII 码值。图 4-8

是它的运行结果。

从这个例子也可以看出，用字符串 "Hi, morning!" 来初始化数组 str 时，C 语言确实是在最后安放了一个字符串结束符 "\0"，因为程序中是以是否遇到它来结束循环的。另外也可看出，因为空格和字符串结束符都是不能直接打印出来的字符，所以在输出中有 "=32"、"=0" 的情况出现。

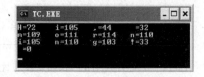

图 4-8　例 4-9 的运行结果

如同在讲一维数组元素的引用时告诫的那样，若在说明一个字符数组时没有对它的元素进行初始化，那么在程序中使用下面的办法为数组元素赋值是错误的：

```
char str1 [6];
str1[ ] = "string";            /* 写法错误 */
```

或：

```
str1[6] = "string";        /* 写法错误 */
```

对字符数组元素的引用，只能是将它的各个元素视为变量，按照变量的办法，对它们进行使用。

4.4.2　字符串的运算

C 语言里只有字符串常量，没有字符串变量。这是由字符串的长度不能确定所致。那么，C 语言里如何处理字符串呢？那就必须借助于字符数组这种数据类型。因此，要实现字符串的运算，比如求一个字符串的长度、两个字符串的连接、字符串的复制等，都需要通过字符数组来进行。在 C 语言的系统库函数里，提供了完成各种字符串运算的函数。只要将它们所在的头文件包含进程序，就可以直接调用它们。关于这些函数，将在下面介绍，本书的附录 1 里也已列出。这里给出求一个字符串的长度、字符串的复制、两个字符串的连接 3 种运算的实现方法，以便增加读者对字符数组与字符串间的关系的理解。

例 4-10　从键盘上输入一个字符串（小于 80 个字符），存入数组中。求该字符串中所含字符的个数，即求字符串的长度。注意，一个字符串的长度，不包含字符串结束符。

解　（1）程序实现。

```
#include "stdio.h"
main()
{
  char a[80];
  int j = 0, n = 0;
  scanf ("%s", a);
  while (a[ j++] != 0)     /* a[ j++] != 0相当于a[j++] != '\0' */
    n++;
  printf ("Length of %s = %d\n", a, n);
}
```

（2）分析与讨论。

可以通过在 scanf 里使用格式符 "%s"，达到从键盘接收字符串，并存入到字符数组中的目的。要特别注意的是，这时 scanf 在接收到回车换行符或空格符时，都会把它们作为输入结束的标志，并把回车换行符或空格符以字符串结束符（\0）的形式存放起来。所以，通过 scanf 来往字符数组里存放字符串时，输入过程中不能有空格符。

程序中是以字符数组中元素的 ASCII 码值是否等于 0（a[j++] != 0）来判断循环结束的。不等于 0 时，就用变量 n 来计数（n++;）。注意，由于 a 是地址常量，所以在 scanf 里，不能在它的前面加上&。程序执行完毕，变量 n 里记录了该字符串里字符的个数，即该字符串的长度。

例 4-11 从键盘上输入一个字符串（小于 80 个字符），存入数组中。然后照原样复制到另一个字符数组中。

解 （1）程序实现。

```c
#include "stdio.h"
main()
{
  char str1[80], str2[80];
  int k = 0;
  printf ("Please enter first string:");
  scanf ("%s", str1);
  do
  {
    str2[k] = str1[k];
    k++;
  }while (str1[k] != '\0');
  str2[k] = '\0';
  printf ("The second string is %s\n", str2);
}
```

（2）分析与讨论。

这是字符串的复制。方法是把存于数组中的原字符串字符，依次赋予另一个字符数组，直到遇到字符串结束符。

图 4-9 是该程序的两次运行结果。第 1 次输入的字符串是"program"，输出的也是字符串"program"；第 2 次输入的字符串是"good by!"，输出的则是"good"。之所以这样，是因为 scanf 函数把输入的空格按字符串结束符来存放。另外要特别注意的是，由于程序是在遇到 str1 数组中的字符串结束符时停止复制的，这时并没有把字符串结束符复制到数组 str2 的最后。因此在程序最后安排的语句：

```c
str2[k] = '\0';
```

正是起到了在数组 str2 的最后字节里放进一个字符串结束符的作用。

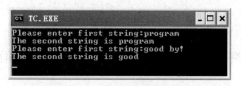

图 4-9 例 4-11 的两次运行结果

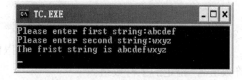

图 4-10 例 4-12 的一次运行结果

例 4-12 从键盘上输入两个字符串，分别存入数组中。将第 2 个字符串连接到第 1 个字符串的后面，形成一个新的字符串，然后打印输出。

解 （1）程序实现。

```c
#include "stdio.h"
main()
{
  char str1[80], str2[80];
```

```
    int j = 0, k = 0;
    printf ("Please enter first string:");
    scanf ("%s", str1);                        /* 输入第 1 个字符串 */
    printf ("Please enter second string:");
    scanf ("%s", str2);                        /* 输入第 2 个字符串 */
    while (str1[j] != 0)                        /* 寻找 str1 的末尾位置 */
      j++;
    do                                         /* 将 str2 复制到 str1 的末尾 */
    {
      str1[j+k] = str2[k];
      k++;
    }while(str2[k] != 0);
    str1[j+k] = '\0';                          /* 最后添加一个字符串结束符 */
    printf ("The first string is %s\n", str1);
}
```

（2）分析与讨论。

为了进行字符串的连接，必须先找到第 1 个字符串的尾部，从尾部的位置（即字符串结束符所在的位置）开始，将另一个字符串内容复制过来。程序中的 while 循环就是顺着数组 str1 往后找，一直找到它的字符串结束符所在的位置（由变量 j 记录）。然后通过 do…while 循环，让 str1 从 j+k 开始存放 str2 里的一个个字符，直到遇到字符串结束符。最后，千万不要忘记在 str1 添加上字符串结束符。图 4-10 是该程序的一次运行结果。

要注意，程序中并没有考虑 str1 和 str2 的长度，默认 str1 完全能够放得下 str2 和一个字符串结束符。但在正式的场合，这样的问题是绝对不能忽略的。

4.4.3　常用的字符串处理函数

C 语言中向用户提供了很多专门对字符串进行操作的函数，比如字符串输入、输出函数，字符串的复制、连接、比较函数，求一个字符串长度的函数，等等。对于这些函数，只需要弄清楚它们在哪个头文件里，调用它们时的正确使用形式，那么只要把那个头文件包含在自己的程序里，编程人员就可以直接拿来使用了。这里主要讲 8 个常用的字符串处理函数。

1．字符串输入函数：gets()

调用的一般格式：

```
gets (<字符数组名>);
```

函数功能：从键盘上接收一个字符串（以回车换行符为输入的结束标记），存入圆括号里由<字符数组名>指定的字符数组。

所在头文件：stdio.h。

注意：gets()和使用格式符"%s"的 scanf()函数，都可以从键盘接收输入的字符串。它们之间的区别是：scanf()函数把输入过程中的"回车换行"或"空格"都看作是字符串输入的结束标记；而 gets()函数，只把"回车换行"看作是字符串输入的结束标记。因此，使用 gets()来接收字符串时，"空格"也在接收之列。

2．字符串输出函数：puts()

调用的一般格式：

```
puts (<字符数组名>);
```

函数功能：将圆括号里由<字符数组名>指定的字符数组的内容加以输出，并将所遇到的字符串结束标记转换成回车换行符输出。

所在头文件：stdio.h。

例 4-13　利用 gets()，从键盘上输入一个字符串（小于 80 个字符），存入数组中。然后照原样复制到另一个字符数组中。这是例 4-11 的另一种实现方法，克服了函数 scanf()不能接受"空格"的缺憾。

解　（1）程序实现。

```c
#include "stdio.h"
main()
{
  char str1[80], str2[80];
  int k = 0;
  printf ("Please enter first string:");
  gets (str1);
  do
  {
    str2[k] = str1[k];
    k++;
  }while (str1[k] != '\0');
  str2[k] = '\0';
  printf ("The second string is :");
  puts(str2);
}
```

（2）分析与讨论。

图 4-11 是程序的一次运行结果。对比图 4-9 中的第 2 次运行结果可以看出，函数 gets()确实能够从键盘接收空格作为输入的数据。另外，在实际中并不常用 puts()输出字符串，因为在 printf()中用格式符"%s"，可以很方便地打印出一个字符串。

图 4-11　例 4-13 的一次运行结果

3. 字符串复制函数：strcpy()

调用的一般格式：

```
strcpy (<字符数组名 1>, <字符数组名 2>);
```

函数功能：将<字符数组名 2>中的字符串，复制到由<字符数组名 1>指定的字符数组中。复制时，是连同<字符数组名 2>里的字符串结束符"\0"一起复制的。<字符数组名 2>可以是数组名，也可以是一个字符串常量。

所在头文件：string.h。

注意：我们已经知道不能将一个字符串常量或字符型数组直接赋给另一个字符数组，也就是说，如果有

```c
char str1[10], str2[10];
```

那么，

```c
str1 = {"China"};      /* 错误的语句 */
str2 = str1;           /* 错误的语句 */
```

两条语句都是错误的。正确的写法是借助于 strcpy()函数，将字符串复制到数组中。即把后面的两个语句改成：

```
strcpy (str1, "China");
strcpy (str2, str1);
```

函数 strcpy ()也可以有第 3 个参数，这时调用的一般格式是：

```
strcpy (<字符数组名 1>, <字符数组名 2>, <整型表达式>);
```

其功能是把<字符数组名 2>指定的字符串的前<整型表达式>个字符复制到由<字符数组名 1>指定的数组里，然后加上一个 "\0"。比如语句：

```
strcpy (str1, str2, 5);
```

表示把 str2 中前面的 5 个字符复制到 str1 里，然后再加上一个 "\0"。

4．字符串连接函数：strcat()

调用的一般格式：

```
strcat (<字符数组名 1>, <字符数组名 2>);
```

函数功能：取消<字符数组名 1>中字符串后面的字符串结束符，然后把<字符数组名 2>指定的数组中的字符串连接到它的后面，从而在<字符数组名 1>指定的数组里形成一个新的更长的字符串。

所在头文件：string.h。

注意：在该函数操作后，<字符数组名 1>指定的数组内容发生了变化，<字符数组名 2>指定的数组内容保持不变。

5．字符串比较函数：strcmp()

调用的一般格式：

```
int x;
x = strcmp (<字符数组名 1>, <字符数组名 2>);
```

函数功能：对<字符数组名 1>和<字符数组名 2>指定数组中的字符串自左至右逐个字符比较它们的 ASCII 码值，直到出现不同的字符或遇到 "\0"。如果全部字符相同，则认为两个字符串相等；如果出现不同字符，则以第 1 个不同字符的 ASCII 码值的大小作为字符串的大小。如果两个字符串相等，函数返回 0；如果第 1 个大于第 2 个，函数返回正数；如果第 1 个小于第 2 个，则函数返回负数。

所在头文件：string.h。

注意：对于两个字符串 str1 和 str2，不能直接用 C 语言的比较运算符进行比较。即写法：

```
str1 == str2
```

是错误的。程序中只能利用 strcmp()函数及其返回值，来判定它们之间的关系。

例 4-14　编写一个检验密码的程序，要求用户输入密码，如果输入正确，则显示信息：Now, you can do something!。如果输入错误，则显示信息：Invalid password. Try again!，并控制至多重复 3 次。3 次出错，给出信息：I am sorry, bye-bye!。

解　（1）程序实现。

```
#include "stdio.h"
#include "string.h"
main()
{
  char str[10];
  int k;
  for (k=0; k<3;k++)                     /* 密码只能输入 3 次 */
  {
    printf ("Please enter your password:");
    gets(str);                              /* 接收输入的密码 */
    if (strcmp (str, "913911"))             /* 见附录 1 对 strcmp 的说明 */
    {
```

```
    if (k<2)
      printf ("Invalid password. Try again!\n");
    else
      printf ("Invalid password. ");
    }
    else
      break;                /* 密码输入正确，强行退出循环 */
    }
    if (k<=2)
      printf ("Now, you can do something!\n");
    else
      printf ("I am sorry, bye-bye!\n");
    getchar ();
}
```

（2）分析与讨论。

要注意，由于程序中使用了 C 语言中的函数 strcmp()，而该函数是在头文件 "string.h" 里，所以，本程序开头就安排了一条包含命令：

```
#include "string.h"
```

程序中假定密码是字符串：913911，图 4-12 是程序 3 次运行的结果。第 1 次表示输入密码 1次就对的情形；第 2 次是输入密码到第 3 次时才对的情形；第 3 次是 3 次输入密码都错的情形。

图 4-12　例 4-14 的 3 次运行结果

6. 字符串长度函数：strlen()

调用的一般格式：

```
int x;
x = strlen (<字符数组名>);
```

函数功能：计算由<字符数组名>所指定数组中字符串包含的字符个数。

所在头文件：string.h。

注意：该函数在统计字符串中的字符个数时，不包括字符串结束符。

7. 将字符串中大写字母改为小写字母函数：strlwr()

调用的一般格式：

```
   strlwr (<字符数组名>);
```

函数功能：将由<字符数组名>所指定数组中字符串里的大写字母全部改为小写。

所在头文件：string.h。

8. 将字符串中小写字母改为大写字母函数：strupr()

调用的一般格式：

```
strupr (<字符数组名>);
```

函数功能：将由<字符数组名>所指定数组中字符串里的小写字母全部改为大写。

所在头文件：string.h。

例 4-15 编写一个程序，从键盘上接收用户输入的字符串，统计字符串中字符的个数、小写字母的个数、大写字母的个数，并将小写改为大写。最后输出这些信息。

解 （1）程序实现。

```c
#include "stdio.h"
#include "string.h"
main()
{
  int k, ln, low = 0, up = 0;
  char str1[80], str2[80];
  printf ("Please enter a string:");
  gets (str1);
  ln = strlen (str1);
  for (k=0; k<ln; k++)
  {
    if (str1[k]>=65 && str1[k]<=90)
    up++;
    if (str1[k]>=97 && str1[k]<=122)
    low++;
  }
  strcpy (str2, str1);
  strupr (str2);
  printf ("The lenth of str1 = %d\n", ln);
  printf ("The small letter number = %d\n ", low);
  printf ("The capital letter number = %d\n", up);
  printf ("str1=%s\n str2=%s\n", str1,str2);
}
```

（2）分析与讨论。

图 4-13 是程序的一次运行结果。在程序中利用函数 strlen()统计出输入字符串 str1 中字符的个数，然后由它来控制 for 循环的循环次数，统计出 str1 里大、小写字母的个数；利用函数 strcpy()把 str1 复制到 str2，然后用函数 strupr()把 str2 中的小写字母改为大写。

图 4-13 例 4-15 的 1 次运行结果

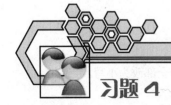

习题 4

一、填空

1. 任何一个数组的数组元素具有相同的名字和_____。

2. 同一数组中，数组元素之间是通过_____来加以区分的。

3. 下面程序的功能是输出数组 str 中最大元素的下标。请完成程序填空：

```c
#include"stdio.h"
main()
{
  int j, k;
  int str[ ] = {2, -3, 7, 15, 19, -10, 12, 4};
  for (j=0, k=j; j<8; j++)
  if (str[j]>str[k])
    _____ ;
  printf ("%d\n", k);
}
```

4. 有说明语句：

```c
int x[ ][4] = {{1},{2},{3}};
```

那么元素 x[1][1]的取值是_____。

5. 若有程序段如下：

```c
int k, x[3][3] = {1, 2, 3, 4, 5, 6, 7, 8, 9};
for (k=0; k<3; k++)
  printf ("%d ", x[k][2-k]);
```

那么执行后输出的结果是_____。

二、选择

1. 在下面给出的语句中，（　　）是对一维数组正确赋初值的语句。

    A. int a[10] = "This is a string";   B. char a[ ] = "This is a string";

    C. int a[3] = {1, 2, 3, 4, 5, 0};   D. char a[3] = "This is a string";

2. 已知对一维数组 ns 有如下说明：

```c
int ns[10];
```

要求使 ns 的所有元素都取值 0。下面不正确的程序段是（　　）。

    A. for (j=0; j<10; j++) ns[j] = 0;

    B. ns[0] = 0;

        for (j=1; j<10; j++) ns[j] = n[j-1];

    C. for (j=1; j<=10; j++) ns[j] = 0;

    D. ns[0]=ns[1]=ns[2]=ns[3]=ns[4]=ns[5]=ns[6]=ns[7]=ns[8]=ns[9]=0;

3. 如果有以下说明语句：

```c
char ab[ ] = "123456";
char ac[ ]={'1', '2', '3', '4', '5', '6'};
```

那么下面说法中正确的是（　　）。

    A. 数组 ab 和 ac 的长度相等   B. 数组 ab 的长度小于数组 ac 的长度

    C. 数组 ab 与 ac 完全一样   D. 数组 ab 的长度大于数组 ac 的长度

4. 有说明语句：int a[ ][4] = {1, 5, 8, 7, 12, 22, 9, 41, 55, 27}；则数组 a 第 1 维的长度应该是（　　）。

    A. 2   B. 3   C. 4   D. 5

5. 有以下程序段：

```c
char str[ ] = "abt\n\012\\\";
printf ("%d\n", strlen(str) );
```

执行后输出的结果是（　　　）。

  A. 11   B. 7   C. 6   D. 5

三、是非判断

1. 在数组中，每一个元素在内存里占用的单元数都是相同的。（　　　）

2. 数组中的每一个元素都是相同数据类型的变量。（　　　）

3. 如果数组说明中给出的初值个数小于数组长度，那么 C 语言编译程序会自动把剩余的元素初始化为与所列最后一个初值相同的取值。（　　　）

4. 若有说明：char a[ ] = "abcde"；那么字符数组 a 的长度是 6。（　　　）

5. 有说明语句：char b[10]；那么 b = "China";就把字符串 "China" 赋予了数组 b。（　　　）

四、程序阅读

1. 阅读程序，写出它的输出结果。

```
#include "stdio.h"
main()
{
 char str1[ ] = "abcd";
 char str2[4] = {'a', 'b', 'c', 'd'};
 if (str1[4] == str2[4])
    printf ("str1[4] = str2[4]");
 else
    printf ("str1[4] <> str2[4]");
}
```

2. 阅读程序，说明其功能及输出的结果。

```
#include "stdio.h"
main()
{
  int k;
char x, a[10]={'a', 'b', 'c', 'd', 'e', 'f', 'g', 'h', 'i', 'j'};
  for (k = 0; k<5; k++)
  {
    x = a[k];
    a[k] = a[9-k];
    a[9-k] = x;
  }
  for (k=0; k<10; k++)
    printf ("%c", a[k]);
  printf ("\n");
}
```

3. 阅读程序，说明运行后的输出结果。

```
#include "stdio.h"
main()
{
  int x, j, a[10] = {1};
  for (j=1; j<10; j++)
  {
    x = a[j-1]*2;
    if (j % 2)
     x = -x ;
    a[j] = x ;
  }
  for (j=0; j<10; j++)
    printf ("%d ", a[j]);
```

```
    printf ("\n");
}
```

4. 阅读程序，说明运行后 str2 数组中保存的字符串内容。

```
#include "stdio.h"
main()
{
  char str1 [ ]="The C ProgramING LANguage", str2[80];
  int j;
  do
  {
    if (str1[j]>='a' && str1[j]<='z')
      str2[j]=str1[j]-'a'+'A';
    else
      str2[j]=str1[k];
    j++;
  }while (str1[j] != '\0');
}
```

5. 阅读下面的程序，叙述其功能和输出的结果。

```
#include"stdio.h"
#include"string.h"
main()
{
  int k;
  char str [10], str1 [10];
  printf ("Please enter No.1 string:");
  gets (str);
  for (k=0; k<4; k++)
  {
    printf ("Please enter No.%d string:", k+2);
    get (str1);
    if (strcmp(str, str1)<0 )
      strcpy (str, str1);
  }
  printf ("%s\n", str);
}
```

五、编程

1. 编写一个程序，说明一个长度为 20 的整型数组时，不对它进行初始化。在程序中，把从 50 开始的、以 1 递增的数值赋给各个元素。即赋予数组的第 1 个元素为 50，第 2 个元素为 51，如此等等。随之打印输出，每行 5 个数据。

2. 编写一个程序，要求输出矩阵 A 中取值最大的元素，以及它所在的行号、列号。已知矩阵 A 如下：

$$A=\begin{pmatrix} 1 & -2 & 3 & 4 \\ 9 & 8 & -7 & 6 \\ -10 & 10 & -5 & 2 \end{pmatrix}$$

3. 编写一个程序，在一维数组里输入一句英文，统计该句子里出现的单词个数（单词之间是用空格分隔的）。

4. 编写一个程序，接收从键盘输入的 10 个整数，存入一维数组，将前后元素依次对调后打印输出。

第5章

指针

C 语言把整型数据视为一种数据类型，存放整数的变量称为整型变量；把实型数据视为一种数据类型，存放实数的变量称为实型变量；把字符型数据视为一种数据类型，存放字符的变量称为字符变量。同样地，C 语言把内存单元的地址也视为一种数据类型。由于地址起到指向某个存储单元的作用，因此常称地址为"指针"。于是在 C 语言中，把一个地址（即指针）存放在某个变量里面，那么就称这个变量为"指针变量"。

在 C 语言里，如何说明一个变量是指针型变量？怎样把一个地址（指针）赋给指针变量？在程序设计中如何正确使用指针变量？这是需要大家关注的事情。

本章着重讲述以下 4 个方面的内容：

（1）建立"地址就是指针"的概念；

（2）指针变量的说明和初始化；

（3）指针变量的使用；

（4）指针数组的含义及使用。

5.1 指针和指针变量

5.1.1 直接访问和间接访问

计算机的内存是由一个个连续的存储单元组成的，每一个存储单元都对应着一个唯一的地址编号。当我们在程序中说明一个变量时，C 编译程序就会为其在内存中分配存储单元，以便存放这个变量的取值。变量的类型不同，分配给它的内存空间大小是不同的。比如，分给字符变量 1 个字节；分给整型变量 2 个字节；分给实型变量 4 个字节等。这就是说，当一个变量所需内存字节数大于 1 时，它就会与好几个字节的地址相关。所谓一个"变量的地址"，就是指其占用存储区中由小到大的第 1 个字节地址。比如有如下程序：

```
#include "stdio.h"
main()
{
  int x;
  float y;
  char ch;
  x = 32;
  y = 55.068;
  ch = 'A';
  printf ("address of x = %u\n", &x);
  printf ("address of y = %u\n", &y);
  printf ("address of ch = %u\n", &ch);
}
```

运行该程序，图 5-1（a）是结果，图 5-1（b）是内存分配示意。从图中看出，分配给变量 x 的存储区是地址为 65 492 和 65 493 的两个字节，在那里存放 x 的值：整数 32。在 C 语言里，把地址 65 492 视为是变量 x 的地址。分配给变量 y 的存储区是地址为 65 494、65 495、65 496 和 65 497 的 4 个字节，在那里存放 y 的值：实数 55.068。在 C 语言里，把地址 65 494 视为变量 y 的地址。分配给变量 ch 的存储区是地址为 65 499 的一个字节，在那里存放 ch 的值：字符 A。在 C 语言里，把地址 65 499 视为变量 ch 的地址。于是，变量和它在内存中的存放地址具有对应关系，但变量的取值和这个变量的地址，是两个不同的概念。

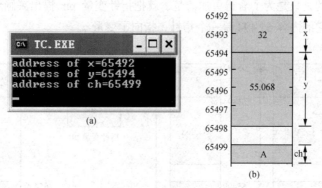

图 5-1　变量的地址

如果知道地址 65 492，那么就应该到 65 492 单元，从它开始往下的两个字节里去进行访问（存或取）；如果知道地址 65 494，那么就应该到 65 494 单元，从它开始往下的 4 个字节里去进行访问（存或取）；如果知道地址 65 499，那么就应该到 65 499 单元，从它开始往下的一个字节里去进行访问（存或取）。由这些可以得出下面的两个结论。

① 地址起到一个指向作用，如同罗盘指针能够指明前进的方向，一个变量的内存地址犹如一个指针，能够指向这个变量。可见，地址就是指针，指针就是地址。

② 虽然 65 492，65 494 和 95 499 都是地址，但从这些地址开始应该往下多少字节才能得到所需的完整数据？这个问题将由变量的类型来决定。由于 65 492 与变量 x 对应，x 是 int 型的，所以应该从 65 492 开始往下的两个字节里取数据；由于 65 494 与变量 y 对应，y 是 float 型的，所以应该从 65 494 开始往下的 4 个字节里取数据；由于 65 499 与变量 ch 对应，ch 是 char 型的，所以应该从 65 499 开始往下的一个字节里取数据。可见，在 C 语言中说一个变量的地址，还必须

隐含有这个变量的类型信息，不能笼统地只把它视为一个地址。

一个变量的地址（指针），是一个无符号的数值（不是普通意义的数值），可以把这个值存放到某个变量里保存。这种用来存放地址的变量，称为"指针变量"。

由于一个变量的地址（指针）还隐含有这个变量的类型信息，所以不能随意把一个地址存放到任何一个指针变量中去，只能把具有相同类型的变量的地址，存放到这个指针变量里去。可见，指针变量也应该有自己的类型，这个类型与存放在它里面的地址所隐含的类型应该相同。

把一个变量的地址存放到了一个指针变量里去后，就提供了另外一种对存储单元进行访问的手段。通常，我们是通过变量名来访问存储单元的。也就是说，从变量名找到这个变量对应的地址，就可以对这个地址里的内容进行访问了。比如图 5-2（a），当在程序中遇到变量 y 时，就由 y 得到它的地址 65 494。由 65 494 就可以取出它里面的内容或往它的里面存放新内容。这种由变量名得到其地址、从这个地址直接完成对存储单元访问的方法，称为对内存的"直接访问"。但如果我们把变量 y 的地址存放在变量 ptr 里，如图 5-2（b）所示，那么 ptr 就是一个指针变量。这时，我们就可通过变量 ptr 取到变量 y 的内容 55.068。但访问过程应该改为：先从指针变量 ptr 得到它的地址 65 500。由 65 500 取出里面的内容 65 494（注意，这是变量 y 的地址，而不是 y 的内容）。然后再根据这个地址的指点（如图中所画的箭头），到 65 494 里去拿到 y 的取值 55.068。所以，这时是通过一个地址（65 500）得到另一个地址（65 494），再由得到的这个地址访问所需的存储单元。这种对存储单元的访问方法，称为是对内存的"间接访问"。图 5-2（c）与图 5-2（b）要表达的意思是一样的，只是为了看得更加清楚，就把指针变量 ptr 提出来画到了外面，用箭头指向 65 494，以表明它的内容 65 494 是一个指针，指向了变量 y。

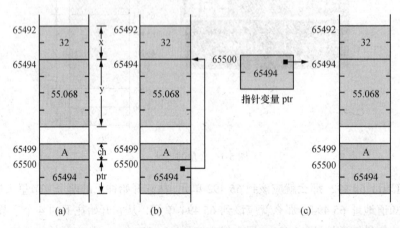

图 5-2　直接访问和间接访问

由上面的分析知道，通过变量，可以对该变量的存储单元进行直接访问；通过指针变量，可以对存放在它里面的地址所对应的那个变量的存储单元进行间接访问。

5.1.2　指针变量的说明和初始化

C 语言把内存单元的地址视为一种数据类型："指针型"数据。存放指针型数据的变量，称为"指针型变量"，简称"指针变量"。由此看出，指针变量与我们熟悉的其他类型变量没有什么两样，只是它里面存放的数据是地址罢了。

在程序中，说明一个变量是指针变量的一般格式是：

<存储类型> <数据类型> *<变量名> ;

其中<存储类型>、<数据类型>、<变量名>都遵从一般变量说明中的那些规定。要加以解释的是以下 3 点。

① 说明中的"*"号，表示由<变量名>给出的那个变量是一个指针变量，"*"只起标识的作用，它并不是所说明的指针变量名本身的一个组成部分。比如有说明：

int *p1;

表示 p1 是一个指针变量，而是*p1 不是一个指针变量。

② 说明中的<数据类型>，是指指针变量里存放的那个地址的类型。比如有说明：

int *ptr;

表示 ptr 是一个指针变量，在它的里面只能存放整型变量的地址，而不能是别的类型的变量地址。这时，称 ptr 是一个整型指针变量。比如有说明：

float *p;

表示 p 是一个指针变量，在它的里面只能存放实型变量的地址，而不能是别的类型的变量地址。这时，称 p 是一个实型指针变量。又比如有说明：

char *s;

这表示 s 是一个指针变量，在它的里面只能存放字符型变量的地址，而不能是别的类型的变量地址。这时，称 s 是一个字符型指针变量。

③相同类型的指针变量可以在一个说明语句里出现，每一个指针变量名的前面都必须冠以指针变量的标识"*"。比如有说明语句：

int *p, *q;

在这个语句里，说明了两个指针变量：p 和 q，在它们的里面都只能存放整型变量的地址。下面的说明语句也是正确的：

int *p, *s, x, y;

它表示 p 和 s 是整型指针变量，而 x 和 y 只是一般的整型变量。

对一个变量做完整的说明，就是在说明的同时给该变量赋初值。因此，对指针变量做完整说明的一般格式是：

<存储类型> <数据类型> *<变量名> = <地址>;

比如，有如下变量说明语句：

int x, *p=&x;

该语句说明了一个整型变量 x，说明了一个整型指针变量 p，并且将变量 x 的地址赋给了指针变量 p。由于 p 里现在存放着变量 x 的地址，于是就说："p 是指向变量 x 的指针变量"，简单地说成是："p 指向变量 x"，或"p 是 x 的指针"。

例 5-1　假定在程序中做了如下的变量说明：

int x=32, *p=&x;

请编写一个程序，验证通过说明中的"*p=&x"，指针变量 p 里存放的确实是变量 x 的地址。

解　（1）程序实现。

```
#include "stdio.h"
main()
{
  int x, *p = &x;
  printf ("The address of x = %u\n", &x);        /* 变量 x 的地址 */
  printf ("The value of x = %d\n", x);           /* 变量 x 的值 */
```

```
    printf ("The address of p = %u\n", &p);        /* 变量p的地址 */
    printf ("The value of p = %u\n", p);           /* 变量p的值 */
}
```

（2）分析与讨论。

变量 x 的地址由 "&x" 得到，指针变量 p 里存放的是否是变量 x 的地址，就是看 p 里的内容（值）是什么。因此，将变量 x 的地址打印出来（printf ("The address of x = %u\n", &x);），将变量 p 里的内容打印出来（printf ("The value of p = %u\n", p);），一比较就可以得出结论。

图 5-3（a）是程序的运行结果，图 5-3（b）是内存的分配情况示意。可以看出，变量 x 的地址是 65 496，内容是 32；（指针）变量 p 的地址是 65 498，内容是 65 496，这正是变量 x 的地址，即指针变量 p 指向变量 x。

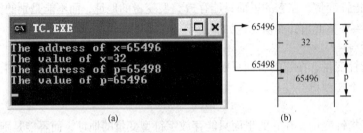

图 5-3   验证指针变量 p 指向变量 x

如果在说明一个指针变量时，没有对其进行初始化，那么在程序里，就必须通过赋值语句，把一个地址值赋给它，这样才能使这个指针变量获得取值，使它指向某一个变量。下面的做法是正确的：

```
int x=32, *p;
p = &x;          /* 使p指向变量x */
```

但在程序中写成：

```
*p = &x;          /* 错误的写法 */
```

是错误的，因为指针变量名是 p，而不是*p，只有指针变量 p 才能接受一个地址的赋值。

由前知，任何一种数据类型的变量，所需要的内存单元数是一定的：int 型变量需要 2 个存储字节；float 型变量需要 4 个存储字节；char 型变量需要 1 个存储字节，如此等等。对于指针变量来说，它里面存放的是内存单元的地址，所以需要用的内存单元数也是一定的（无论它所指向的那个变量的数据类型是什么）。比如有变量说明：

```
int a, *ap;
double var, *dp;
```

这里，变量 a 需要用 2 个内存字节，变量 var 需要用 4 个内存字节。指针变量 ap 和 dp，虽然一个是指向 int 型变量的指针，一个是指向 double 型变量的指针，但它们自身占用的内存字节数却是一样的。不过要注意，一个计算机系统的指针变量到底需要占用多少个内存字节，这将由机器的最大内存地址来确定。这就是说，对于不同的计算机系统，指针变量需要占用的内存字节数可能不同；但在同一个计算机系统里，指针变量占用的内存字节数是一样的。

5.1.3   取地址运算符与指针运算符

在编写程序时，C 语言提供了两个与指针（地址）有关的运算符：取变量地址运算符 "&"，简称取地址符；指针运算符"*"，也称间接访问运算符。

1．取地址运算符：&

这是我们早已接触过的一个运算符，在此对它做进一步的解释。

"&"是一个单目运算符，使用时的一般格式是：

```
&<变量名>
```

该运算符的运算对象只能是由<变量名>所指定的变量，运算结果是得到该变量的存储地址，比如有如下变量说明：

```
int x, y, s[10], *ptr;
```

那么，&x 得到分配给变量 x 的存储区地址；&y 得到分配给变量 y 的存储区地址；&s[3]得到分配给数组元素 s[3]的存储区地址；&ptr 得到分配给指针变量 ptr 的存储区地址。

在上述说明下，如果有赋值语句：

```
ptr = &x;
```

那就表示 ptr 里存放的是变量 x 的地址，于是 ptr 与&x 完全等价：ptr 就是&x，&x 就是 ptr。由于变量 y 是 int 型的，ptr 是 int 型的指针变量，所以也可以把 y 的地址赋给 ptr，即：

```
ptr = &y;
```

这样一来，ptr 就由原先指向变量 x，而改为指向变量 y，ptr 与&y 就完全等价了。完全类似地，由于 s[3]是 int 型的变量，把它的地址赋给 ptr，即：

```
ptr = &s[3];
```

ptr 就又改变了指向，与&s[3]等价了。

正是因为这里把 ptr 说明为是一个 int 型的指针变量，而 x、y、s[3]等都是 int 型的变量，所以随着赋值的不同，ptr 就可以指向 x，也可以指向 y、s[3]等了。要注意，由于数组 s 的元素都是变量，所以"&"可以作用在元素 s[0]到 s[9]上。由于数组名 s 是一个地址常量，不是变量，所以"&"不可以作用在 s 上，即写法：

```
&s          /* 错误的写法 */
```

是错误的（引伸下去，表明"&"不可以作用在常量上）。还要强调的是，"&"不能作用在表达式上，比如：

```
&(x+1)           /* 错误的写法 */
```

是错误的，因为"x+1"在内存中并没有占用固定的存储单元，无法求出它的地址。

2．指针运算符：*

"*"是一个单目运算符，使用的一般格式是：

```
*<指针变量名>
```

该运算符的运算对象只能是由<指针变量名>所指定的指针变量（即地址），运算结果是访问该指针变量（或地址）所指的变量。这就是说，利用*<指针变量名>，实现了对其所指变量的间接访问。正因为如此，也称"*"为间接访问运算符，比如：

```
int x = 32, *p;
p = &x;
```

由"p = &x;"使得 p 指向变量 x，于是，在程序中写"*p"与写"x"都表示是 32。这就是说，*p 与 x 等价。

例 5-2　编写一个程序，做如下的变量说明：

```
int x=32, *p=&x;
```

验证*p 和 x 是等价的。

解 我们知道在程序中要打印 x 时，只需要写 x 就能打印出 32。那么在程序中编写一条打印
*p 的语句，看看会输出什么样的结果。为此程序编写如下：

```
#include "stdio.h"
main()
{
  int x =32, *p = &x ;
  printf ("x = %d\t*p = %d\n", x, *p);
}
```

图 5-4 是程序的运行结果。可以看出，打印 x 的结果是 32，打印
*p 的结果也是 32。可见，当一个指针变量指向了某一个变量后，把运
算符 "*" 作用在该指针变量上，就与它所指的变量完全等价，两种写
法在程序中就可以通用。比如该例中的 p 指向了变量 x，使得 x 与 *p
等价：把 *p 写在赋值语句的右边，就是取出它所指变量的内容，把 *p 写在赋值语句的左边，就是
为它所指的变量重新赋值。即有写语句：

图 5-4 *p 与 x 等价

```
*p = 58;
```

的作用与写语句：

```
x = 58;
```

是完全相同的。

关于符号 "*"，有以下两点需要注意。

（1）符号 "*" 出现在变量说明中时，只起 "标识" 作用，表示紧随其后的变量是一个指针变
量。符号 "*" 出现在程序语句中时，是一个 "运算符"，它与紧随其后的指针变量是一个整体，
表示指针变量所指向的那个变量。这是两个不同的概念，千万不可混淆。

（2）当把运算符 "*" 作用在某个指针变量时，该指针变量必须先要有一个明确地指向，即它
应该已经指向了内存中的一个确切单元，否则使用是错误的。

例 5-3 假定有变量说明如下：

```
int a, *p1, *p2;
```

系统对它们的存储分配如图 5-5（a）所示。试问执行下面的程序段后，各内存单元的内容是什么？

```
a = 14;
p1 = &a;
p2 = p1;
*p2 /= 3;
++*p1;
```

解 由给出的变量说明可知，a 是整型变量，p1、p2 是两个整型指针变量。从图 5-5（a）所
示的初始存储分配知道，a 的地址是 65 494，p1 的地址是 65 498，p2 的地址是 65 512。执行语句
"a = 14;" 后，变量 a 取值 14，如图 5-5（b）所示。在执行语句 "p1 = &a;" 后，把变量 a 的地址
赋给了指针变量 p1， p1 的内容成为变量 a 的地址，即 p1 指向变量 a，如图 5-5（c）所示。在执
行了语句 "p2 = p1;" 后，把变量 p1 的内容赋给变量 p2，由于 p1 的内容是变量 a 的地址，所以
p2 的内容也是变量 a 的地址，于是 p2 也指向变量 a，如图 5-5（d）所示。语句 "*p2 /= 3;" 相当
于 "*p2=*p2/3;"。由于 p2 指向变量 a，所以 *p2 与 a 等价，因此上述语句相当于语句 "a=a/3;"，
结果是把 4 存入变量 a，如图 5-5（e）所示。在执行语句 "++*p1;" 时，运算符 "++" 和 "*" 的
优先级相同（见第 2 章的表 2-3），它们遵循自右向左的结合性。所以 "++*p1;" 等同与 "++(*p1);"。
由于 p1 指向变量 a，所以 *p1 就是变量 a。也就是说，"++(*p1);" 即是 "++a"。因此最后的结果

如图 5-5（f）所示，变量 a 的内容最终成为了数值 5。

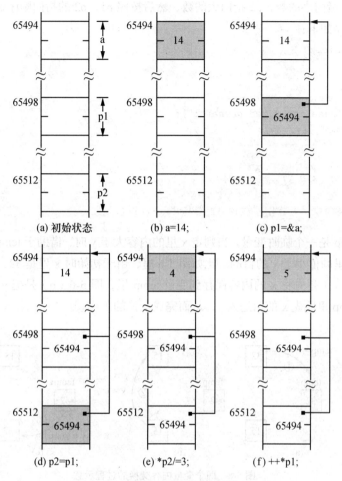

(a) 初始状态   (b) a=14;   (c) p1=&a;

(d) p2=p1;   (e) *p2/=3;   (f) ++*p1;

图 5-5　例 5-3 各语句的作用

注意：由于运算符"&"和"*"既可作为这里所说的单目运算符，又可以作为双目运算符（前面介绍的"位与"运算符和"乘法"运算符），所以在使用时要注意它们的运算对象、优先级，以及出现的位置，以便确定它们是单目的还是双目的。

例 5-4　若有变量说明如下：

```
int a, *ptr=&a;
```

试分析（1）在程序中写"&*ptr"的含义是什么？（2）在程序中写"*&a"的含义是什么？

解　运算符"&"和"*"的优先级是相同的，且都遵循自右向左的结合性（见第 2 章的表 2-3）。据此，对于（1）来说，&*ptr 的运算顺序应该是&(*ptr)。由于*ptr 与它所指的变量等价，即*ptr 就是 a。因此&*ptr 就是&a，就是变量 a 的地址。对于（2）来说，*&a 的运算顺序应该是*(&a)。由于&a 是变量 a 的地址，它与指向它的指针 ptr 等价，即&a 就是 ptr。因此*&a 就是*ptr，就是 a。

例 5-5　编写程序，从键盘接收两个整数，存放在变量 x 和 y 中。然后按照由小到大的顺序打印输出。

解　我们用两种方法来编写这个程序，方法 1 是直接调整 x 和 y，使 x 里存放小的数，y 里存放大的数，然后按先 x 后 y 的顺序输出；方法 2 是用指针 p1 和 p2 分别指向 x 和 y，随之调整它们的指向，使 p1 指向小的数，p2 指向大的数，然后按照 p1、p2 的指向顺序输出。

方法 1 的程序如下：

```
#include "stdio.h"
main()
{
  int x, y, temp;
  printf ("Please enter two numbers:");
  scanf ("%d%d", &x, &y);
  if (x > y)
  {
      temp = x;  x = y;  y = temp;
  }
  printf (" small is %d, large is %d\n", x, y);
}
```

程序中，temp 是一个临时变量。当判定 x 里的内容大于 y 时，借助于 temp，将 x 和 y 里的内容交换，达到 x 里的值小于 y 的目的。比如图 5-6 里，由于初始时 x 里是 32，y 里是 15，于是需要交换。图 5-6（a）是先将 x 的内容保存到变量 temp 里；图 5-6（b）是把 y 的值送入 x 中；图 5-6（c）是把 temp 里原先 x 的值送入 y，从而完成交换的工作。

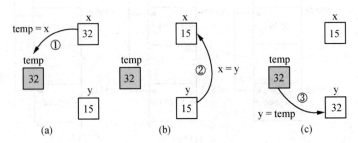

图 5-6　两个变量内容交换的过程示意

方法 2 的程序如下：

```
#include "stdio.h"
main()
{
  int x, y, *p1=&x, *p2=&y, *tp;
  printf ("Please enter two numbers:");
  scanf ("%d%d", &x, &y);
  if (x > y)
  {
      tp = p1;  p1 = p2;  p2 = tp;
  }
  printf (" small is %d, large is %d\n", *p1, *p2);
}
```

程序中，tp 是一个临时的指针变量。当判定 x 里的内容大于 y 时，借助于 tp，将指针 p1 和 p2 的指向进行交换。由于假定初始时 x 里是 32，y 里是 15，于是需要交换指向它们的指针，整个交换过程如图 5-7 所示。图 5-7（a）是先将 p1 送入 tp 里，于是 p1 和 tp 都指向变量 x 了；图 5-7（b）是把 p2 送入 p1，于是，p1 改变了指向，由原先指向 x 改为指向 y。这时，p1 和 p2 都指向变量 y；图 5-7（c）是把 tp 送入 p2。于是，p2 改变了指向，由原先指向 y 改为指向 x。至此完成指针 p1 和 p2 的交换任务，达到了 p1 指向小的数、p2 指向大的数的目的。

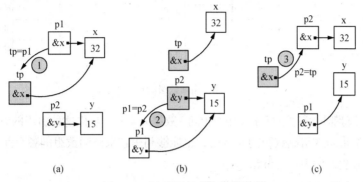

图 5-7　两个指针的交换过程示意

比较两个程序可知，方法 1 直接交换 x 和 y 的内容，它破坏了 x 和 y 原先的状态；方法 2 是通过交换指针的指向来达到排序的，它保持了 x 和 y 原先的状态。在实际应用中，是采取方法 1 还是方法 2 来编程，应该根据是否需要保持变量原先的状态来做出选择。

5.2　指针与数组

我们知道，存放在内存中的任何变量都要占据一定数量的存储区。该区的起始字节地址，就是这个变量的地址。数组在内存中占据一块连续的存储区，用以存放若干个相同类型变量的值。因此对于数组来说，除了数组名代表这个存储区的起始地址外，每个元素也有自己相应的地址。所以，可以用一个指针变量指向数组，也可以用一个指针变量指向数组的某一个元素。前者称为"指向数组的指针变量"，简称"指向数组的指针"；后者称为"指向数组元素的指针变量"，简称"指向数组元素的指针"。

5.2.1　指向一维数组的指针变量

为了让一个指针指向一维数组，只要将这个一维数组的名字或这个一维数组第一个元素的地址赋给这个指针即可。比如有如下说明：

```
int a[5], *ap;
```

那么在程序中可以使用语句：

```
ap = a;  或  ap = &a[0];
```

达到使 int 型指针变量 ap 指向数组 a 的目的，其效果如图 5-8（a）所示。

当然，如果直接写出如下的说明语句：

```
int a[5], *ap=a;  或  int a[5], *ap=&a[0];
```

也可以达到此目的。

如果是把数组某个元素的地址赋给指针变量 ap，则它就指向这个元素。比如在前面说明的基础上，有语句：

```
ap = &a[1];
```

那么 ap 就指向第 2 个元素 a[1]，如图 5-8（b）所示。

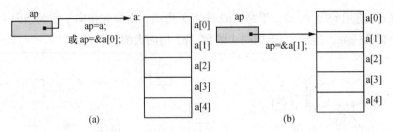

图 5-8　指向数组的指针

在此之前，我们都是通过下标来引用（访问）数组元素的。常称这种引用的方法为"下标法"。在让一个指针变量指向数组或数组的元素后，也能够利用它来访问数组的各个元素。使用指针来引用数组元素的方法，称为"指针法"。

1．用指向数组的指针来引用数组的元素

在把数组名或数组的第 1 个元素的地址赋给指针变量后，这个指针就指向了该数组。这时可以通过 "++" 运算符来不断移动指针，得到数组所有元素的地址，从而访问到数组的所有元素。

例 5-6　有说明语句 "float f[5], *p=f;"，表示 f 是有五个元素的实型数组，p 是指向该数组的指针。编写一个程序，验证通过 p++ 运算移动指针 p，可以得到该数组所有元素的地址。

解　（1）程序实现。

```c
#include "stdio.h"
main()
{
  float f[5], *p=f;
  int j;
  for (j = 0; j<5; j++)
    printf ("%u\t", &f[j]); /* 打印数组各元素的地址 */
  printf ("\n");
  for (j = 0; j<5; j++)
    printf ("%u\t", p++); /* 打印出 p++ 的内容 */
  printf ("\n");
}
```

（2）分析与讨论。

数组 f 的 5 个元素地址是：&f[j]，(0≤j≤4)，可以用循环将它们打印出来。另外，由于指针 p 指向该数组，也可以用 ++ 运算来移动指针，得到一个个数组元素的地址。

图 5-9（a）是程序的运行结果。第 1 行输出的是数组 f 各元素的地址，由于是 float 型的，所以每个元素需要 4 个字节的存储量。第 2 行输出的是 p++ 的内容，它与第 1 行完全一样。可见，当指针变量 p 指向了数组 f 的首地址后，在它的上面进行一次 ++ 运算，就会使该指针指向数组的下一个元素。

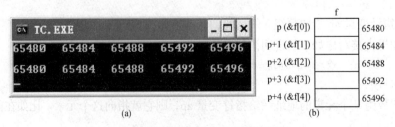

图 5-9　对数组指针 "++" 运算的验证

由此可知，在指针 p 上进行 ++ 运算，并不是单纯加 1，而是加上它所指变量数据类型的长度单位。推而广之，如果一个指针变量是 char 型的，那么在它的上面进行++运算，就是加 1（个字节）；如果一个指针变量是 int 型的，那么在它的上面进行++运算，就是加 2（个字节）；如果一个指针变量是 float 型的，那么在它的上面进行++运算，就是加 4（个字节）；如果一个指针变量是 double 型的，那么在它的上面进行++运算，就是加 8（个字节），如此等等。

既然在 p 上进行++运算，能够得到数组所有元素的地址，那么用*p++（相当于*(p++)）即可访问到数组的所有元素的内容。

例 5-7 有如下数组说明：

```
int d[5] = {0, 1, 2, 3, 4};
```

编写一个程序，用 d[i]和*p++两种方法访问数组元素。

解 （1）程序实现。

```
#include "stdio.h"
main()
{
  int d[5] = {0, 1, 2, 3, 4};
  int i, *p;
  p = d;        /* p指向数组d */
  for (i=0; i<5; i++)
  printf ("%d\t%d\n", d[i], *p++);
}
```

（2）分析与讨论。

程序的输出结果为：

```
00
11
22
33
44
```

可见，用*p++和用 d[i]的访问结果是相同的。

为什么*p++能够访问到数组 d 的所有元素呢？如前所述，运算符"++"和"*"的优先级是相同的，且都遵循自右向左的结合性（见第 2 章的表 2-3）。现在这两个运算符都作用在运算对象 p 上。根据自右向左的结合性，应该对 p 先做++运算。但由于现在的++是后缀式增 1，因此按规定是先使用该运算对象，再对它做++。也就是先让它完成指针运算符"*"规定的运算，再对 p 进行++。指针运算符"*"作用在 p 上，即是*p。由前面知道，*p 等价于它所指向的变量，故做它就是取出它当前所指数组元素里面的内容。然后再对 p 做++，于是使 p 指向数组的下一个元素。由此看来，*p++完成的动作是：先取出指针 p 当前所指数组元素的值，然后再将 p 移到下一个数组元素。

将一个指针指向一维数组首地址后，有下面 4 种直接访问该数组第 i 个元素的方法：

<数组名>[i]   <指针变量名>[i]   *(<数组名>+i) *(<指针变量名>+i)

前面两种方法使用了数组元素的下标，可称为"下标法"，后面两种方法使用了指针运算符，可称为"指针法"。其中："<数组名>[i]"和"*(<数组名>+i)"是使用<数组名>来表示第 i 元素的下标法和指针法；"<指针变量名>[i]"和"*(<指针变量名>+i)"是使用<指针变量名>来表示第 i 元素的下标法和指针法。

比如有如下说明：

```
int a[10], *p;
p = a;
```

那么对于数组元素 a[i](0≤ i≤9)可以有如下 4 种等价的访问方法：

| a[i] | 或 | p[i] | （下标法） |
| *(a+i) | 或 | *(p+i) | （指针法） |

例 5-8 编写一个程序，说明一个数组和指向该数组的一个指针，检验对数组元素 a[i]的 4 种等价的访问法。

解 （1）程序实现。

```c
#include"stdio.h"
main()
{
  int j, k, b[] = {10, 20, 30, 40};
  int *bptr = b;                              /* 说明指针变量 bptr 指向数组 b */
  for (j=0; j<=3; j++)
    printf ("b[%d] = %d\n", j, b[j]);         /* 显示于图 5-10（a）处 */
  printf ("\n");
  for (k=0; k<=3; k++)
    printf ("*(b+%d) = %d\n", k, *(b+k));     /* 显示于图 5-10（b）处 */
  printf ("\n");
  for (j=0; j<=3; j++)
    printf ("bptr[%d] = %d\n", j, bptr[j]);   /* 显示于图 5-10（c）处 */
  printf ("\n");
  for (k=0; k<=3; k++)
    printf ("*(bptr+%d) = %d\n", k, *(bptr+k)); /* 显示于图 5-10（d）处 */
  printf ("\n");
}
```

（2）分析与讨论。

图 5-10 是程序的运行结果：（a）是用数组名的下标访问法；（b）是用数组名的指针访问法；（c）是用指针名的下标访问法；（d）是用指针名的指针访问法（注意，为节省篇幅，程序安排的虽然是竖直输出显示，这里却通过人工方式调整成了横向输出显示）。

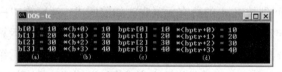

图 5-10 数组元素的 4 种等价表示法验证

由此看出，用指向数组的指针代替数组名，按照下标来访问数组元素是对的；用数组名代替指针，借助指针运算符"*"来访问数组元素也是对的。不过这里要强调的是，数组名是一个地址常量，指向数组的指针是一个变量，因此不能把它们完全等同地加以使用，它们之间的区别有以下 3 点。

① 数组名代表的是一个地址常数，指针是一个变量。

② 数组名不能修改，指针可以改变指向。

比如有如下说明：

```c
int a[10], b[5], *p;
```

那么语句：

```c
p = a;
```

表示让指针 p 指向数组 a；语句：

```c
p = b;
```

则表示让指针 p 指向数组 b。这些语句都是正确的。但下面是错误的语句：

```
a = p;   或   a = b;
```
因为数组名是一个常量，不能被修改。

③在数组名上只能进行加法，用来计算出某个数组元素的地址，但不能对数组名进行增 1、减 1 运算；但指针是变量，不仅可以对其进行加、减法，从而计算出某个数组元素的地址，而且还可以对其进行增 1、减 1 运算，从而达到修改指针指向的目的，比如有：

```
int a[10], *p=a;
```
那么 p++ 就指向数组元素 a[1]。但是在这里写成 a++ 是错误的，因为 a 是数组名，是一个地址常数，运算符 "++" 是不允许作用于常数的。

2. 用指向数组元素的指针来引用数组的元素

在把数组第 i 个元素的地址赋给指针变量后，这个指针就指向了该数组的第 i 个元素了。这时可以通过 ++ 和 -- 运算符来向前、向后一步步地移动指针，得到数组所有元素的地址，进而访问到数组的所有元素；也可以通过减 k 或加 k 的办法（k 是一个正整数），得到以第 i 个元素为基准的前第 k 个元素的地址，或得到以第 i 个元素为基准的后第 k 个元素的地址，从而访问到所要访问的数组元素。

例 5-9　阅读下面的程序。试问该程序执行时，指针变量 p 是如何移动的？它最终指向数组 d 的哪一个元素？

```
#include "stdio.h"
main()
{
  int d[20], *p = &d[8];
  p += 6;  p -= 4;  p -= 4;  p += 10;
}
```

解　由于在说明语句中有 "*p=&d[8]"，故初始时指针 p 指向数组元素 d[8]，如图 5-11（a）所示。在做完操作 "p += 6;" 后，指针 p 指向了数组元素 d[14]，如图 5-11（b）所示。在做完操作 "p -= 4;" 后，指针 p 指向了数组元素 d[10]，如图 5-11（c）所示。在又一次做操作 "p -= 4;" 后，指针 p 指向了数组元素 d[6]，如图 5-11（d）所示。最在做完操作 "p += 10;" 后，指针 p 指向了数组元素 d[16]。这就是说，指针变量 p 最终指向了数组 d 中的元素 d[16]，如图 5-11（e）所示。

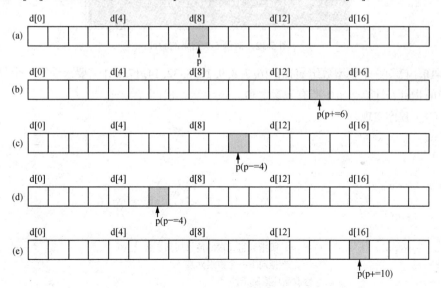

图 5-11　对指针变量的运算

可以在例 5-9 原有程序的基础上，增加一些输出语句，以验证结果是正确的，即：

```c
#include "stdio.h"
main()
{
    int j, d[20], *p = &d[8];
    for (j=0; j<20; j++)          /* 循环打印出 d 中每个元素的地址 */
    {
        printf ("&d[%d]=%u ",j, &d[j]);
        if ((j+1)%4 == 0)
            printf ("\n");
    }
    printf ("%u\t", p);
    p += 6;
    printf ("%u\t", p);
    p -= 4;
    printf ("%u\t", p);
    p -= 4;
    printf ("%u\t", p);
    p += 10;
    printf ("%u\n", p);
}
```

图 5-12 前 5 行打印出的是数组 20 个元素的地址。最后一行打印出的第 1 个数据是指针 p 最初指向元素 d[8]的地址 65 476；第 2 个数据是做了操作"p += 6;"后，指针 p 所指的地址。与前面对照，可知 65 488 恰是元素 d[14]的地址；第 3 个数据是做了操作"p -= 4;"后，指针 p 所指的地址。与前面对照，可知 65 480 恰是元素 d[10]的地址；第 4 个数据是做了操作"p -= 4;"后，指针 p 所指的地址。与前面对照，可知 65 472 恰是元素 d[6]的地址；第 5 个数据是做了操作"p += 10;"后，指针 p 所指的地址。与前面对照，可知 65 492 恰是元素 d[16]的地址。

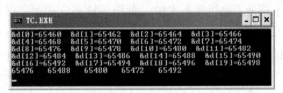

图 5-12　对例 5-9 结果的验证

例 5-10　已知一个整型数组 a[10]={6, 7, 8, 9, 12, 8, 32, 14, 17, 22};。要求编写一个程序，利用指向数组的指针，计算数组中所有元素之和。

解　（1）程序实现。

```c
#include "stdio.h"
main()
{
    int k=10, sum=0;
    int a[10]={6, 7, 8, 9, 12, 8, 32, 14, 17, 22}, *ptr = a;
    while (k>0)
    {
        sum += *ptr;          /* 把 ptr 所指数组元素的值累加到 sum 上 */
        ptr++;                /* 让 ptr 指向下一个数组元素 */
        k--;                  /* 修改循环控制条件 */
    }
```

```
    printf ("The sum is %d\n", sum);
}
```

（2）分析与讨论。

程序中，"k=10"是对循环控制变量赋初值，循环体内的"k--;"是修改循环控制变量。把这两个与控制循环的条件"k>0"结合起来，就可以知道整个循环要做 10 次。每次循环总是先把*ptr（也就是指针 ptr 当前所指数组元素的内容）累加到 sum 上，然后再由"ptr++;"把指针移到下一个数组元素处。

例 5-11 已知数组 a[10]={3, 8, −12, 44, 15, −6, 18, 76, 38, −19};。编写一个程序，利用指向数组的指针，将这个数组的所有元素复制到另一个数组 b[10]中去。

解 （1）程序实现。

```
#include "stdio.h"
main()
{
    int j, a[10]={3, 8, -12, 44, 15, -6, 18, 76, 38, -19}, b[10];
    int p = a, q = b;
    for (j=0; j<10; j++)
    {
        *q = *p;
        p++;
        q++;
    }
    for (j=0; j<10; j++)
    {
        printf ("b[%d]=%d ", j, b[j]); /* 打印出数组 b 的各元素内容 */
        if ((j+1)%5 == 0)
            printf ("\n");
    printf ("\n");
}
```

（2）分析与讨论。

程序设计的基本思想是：说明两个指针变量 p 和 q，它们分别指向数组 a 和数组 b。不断地把当前 p 所指数组 a 的元素内容赋给 q 所指数组 b 的元素，然后两个指针都执行++运算，以指向各自数组的下一个元素。由于是重复性的工作，可用 for 循环来实现，共循环 10次。图 5-13 是程序运行的结果。

图 5-13 复制结果显示

程序中用于实现复制的 for 循环，可以改写为：

```
for (j=0; j<10; j++)
    *q++ = *p++;
```

也可以用如下的 while 循环代替 for 循环：

```
j = 10;
while ( j )
{
    *q++ = *p++;
    j--;
}
```

5.2.2　指向字符串的指针变量

在此之前，处理字符串是通过数组来实现的，即把字符串常量或用花括号括住字符串常量，完成对字符数组的初始化。这时，系统将自动添加上空字符"\0"，作为整个字符串的结束标记。这种基于字符数组实现字符串的方法的缺点是，如果在说明字符数组时，没有对它进行初始化，那么因为数组名是一个地址常量，在程序中不能将字符串常量直接赋予它，因此只能或采用一个元素、一个元素赋值的方法，使字符串存入数组；或调用 C 语言提供的库函数 strcpy ()，把字符串复制到数组中。

学习了指针后，就有了基于指针变量来实现字符串的方法。指针变量是一个变量，它能够接受赋值。当把一个地址赋给它时，指针的指向也就随之改变。因此，利用字符型指针变量来处理字符串，在程序中使用起来会感到便利和简捷。

让一个字符指针变量指向字符串的方法有两种。

（1）在指针变量初始化时。格式是：

```
char *<指针变量名> = <字符串常量>;
```

比如有如下说明语句：

```
char *ptr = "beijing is a beautiful city!";
```

说明表示 ptr 是一个字符型指针变量，现在是把字符串"beijing is a beautiful city!"的首地址赋给了 ptr，于是 ptr 就指向了该字符串，成为指向它的指针。

（2）在程序中，直接将字符串赋给一个字符型指针变量。格式是：

```
char *<指针变量名>;
<指针变量名> = <字符串常量>;
```

比如有如下说明语句：

```
char *p;
p = "It is very good!";
```

这里，先只是说明一个字符型指针变量 p，没有对它进行初始化。然后，在程序中通过赋值语句"p = "It is very good!";"，把字符串"It is very good!"的首地址赋给了 p，使 p 成为指向该字符串的指针。由于 p 是一个变量，它完全能够接受赋值。但这种方法，对于字符型数组是绝对行不通的。

注意，无论采用哪种方法，都只是把字符串在内存的首地址赋给了指针，而不是把这个字符串赋给了指针。指针只能接受地址。

有了基于指针变量实现字符串的方法后，就可以把 4.4.3 节里介绍的字符串输入/输出函数 gets()、puts() 的功能扩展为：

（1）字符串输入函数：gets()。

调用的一般格式：

```
gets (<字符型指针变量名>);
```

函数功能：将所给字符型指针变量指向从键盘上接收的字符串（以回车换行符为输入的结束标记）。

所在头文件：stdio.h。

（2）字符串输出函数：puts()。

调用的一般格式：

```
puts (<字符型指针变量名>);
```

函数功能：将圆括号里由<字符型指针变量名>指向的字符串的内容加以输出，并将所遇到的字符串结束标记转换成回车换行符输出。

所在头文件：stdio.h。

例 5-12 下面程序中的两条 puts ()语句，分别输出什么？

```c
#include "stdio.h"
main()
{
  char *ptr = "Beijing is a beautiful city!";
  puts(ptr);
  ptr = "It is very good!";
  puts(ptr);
}
```

解 程序中，先对指针变量 ptr 进行初始化，让其指向字符串"Beijing is a beautiful city!"。因此，第 1 个 puts ()函数的输出就是该字符串。随后把字符串"It is very good!"赋给了 ptr，改变了这个指针变量的指向。于是，第 2 个 puts ()函数输出的是当前指向的"It is very good!"。图 5-14 是程序的运行结果。由这个例子看出，采用指针指向字符串的方法来处理字符串，比用数组要方便。

图 5-14　用指针处理字符串很方便

例 5-13 编写一个程序，从键盘接收一个字符串。然后利用指针扫视，统计出字符串的长度（包含空格符在内），并打印输出。

解 （1）程序实现。

```c
#include "stdio.h"
main()
{
  char *s;
  int k = 0;
  printf ("Please enter a string:");
  gets (s);          /* 输入字符串，并由 s 指向它 */
  while (*s != '\0')
  {
    k++;             /* 进行计数 */
    s++;             /* 使指针指向下一个元素 */
  }
  printf ("The length of s is %d\n", k);
}
```

（2）分析与讨论。

编程的基本思想是：为了允许输入的字符串中出现空格，一是要使用函数 gets ()来接收输入信息，二是要用指针变量指向该字符串。不断地对指针做++运算，使其沿着字符串一点点地"走"下去。只要该指针所指元素不等于字符串结束符"\0"，计数工作就一直进行。

注意，在此程序运行结束时，指针 s 指到了字符串的末尾。如果后面还想把该字符串打印出来，直接利用 s 就不好办了。因此，可以在程序中说明一个工作指针，让它代替基准指针移动。这在程序设计中也是非常重要的事情。请体会下面程序中指针 s 和 p 各自所起的作用。

```c
#include "stdio.h"
main()
{
```

```
  char *s, *p;
  int k = 0;
  printf ("Please enter a string:");
  gets (s);
  p=s;                      /* 让p也指向s所指的字符串 */
  while (*p != '\0')
{
    k++;
    p++;
}
printf ("The length of s is %d\n", k);
p=s;                        /* 恢复p的指向 */
  while (*p != '\0')
{
  printf("%c", *p);         /* 打印p所指内容 */
  p++;
}
printf("\n");
}
```

例 5-14 编写一个程序，从键盘接收一个字符串。利用指针扫视，将字符串逆序输出。

解 （1）程序实现。

```
#include "stdio.h"
main()
{
  char *s1, *s2;
  printf ("Please enter a string:");
  gets (s1);              /* 输入字符串，并由s1指向它 */
  s2 = s1;               /* 让s2也指向同一个字符串 */
  while (*s2 != '\0')
    s2++;                 /* 不断地寻找字符串尾 */
  for (--s2; s2 >= s1; s2--)
    putc (*s2);
}
```

（2）分析与讨论。

编程的基本思想是：让s1、s2两个指针都指向输入的字符串首，然后s1保持不动，s2不断地做++运算，使其沿着字符串一点点地"走"下去，在遇见字符串结束符"\0"时停下来，于是s2指在字符串的结束处。这样，一方面输出s2所指元素，一方面对它做--运算，使其向字符串首靠拢，直到与s1会合时停止输出，从而达到逆序输出字符串的目的。

要注意的是，while(*s2 != '\0')循环使s2指在"\0"处，但逆序输出应该在它的前一个位置开始。所以在用for循环输出时，先要对s2做"--s2;"的运算，才能够保证程序的正确。

5.2.3　指向二维数组的指针变量

二维数组名是分配给该数组存储区的起始地址，二维数组的每一个元素都是变量。因此，既可以用指针变量指向一个二维数组，也可以用指针变量指向二维数组的某个元素。下面介绍具体的做法。

1．让指针变量指向一个二维数组首地址

类同于一维数组的做法，要让一个指针变量指向二维数组首地址，可以在变量说明时对它进行初始化，也可以在程序中使用赋值语句，比如：

　　float a[3][5], *p = a;

或

　　float a[3][5], *p = &a[0][0];

是采用在变量说明时对它进行初始化的方法。这样一来，指针变量 p 就指向二维数组 a 的首地址了，而：

```
float a[3][5], *p;
p = a;
```

或

```
float a[3][5], *p;
p = &a[0][0];
```

则是采用在程序中使用赋值语句，使指针变量 p 指向二维数组 a 的首地址的方法。

在让一个指针指向二维数组的首地址后，就可以通过这个指针访问数组的各个元素了。有两种方法可以采用。

方法 1　由于 C 语言在内存里是以二维数组行的顺序来存放元素的，因此可以把指向二维数组的指针视为指向一个"大"的一维数组的指针，利用它从头到尾访问数组的所有元素。比如：

```
#include "stdio.h"
main()
{
  float a[2][4]={1.3, 6.5, 4.4, 8.1, 9.9, 3.7, 2.2, 7.9 }, *p=a;
  int k;
  for (k=0; k<8; k++)
     printf ("%5.2f ", *p++); /* 也可以是 printf ("%5.2f ", *(p+k) ); */
  printf ("\n");
}
```

图 5-15 是程序的运行结果。这里的指针 p，虽然指向的是二维数组 a 的首地址，但把它当作指向一个"大的"一维数组来使用了。通过在它上面做++运算，或在它上面做加法（加 k 的取值），由变量 k 控制循环次数，遍历到二维数组的所有元素。

注意，上述程序中的"printf("%5.2f", *p++);"和"printf("%5.2f", *(p+k));"，都能得到图 5-15 示出的结果。它们的区别是：使用"*p++"时，指针 p 的内容被不断地修改，也就是指针的指向在程序运行过程中不断变动；使用"*(p+k)"时，指针 p 总是指向数组 a 的起始地址。把程序适当修改如下后运行，就能从结果中看到它们的不同。

```
#include "stdio.h"
main()
{
  float a[2][4]={1.3, 6.5, 4.4, 8.1, 9.9, 3.7, 2.2, 7.9 }, *p=a;
  int k;
  for (k=0; k<8; k++)
  {
     printf("p=%u ",p)                    /* 打印出指针 p 的内容 */
     printf ("%5.2f\n ", *p++);           /* 或是 printf ("%5.2f\n ", *(p+k) ); */
```

```
    }
    printf ("\n");
}
```

方法2 根据二维数组元素的两个下标值，计算出该元素的地址，然后使用指针运算符"*"作用在这个地址上，达到访问该元素的目的。比如有二维数组说明：

```
    float a[3][4] ={1.3, 6.5, 4.4, 8.1, 9.9, 3.7, 2.2, 7.9, 4.8, 0.6, 5.5, 8.1}, *p=a;
```

它诸元素的行列分布如图5-16所示。

p→	a[0] [0]	a[0] [1]	a[0] [2]	a[0] [3]
	1.3	6.5	4.4	8.1
	a[1] [0]	a[1] [1]	a[1] [2]	a[1] [3]
	9.9	3.7	2.2	7.9
	a[2] [0]	a[2] [1]	a[2] [2]	a[2] [3]
	4.8	0.6	5.5	8.1

图5-15 把二维数组视为一维数组   图5-16 一个二维数组

若要求元素a[2][1]的地址，只需算出它的前面总共有多少个元素，知道这个个数后，用数组的首地址加上这些元素总共需要的字节数，就正好是该元素的地址。分析元素的两个下标可知，第1个下标"2"，恰好表明在这个元素的前面有2行，共有2*4个元素（其中4是每行元素的个数，也就是数组说明中<长度2>的值）；第2个下标"1"，表明在本行这个元素的前面有1个元素。于是，在a[2][1]的前面，总共有2*4+1个元素。所以，指针变量p加上2*4+1，就是该元素的地址。即：

```
    p + 2*4 + 1
```

注意，从形式上看，只是p加上元素的个数，实际上C语言在内部是加上元素个数乘以数据类型的长度。一般地，若指针p指向二维数组a，要求元素a[i][j]的地址，其计算公式是：

```
    p + i*每行元素的个数 + j
```

那么，该元素的内容就是：

```
    *( p + i*每行元素的个数 + j )
```

比如对于上面的二维数组，可以编写下面的程序，打印出它每个元素的值。

```
#include "stdio.h"
main()
{
    float a[3][4] ={1.3, 6.5, 4.4, 8.1, 9.9, 3.7, 2.2, 7.9, 4.8, 0.6, 5.5, 8.1}, *p=a;
    int i, j;
    for (i=0; i<3; i++)
        for (j=0; j<4; j++)
            printf ("%5.2f ", *(p + i*4 + j ) );          /* 打印出元素 a[i][j]的值 */
}
```

2．让指针变量指向二维数组的某个元素

要让一个指针变量指向二维数组的某个元素，可以在变量说明时对它进行初始化，也可以在程序中使用赋值语句，比如：

```
    float a[3][5], *p = &a[1][3];
```

采用在变量说明时对指针p进行初始化的方法。这样的说明使p指向二维数组a第1行的第3个元素。按习惯顺序，它应该是数组a的第9个元素，而：

```
    float a[3][5], *p;
    p = &a[1][3];
```

则是采用在程序中使用赋值语句的方法，它也能使 p 指向二维数组 a 的第 9 个元素 a[1][3]。

类同于一维数组的做法，在这种指针 p 上减去一个常数，就能得到以元素 a[1][3]为基准的、它前面元素的地址；在 p 上加一个常数，就能得到以元素 a[1][3]为基准的、它后面元素的地址。有了元素的地址，把指针运算符作用在这个地址上，就达到了访问该元素的目的，比如：

```
*(p - 4)
```

即是访问数组 a 的元素 a[0][4]。

二维数组终究与一维数组不同。对于一维数组 a 来说，在将指针 p 指向它的首地址之后，C语言提供了 4 种访问数组元素 a[i]的方法（见第 5.2.1 节）：

```
a[i]    p[i]    *(a+i)    *(p+i)
```

对于二维数组 a，如果在将指针 p 指向它的首地址之后，访问数组元素 a[i][j]的方法有：

```
a[i][j]         *(p + i*每行元素个数 + j)
```

但不能写成"p[i][j]"，也不能写成"*(a + i*每行元素个数 + j)"，这是需要记住的。

例 5-15　阅读下面的程序，给出其输出结果：

```c
#include "stdio.h"
main()
{
  int a[10][10], i, j, *p, n;
  p=&a[0][0];
  for (i=0; i<10; i++)
    for (j=0; j<10; j++)
 *(p+i*10 +j) = i*10 + j;
  n = 0;
  for (p = &a[9][9]; p>=&a[0][0]; --p)
  {
    printf ("%4d", *p);
    if (++n%10 == 0)
      printf ("\n");
  }
}
```

解　程序中 p 是 int 型的指针变量，最初通过赋值使 p 指向元素 a[0][0]。因此，p+i*10 + j 是数组第 i 行第 j 列元素 a[i][j]的地址，*(p+i*10 + j)等价于 a[i][j]。所以开始处的二重 for 循环是为二维数组 a 的诸元素赋初值：当 i 为 0 时，是把第 1 行的 10 个元素分别赋值为 0，1，2，3，4，5，6，7，8，9；为 1 时，是把第 2 行的 10 个元素分别赋值为 10，11，12，13，14，15，16，17，18，19；……；为 9 时，是把第 10 行的 10 个元素分别赋值为 90，91，92，93，94，95，96，97，98，99。在下面的 for 循环中，先让指针 p 指向二维数组的最后一个元素 a[9][9]，输出 p 所指元素的值后，由"--p"使其按反方向移动，指向前一个元素，再行输出。该循环由条件"p>=&a[0][0]"加以控制。图 5-17 是该程序的运行结果。

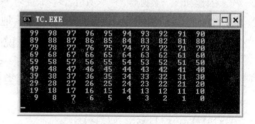

图 5-17　例 5-15 的运行结果

5.3　指针数组

把数组的概念用到指针这种数据类型上，就能够产生出所谓的"指针数组"。即把若干个同类型的指针变量统一起一个名字，相互间用下标（一个或两个）来区分，就构成了一个指针型数组，简称"指针数组"。指针数组中的每个元素，都是一个指针变量，在里面存放的都是内存单元的地址值，即存放的是一个个指针。

5.3.1　一维指针数组的说明和初始化

一维指针数组说明的一般格式为：

<存储类型> <数据类型> *<数组名>[<长度>];

该语句说明了一个名为<数组名>的指针数组（因为它的前面有一个"*"号）。其中<存储类型>、<数据类型>、<数组名>都遵从一般的规定，<长度>是一个正整数，规定该数组的元素个数。要注意以下 3 点。

（1）该说明中的"*"号，表示由<数组名>给出的数组中的每个元素都是一个指针变量，它只起到标识的作用，不是数组名本身的一个组成部分。比如有说明：

```
int *a[10];
```

这表示 a 是一个指针数组，它的 10 个元素 a[0]～a[9]都是一个指针变量。

（2）说明中的<数据类型>，是指 a[0]～a[9]里面所能存放的变量地址的类型。比如说，上面的指针数组 a 的数据类型是 int，这表明元素 a[0]～a[9]里只能存放整型变量的地址，而不是其他。又比如有说明：

```
float *b[5];
```

这表示数组 b 的 5 个元素 b[0]～b[4]都是指针变量，里面只能存放实型变量的地址，而不是其他。

（3）相同类型的指针数组可以在一个说明语句里出现，但每一个前面都要冠以指针标识"*"。比如有说明语句：

```
int *p[5], *q[8];
```

在这个说明里，说明了两个指针数组：p 和 q，在 p[0]～p[4]和 q[0]～q[7]里，都只能存放整型变量的地址。下面的说明语句也是正确的：

```
int *p[10], s[5], x, y;
```

它表示 p 是一个整型指针数组，p[0]～p[9]里都只能存放整型变量的地址；s 是一个整型数组，s[0]～s[4]是 5 个整型变量，里面存放整型数值；而 x 和 y 只是一般的整型变量。

对指针数组做完整说明的一般格式是：

<存储类型> <数据类型> *<数组名>[<长度>] = {<地址 1>, <地址 2>,…};

其中<地址 1>是数组第 1 个元素的取值，<地址 2>是数组第 2 个元素的取值，<地址 3>是数组第 3 个元素的取值，如此等等。比如，有如下说明语句：

```
int a=3, b=5, c=7, *x[3] = {&a, &b, &c};
```

这意味名为 x 的数组有 3 个元素，其存储类型是 auto 的（省略未写），数据类型是 int 的。x 各个元素的初始取值分别为：

```
x[0]=&a, x[1]=&b, x[2]=&c
```

即 x[0]指向变量 a，x[1]指向变量 b，x[2]指向变量 c。

如果把数组说明语句写成：

```
int a=3, b=5, c=7, *x[3];
x[0]=&a, x[1]=&b, x[2]=&c;
```

效果与上面是完全相同的。又比如，有如下说明语句：

```
char *suit[4]={"Hearts", "Diamonds", "Clubs", "Spades"};
```

这意味着名为 suit 的数组有 4 个元素，它们都是 char 型的指针变量：suit[0]指向字符串"Hearts"，suit[1]指向字符串"Diamonds"，suit[2]指向字符串"Clubs"，suit[3]指向字符串"Spades"。它们在内存中的情况，如图 5-18（a）所示。

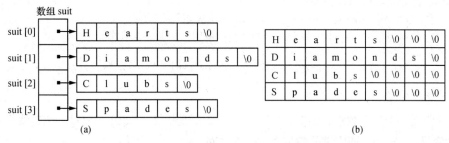

图 5-18　用 char 型指针数组处理多个字符串

C 语言中，常用如上所示的 char 型指针数组来处理多个字符串。我们知道，字符串是存放在内存中的字符序列。字符串的开头可以由字符型指针指向，字符串的末尾由空字符"\0"标识。如果我们说明一个 char 型的指针数组，让它的每一个元素指向一个字符串。那么就可以利用这个指针数组来依次访问这些字符串了。

当然，用 char 型的二维数组也可以处理字符串问题。比如要把上述的 4 个字符串存放在一个二维数组中，就要做如下说明：

```
char str[4][9]= {{"Hearts"}, {"Diamonds"}, {"Clubs"}, {"Spades"}};
```

该数组在内存的存放情况，如图 5-18(b)所示。我们分析一下采用图 5-18 里存放字符串时，两种方法各需要的存储字节数。从图中容易算出，用指针数组时需要 29 个字节，用二维数组时需要 36 个字节。也就是说，用二维数组比用指针数组时多花 7 个字节。由于说明二维数组时，必须注意最长行里的字符个数。因此可以想象，即使算上指针数组 suit 所需要占用的存储量，用二维数组来处理字符串问题，总会造成对内存的浪费，有时可能是很大的浪费。正因为这样，C 语言才更多地使用 char 型指针数组来处理字符串。

5.3.2　指针数组元素的引用

指针数组的元素有双重身份：既是一个数组元素，又是一个指针。因此引用起来，既要注意到它的数组元素特征，又要注意到它的指针特征。比如有说明：

```
float *s[5];
```

这表示 s 是一个 float 型的指针数组，它传递给人们如下信息：

（1）只能往 s[0]～s[4]里存放 float 型数据的地址；

（2）程序中写 s[0]～s[4]，就等价于一个个指针；

（3）程序中写*s[0]～*s[4]，就等价于它们所指的变量。

例 5-16　有如下说明：

```
int a=3, b=5, c=7, *x[3];
x[0]=&a, x[1]=&b, x[2]=&c;
```

编写程序验证*x[0]、*x[1]、*x[2]分别是数值 3，5，7。

解 （1）程序实现。

```
#include "stdio.h"
main()
{
  int a=3, b=5, c=7, *x[3];
  x[0]=&a, x[1]=&b, x[2]=&c;
  printf ("&a=%u, &b=%u, &c=%u\n", &a, &b, &c);
  printf ("x[0]=%u, x[1]=%u, x[2]=%u\n", x[0], x[1], x[2]);
  printf ("a=%d, b=%d, c=%d\n", a, b, c);
  printf ("*x[0]=%d, *x[1]=%d, *x[2]=%d\n", *x[0], *x[1], *x[2]);
}
```

（2）分析与讨论。

x 被说明是一个指针数组，因此 x[0]、x[1]、x[2]都是指针，*x[0]、*x[1]、*x[2]就相当于是各自指向的变量 a，b，c，即应该是数值 3，5，7 才对。

程序中的第 1 条 printf()语句是将变量 a,b,c 的地址打印出来,从图 5-19 可知,它们是 65 488,

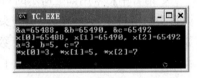

65 490，65 492；第 2 条 printf()语句是将指针数组 x 的诸元素内容打印出来，它们正是变量 a,b,c 的地址；第 3 条 printf()语句是将变量 a，b，c 的取值打印出来；第 4 条 printf()语句是将*x[0]、*x[1]、*x[2]打印出来。可以看出，它们与变量 a，b，c 的取值相同。

图 5-19 例 5-16 的运行结果

例 5-17 有指针数组和二维数组说明如下：

```
char *suit[4]={"Hearts", "Diamonds", "Clubs", "Spades"};
char str[4][9]= {{"Hearts"}, {"Diamonds"}, {"Clubs"}, {"Spades"}};
```
编写一个程序，分别打印出它们的内容。

解 程序编写如下：

```
#include "stdio.h"
main()
{
  char *suit[4]={"Hearts", "Diamonds", "Clubs", "Spades"};
  char str[4][9]= {{"Hearts"}, {"Diamonds"}, {"Clubs"}, {"Spades"}};
  int i, j;
  for (i=0; i<4; i++)              /* 打印出指针数组元素指向的 4 个字符串 */
     printf ("%s ", suit[i]);
  printf ("\n");
  for (i=0; i<4; i++)              /* 两重循环打印出每行的元素内容 */
  {
     for (j=0; j<9; j++)
     {
       if (str[i][j] != '\0')
          printf ("%c", str[i][j]);
       else
         break;                   /* 打印一行时，遇到'\0'就结束 */
     }
     printf (" ");
  }
  printf ("\n");
}
```

例 5-18 编写一个程序，它对指针数组：

```
char *suit[4]={"Hearts", "Diamonds", "Clubs", "Spades"};
```

所指的 4 个字符串进行排序，然后按升序将诸字符串打印输出。

解　（1）程序实现。

```
#include "stdio.h"
#include "string.h"
main()
{
  char *suit[4]={"Hearts", "Diamonds", "Clubs", "Spades"};
  char *temp;
  int i, j, k;
  for (j=0; j<4; j++)                            /* 打印出 4 个字符串原先的顺序 */
    printf ("%d: %s\n", j+1, suit[j]);
  for (i=0; i<3; i++)
  {
    k = i;
    for (j=i +1; j<4; j++)
      if (strcmp(x[k], x[j])>0)                  /* 这里直接调用 C 语言函数库的 strcmp 函数 */
        k = j;
    if (k != i)
    {
      temp = x[i]; x[i] = x[k]; x[k] = temp;     /* 交换指针的指向 */
    }
  }
  printf ("\n");
  for (j=0; j<n; j++)
    printf ("%d: %s\n", j+1, x[j]);              /* 打印出 4 个字符串现在的顺序 */
}
```

（2）分析与讨论。

在程序里，直接使用 C 语言提供的字符串比较函数 strcmp ()，对 4 个字符串进行了比较。比较采用类似于第 4 章中例 4-4 里给出的冒泡排序法：在每一趟比较范围内，把最大者沉到下面，小者逐渐上浮。不同的是，在这里进行排序时，不是对字符串做直接的交换，而是改变指针数组中指针的指向：最后让数组元素 x[0]里的指针指向最"小"的字符串，让 x[3]里的指针指向最"大"的字符串。图 5-20 是实验数据的运行结果。

图 5-20　例 5-18 的运行结果

注意，由于程序中要调用 C 语言的库函数 strcmp ()，所以在程序的开头要有一条包含命令：

```
#include "string.h"
```

习题 5

一、填空

1. 在 C 语言中，指针就是一个＿＿＿＿＿＿＿。

2. 在 C 语言中，指针变量就是专门用来存放变量＿＿＿＿＿＿＿的变量。

3. 在 C 语言中，说 p 指向 x，意味着变量 p 的_____是变量 x 的_____。

4. 如果指针变量 p 当前指向数组 a 的第 i 个元素 a[i]。那么表达式：

```
*(p--)
```

的操作过程是_____。

5. 如果指针变量 p 当前指向数组 a 的第 i 个元素 a[i]。那么表达式：

```
*(--p)
```

的操作过程是_____。

6. 若有如下说明：

```
float num[10]={0.0, 1.1, 2.2, 3.3, 4.4, 5.5, 6.6, 7.7, 8.8, 9.9}, *p=&num[5];
```

那么执行语句"p-=4;"后，指针 p 指向的元素是_____。

二、选择

1. 若有说明语句：

```
int b[10], *q;
```

那么对语句"q = b;"的不正确叙述是（　　　）。

    A. 使 q 指向数组 b　　　　　　　　　B. 把元素 b[0]的地址赋给 q

    C. 使 q 指向元素 b[0]　　　　　　　　D. 把数组 b 的各元素的地址赋给 q

2. 数组名与指向它的指针变量的关系是（　　　）。

    A. 可以通过数组名访问指针变量

    B. 可以通过指针变量访问数组名

    C. 可以通过指针变量访问数组中的元素

    D. 可以通过数组元素访问指针变量

3. 以下关于字符串与指针的描述，正确的是（　　　）。

    A. 字符串中的每个字符都是指针

    B. 可以用一个 char *型指针指向字符串

    C. 字符串与指针等价

    D. 只有以"\0"结尾的字符串，才能用一个 char *型指针指向其开头

4. 有说明如下：

```
int k, a[5], *p;
```

下列语句中，（　　　）是不合法的。

    A. p = &k;　　　　B. p = &++k;　　　　C. p=a+3;　　　　D. p = &a;

5. 有如下的说明：

```
float *p;
```

那么指针变量 p 的存储类型是（　　　）。

    A. auto　　　　　　B. static　　　　　　C. register　　　　D. float

6. 设有说明语句：char str[100]; int k = 5;。则错误引用数组元素的形式是（　　　）。

    A. str[10]　　　　　B. *(str+k)　　　　C. *(str+2)　　　　D. *((str++) + k)

7. 若有说明语句：

```
char s[20] = "international", *ps = s;
```

则下面选项中不能代表第 3 个字符 t 的表达式是（　　　）。

    A. ps+2　　　　　　B. s[2]　　　　　　C. ps[2]　　　　　D. ps += 2, *ps

三、是非判断

1. 一个指针变量中，可以存放任意类型变量的地址。（　　　）

2. 在 C 语言中，变量的内容和变量的地址是关于这个变量的两个不同的概念。（　　　）

3. 在 C 语言中，指针变量有自己的地址。（　　　）

4. 在 C 语言中，指针变量有自己的地址，它的内容也是一个地址。（　　　）

5. 有如下变量说明：

```
int x, *p;
float y, *q;
```

由于 p 是指向 int 型变量的指针，q 是指向 float 型的指针，因此 p 和 q 占用的内存字节数是不相同的。（　　　）

6. 有如下变量说明：

```
long b, *q;
```

由于变量 b 和指针变量 q 在同一个说明语句里出现，因此 q 就指向变量 b 了。（　　　）

7. 有如下程序段：

```
int i, j = 2, k, *p = &i;
k = *p + j;
```

这里出现的两个"*"号，含义是一样的，即表示变量 p 是一个指针。（　　　）

四、程序阅读

1. 阅读下面的程序，它运行后，数组 str2 中的内容是什么？

```
#include "stdio.h"
main()
{
  char *str1="string test", str2[20], *p=str1;
  int j;
  for (j = 0; *p != '\0'; j++, p++)
  {
    str2[j] = *p;
  }
  str[j] = '\0';
}
```

2. 试问，下面的程序运行后，数组 b 中每个元素的取值是什么？

```
#include "stsio.h"
main()
{
  int k, b[5], *p=b;
  for (k=0; k<5; k++)
  {
    *p=k*k;
    p++;
  }
  p = b;
  for (k=0; k<5; k++)
    *(p+k) = *(p+4-k);
}
```

3. 写出下面程序的执行结果。

```
#include "stdio.h"
main()
```

```
{
  int k, a[ ]={2, 4, 6, 8, 10}, *p=a;
  printf ("%d, %d, %d\n", *p, *(p++), *(p+2) );
  printf ("%d, %d, %d\n", *p, *p++, *++p);
  p = a;
  printf ("%d, %d\n", (*p)++, *(p++));
  for (k=0; k<5; k++)
      printf ("%d ", a[k]);
  printf ("\n");
}
```

4. 阅读下面的函数，给出它的执行结果。

```
#include "stdio.h"
main()
{
  int j, b, c, a[ ] = {1, 10, -3, -21, 7, 13}, *ptr1, *ptr2;
  b = c = 1;
  ptr1 = ptr2 = a;
  for (j=0; j<6; j++)
  {
      if ( b < *(a+j) )
      {
          b = *(a+j);  ptr1 = &a[j];
      }
      if ( c> *(a+j) )
      {
          c = *(a+j);  ptr2 = &a[j];
      }
  }
  j = *a;  *a = *ptr1;  *ptr1 = j;
  j = *(a+5);  *(a+5) = *ptr2;  *ptr2 = j;
  for (j=0; j<6; j++)
      printf ("%d ", a[j]);
  printf ("\n");
}
```

五、编程

1. 已知一个整型数组 a[5]={52, 18, 37, 48, 26}。要求编写一个程序，分别用下标法和指针法输出一维数组的每一个元素取值。

2. 已知有一个整型数组 a 如下：

```
int a[ ] = {12, 5, 8, 19, 22, -4, 66, -17, 28, 13 };
```
编写一个程序，功能是找出该数组中的最小元素和最大元素，将最小元素与数组首元素交换，最大元素与数组尾元素交换。打印出数组元素原先的取值和程序运行后的取值。

3. 编写一个程序，它利用 char 型的指针变量指向一个字符串，并把字符串里的小写字母全部转换成大写。

第6章

函数

从一开始学习 C 语言就知道，C 语言的程序是由函数组成的。但到目前为止，我们还只会编写由一个函数 main () 组成的程序，这显然是远远不够的。一个大的程序可能要完成多项功能，如果把它们都揉和在一个函数 main () 里来实现，那么代码就会变得很长。这样一来，不仅使程序的结构趋于复杂，阅读、理解困难，而且调试、维护都会感到极大地不便。

因此，应该将大程序按照功能划分，让每个功能由一个函数来实现，然后再把它们有机地结合起来，形成一个功能完整的大程序。这种做法，对于程序设计来说是较为理想的，这是当前提倡的"自顶向下，逐步细化"的结构化程序设计方法。

那么，编程者如何定义一个自己的函数？如何调用一个函数？调用者和被调用者之间怎样传递数据？这可能是学习函数时，应该特别关注的问题。

本章着重讲述以下 4 个方面的内容。

（1）定义函数的方法；

（2）编写程序时，调用函数和被调函数的位置关系；

（3）调用函数和被调函数间数据传递的各种方式；

（4）程序中各个变量的作用域和生命期。

6.1 函数的概念

如果程序中要多次执行某一功能，那么可以把实现这项功能的程序段抽取出来，独立进行编写，然后在程序需要执行该功能的地方，用一个调用语句来代替这个程序段。这种只需编写一次、就可以反复调用的程序段，就是所谓的"函数"。

C 语言本身为用户提供了很多函数（比如库函数），这称为"系统函数"。由于它们事先已被定义，并包含在了不同的头文件里，所以只要通过包含语句将其所在的头文件包含进来，在程序中就可以直接调用了。

C 语言中由程序人员自己编写的函数，称为"用户函数"。用户函数事先并不存在，所以在使用前必须先进行定义（即编写其功能），然后才能够调用。另外，由于 C 总是遵循"先说明后使用"的原则，因此在调用一个函数前，还应该在调用函数中，先对被调函数进行说明（即函数原型说明），然后再行调用。这就是说，对于用户函数，要经历"定义→说明→调用"这样的三个过程，才能达到使用的目的。不过，只要在编写程序时，注意安排被调函数和调用函数的位置，就可以省略对被调函数进行"说明"的这一步。

每个函数都有自己的功能。为了实施自己的功能，有时被调用者需要接收从调用者那里传递过来的某些数据信息，这些信息被称为"参数"。有参数的函数，称为"有参函数"，否则称为"无参函数"。

6.1.1　函数的定义

函数定义的一般格式是：

```
<函数类型> <函数名> (<形式参数表>)
{
  <函数体>
}
```

（1）<函数类型>：是所定义函数在执行完后返回结果的数据类型，即返回值的类型。它可以是 int、float、char 等基本数据类型。如果返回值是 int 型的，则称其为 int 型函数。因此，也有 float 型函数等称谓。一个函数的返回值也可以是指针型的，称其为指针型函数，后面专门有一节讲这种函数。如果一个函数在执行后不返回任何结果值，那么它是无返回值的，其<函数类型>应该用 C 语言提供的保留字"void"来指明。函数的返回值要借助在函数中安排 return 语句来实现。如果在定义函数时，省略了<函数类型>，那么 C 语言将默认为该函数的类型是 int。

（2）<函数名>：是所定义函数的名称，它可以是 C 语言中任何合法的标识符。注意，在一个程序中，函数名必须是唯一的，别的函数都是通过函数名来调用函数的。

（3）<形式参数表>：是括在圆括号里的、由"<类型><参数>"对组成的参数表，每个对之间用逗号隔开。<参数>是变量名，<类型>规定了它后面那个<参数>的数据类型。形式参数表中列出的形式参数，简称"形参"。被调函数就是通过这些形参，接收从调用函数传递过来的数据。定义的函数可以有参数，也可以没有参数。如果定义的函数有形参，则称为"有参函数"，否则就是"无参函数"。不过，即使是无参函数，其后面的圆括号也不能省略。

上面 3 项内容：<函数类型>、<函数名>、<形式参数表>，有时统称为"函数头"。

（4）<函数体>：函数体由一对花括号"{ }"括起，它由变量说明语句和执行语句序列组成。右花括号的后面不能有分号。

比如，我们定义一个函数如下：

```
long cube (int x)
{
  long a;
  a = x*x*x;
  return (a);
}
```

这里定义的函数名为 cube，执行后的返回值是 long 型的。它有一个 int 型的参数 x。在函数体里，说明了一个变量 a，并将计算出的 x 的立方值存放在它的里面。最后由"return(a);"语句将 a 中的内容返回。

从这个函数定义看出以下两点。

（1）函数类型 long 与 return 语句的返回值应该前后呼应，即 long 规定了这个函数的返回值类型，return 就应该把这种类型的值返回，而不应该返回别的类型值。

（2）该函数并不真正计算出具体是哪个 x 的立方，它只是给出了计算一个整型变量立方值的抽象方法。因此，这个函数自己不能独立运行。如果要计算具体的立方值，就必须由调用者（比如函数 main()）通过调用语句，把要计算的对象传递给它。

例 6-1　定义一个函数，它有 3 个整型参数。功能是返回这 3 个参数中的最大者。

解　由题意知是要对 3 个任意 int 型参数进行比较，然后将最大的那个参数值返回。因此，这个要定义的函数的类型是 int 的，它有 3 个 int 型的形参。函数编写如下：

```
int max (int x1, int x2, int x3)
{
  int temp;
  if (x1 > x2)
    temp = x1;
  else
    temp = x2;
  if (temp < x3)
    temp = x3;
  return (temp);
}
```

在这个函数的函数体里，说明了一个工作变量 temp，用它来存放比较后的大者，最后它的里面是 x1、x2、x3 三者中的最大值。return 语句就把它的值返回。

例 6-2　定义一个函数，它有一个 int 型参数，功能是如果该参数是偶数，则输出信息"It is even!"，否则输出信息"It is odd!"。

解　由于该函数在判定接收的参数是偶数还是奇数后，自行输出不同的信息，无须把信息传递给调用者。因此，这是一个无返回值的函数。函数编写如下：

```
void odd_even (int x)
{
  if (x %2 == 0)
    printf ("It is even!\n");
  else
    printf ("It is odd!\n");
}
```

这里，函数的类型是 void，所以函数里也没有安排"return"语句。对于没有"return"语句的函数，在运行到函数体的最后一条语句后，会自动返回到调用它的函数。

例 6-3　定义一个函数，它以一个双精度实数 x 和一个正整数 n 作为参数，计算 x 的 n 次方，并将该值返回。

解　由于是计算双精度实数 x 的 n 次方，然后加以返回，因此所要定义的函数应该是 double 型的。函数编写如下：

```
double power (double x, int n)
{
  double s;
```

```
  if (n>0)
    for (s=1.0; n>0; n--)
      s = s*x;              /* 或写成 s *=x; */
  else
    s = 1.0;
  return (s);
}
```

6.1.2　函数的调用

定义了函数以后，只有在调用函数里安排函数调用，才能将控制从调用者转移到被调函数，也才能进行数据的传递。调用者在函数调用中，可以向被调用者传递一个或多个参数。由调用者传递给被调函数的参数，称为"实际参数"，简称"实参"。被调函数接收了传递过来的实参后，就依据这些数据执行自己函数体里的语句。执行结束后，就把控制返回到调用者发出函数调用的地方，继续它的执行。

根据一个函数是否有返回值，C 语言将以两种不同的方式对它们进行调用。

（1）没有返回值的函数，是以函数调用语句的方式进行调用的，即：

<函数名> (<实际参数表>);

（2）有返回值的函数，是以函数表达式的方式调用的，即：

<函数名> (<实际参数表>)

这两种调用方式根本的不同是：前者是一个语句，以分号结尾；后者是一个表达式，凡是一般表达式能够出现的地方，它都可以出现。比如出现在赋值语句的右边，把被调函数的返回值赋给一个变量；比如出现在算术表达式里，作为一个运算对象参与计算等。

无论是有返回值还是没有返回值，函数调用时给出的 < 实际参数表 > 中，必须列出与被调函数定义中所给形参个数相等、类型相符、次序相同的实参，各实参之间仍以逗号为分隔符。否则就会出现语法错误。

例 6-4　编写一个 main() 函数，用具体的数据调用例 6-1 里定义的函数 max()，验证函数 max() 的正确性。

解　（1）程序实现。

```
#include "stdio.h"
int max (int x1, int x2, int x3)        /* 函数 max() 的定义 */
{
  int temp;
  if (x1 > x2)
    temp = x1;
  else
    temp = x2;
  if (temp < x3)
    temp = x3;
  return (temp);
}

main()                      /* 名为 main 的主函数 */
{
  int a, b, c, m;
```

```
printf ("Please enter three integers:");
scanf ("%d%d%d", &a, &b, &c);
m = max (a, b, c);                /* 对有参函数 max 的调用 */
printf ("max = %d\n", m);
}
```

（2）分析与讨论。

这里，程序从 main() 开始执行。在根据 printf() 语句的提示、由 scanf() 输入了 3 个整数之后，通过语句：

```
m = max (a, b, c);
```

对函数 max() 进行调用。由于函数 max() 返回一个 int 型值，因此对它应该按照表达式的形式调用。这里是把它放在了赋值语句的右边。调用时，调用函数把实参 a，b，c 的值传递给函数 max()。函数 max() 接收到它们后，就把这些值赋给形参 x1、x2、x3。于是，max() 就以这些值作为操作对象加以比较，并把其中的最大者存入 temp，通过 "return(temp);" 语句将结果返回给调用者。函数 max() 做完后，回到赋值运算符右边，完成赋值运算，也就是把返回值存入变量 m 中。

例 6-5　编写一个 main() 函数，用具体的数据调用例 6-2 里定义的函数 odd_even()，验证函数 odd_even() 的正确性。

解　（1）程序实现。

```
#include "stdio.h"
void odd_even (int x)                /* 函数 odd_even() 的定义 */
{
  if (x %2 == 0)
     printf ("It is even!\n");
  else
     printf ("It is odd!\n");
}

main()
{
    int t;
    char ch;
    do
    {
    printf ("Please enter a number:");
    scanf ("%d", &t);
    getchar();                    /* 让开 scanf() 最后的回车换行符 */
    odd_even(t);                  /* 以语句形式调用函数 odd_even() */
    printf ("Want to continue?(y/n)");
    scanf ("%c", &ch);
    if (ch != 'y' )
        break;
    }while (1);
}
```

（2）分析与讨论。

程序从 main() 开始执行。输入一个整数后，以实参 t 去调用函数 odd_even()。由于 odd_even() 无返回值，所以对它的调用是以语句的形式出现的。调用完毕控制返回 main()。只要输入的字符是 y，就继续进行下一次验证，这由 do…while 语句最后的 "while (1)" 决定。在往变量 ch 里输入的是非 y 时，由 "break;" 语句结束循环，从而结束整个程序的运行。图 6-1 是程序连续运行 3

次时的输出结果。

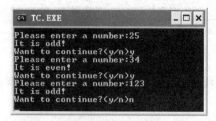

图 6-1　例 6-5 程序连续 3 次运行示例

例 6-6　编写一个 main()函数，用具体的数据调用例 6-3 里定义的函数 power()，验证函数 power()的正确性。

解　（1）程序实现。

```c
#include "stdio.h"
double power (double x, int n)        /* 函数power()的定义 */
{
  double s;
  if (n>0)
     for (s=1.0; n>0; n--)
        s = s*x;                      /* 或写成 s *=x; */
  else
     s = 1.0;
  return (s);
}

main()
{
  double a, pow;
  int i;
  printf ("Please enter a real number and an integer:");
  scanf ("%lf%d", &a, &i);
  pow = power(a, i);
  printf ("value = %lf\n", pow);
}
```

（2）分析与讨论。

程序从 main()开始执行。在往变量 a 和 i 里输入数据后，以它们为实参在赋值语句：

```c
pow = power(a, i);
```

的右边调用函数 power()。函数 power()接收实参后，将实参的值赋给自己的形参 x 和 n。并以此执行函数体中的语句。计算结果在变量 s 里，并将其返回给调用者。返回到调用函数后，由赋值运算符把结果存入变量 pow，打印输出。图 6-2 是 3 次运行的结果。第 3 次由于输入的 i 值是 0，故计算结果为 1.0。

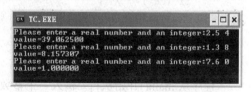

图 6-2　例 6-6 单独运行 3 次的输出结果

例 6-7　编写判断一个自然数是否是素数的函数，并利用它求出 100 以内所有的素数。

解　（1）程序实现。

```
#include "stdio.h"
int prime (int n)              /* 函数 prime()的定义 */
{
  int i;
  if (n == 1)                  /* 剔除 n 为 1 的情况 */
     return (0);
  else if (n == 2)             /* 单独处理 n 为 2 的情况 */
     return (1);
  else                         /* n 为一般情况的处理 */
  {
     for (i = 2; i<n; i++)
       if (n % i == 0)
          return (0);
  }
  return (1);
}


main()
{
  int j = 0, k, x;
  for (x = 1; x<=100; x++)
  {
     k = prime (x);            /* 对函数 prime()进行调用 */
     if (k == 1)
     {
        printf ("%d\t", x);
        ++j;
        if (j %5 == 0)         /* 控制每行打印 5 个素数 */
           printf ("\n");
     }
  }
}
```

（2）分析与讨论。

所谓素数是指只能被 1 和自己整除的自然数（1 除外）。在定义的函数 prime()中，接收调用者传递来的一个自然数。先把 n 为 1 的情况剔除，因为它不是素数；再把 n 为 2 的情况单独处理，因为 2 是一个素数。然后用循环来判断从 2 到 $n-1$ 之间是否存在能够整除 n（注意，比 n 大的数当然不可能整除 n）的数。如果有，则表明 n 不是素数，返回值 0；否则 n 为素数，返回值 1。调用者就以此决定该数是否需要输出。

主函数 main()通过 for 循环，调用函数 prime()共 100 次。每次调用后，总是把返回值送入变量 k。只有 k 取值为 1 时，才表明调用时的实参 x 是一个素数，因此也才把它打印出来。图 6-3 所示是程序执行后的输出结果（每行打印 5 个素数）。

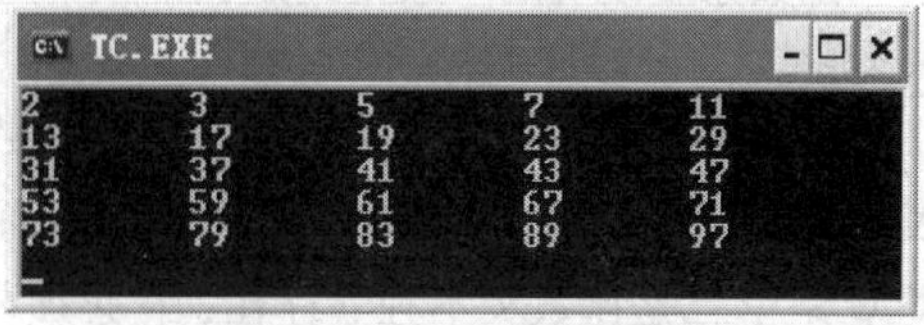

图 6-3　1～100 之间的素数

注意，从形式上看，所编写的函数 prime()里一共有 4 条 return 语句。其实，在任何情况下只能有一条 return 语句被执行。任何函数只能通过 return 语句，向调用者传递一个结果，而不是多个。

6.1.3　函数的原型说明

　　在函数中调用某个用户函数时，必须首先保证这个被调用的用户函数已经存在。正因为需要这样，在上面所举的每个例子里，都是把被调函数放在了调用者的前面。如果放的位置颠倒了，会怎么样呢？C 语言规定，若被调函数返回值的类型是 int、char 的，那么不会产生什么影响；若被调函数没有返回值（即函数是 void 型的），或返回值的类型是非 int、非 char（比如返回值的类型是 float、double 等）的，那么编译时就会给出出错信息。

　　比如，编写时把例 6-6 中的 main ()函数放在 power ()函数的前面，即如下所示：

```
#include "stdio.h"
main()
{
  double a, pow;
  int i;
  printf ("Please enter a real number and an integer:");
  scanf ("%lf%d", &a, &i);
  pow = power(a, i);
  printf ("value = %lf\n", pow);
}

double power (double x, int n)          /* 函数 power()的定义 */
{
  double s;
  if (n>0)
     for (s=1.0; n>0; n--)
        s = s*x;                        /* 或写成 s *=x; */
  else
     s = 1.0;
  return (s);
}
```

　　由于函数 power 的返回值类型是 double 的，进行编译时，就会示出下面的出错信息：

```
Type mismatch in redeclaration  （重定义类型不匹配）
```

　　原因是编译程序在函数 main()里遇到"power(a, i)"时，不知道 power()有几个参数，不知道圆括号里的 a 和 i 是什么类型的等。关于这个问题，C 语言提供了两种解决办法：一是把被调用者与调用者间的这种颠倒位置重新放正确；二是保持这种颠倒的位置关系，但在整个程序最前面或在调用函数里先对被调函数做一个说明，这就是所谓的"函数原型说明"。

　　函数原型说明的一般格式是：

```
<函数类型> <函数名> (<形参类型表>);
```

　　函数原型说明类同于函数定义中的函数头，但有两点区别：一是函数头里给出的是形式参数表，它由"< 类型 > < 参数 >"对组成，而函数原型说明里给出的是形参类型表，它只列出"< 类型 >"；二是函数头不独立存在，它必须与函数体形成一个整体，而函数原型说明是一条独立的说明语句，它没有函数体，以分号为结尾。

　　比如仍把例 6-6 中的 main ()函数放在 power ()函数的前面，但在程序前给出对函数 power()的原型说明：

```
#include "stdio.h"
double power (double, int);           /* 函数 power()的原型说明 */
```

```
main()
{
  double a, pow;
  int i;
  printf ("Please enter a real number and an integer:");
  scanf ("%lf%d", &a, &i);
  pow = power(a, i);
  printf ("value = %lf\n", pow);
}

double power (double x, int n)                    /* 函数 power()的定义 */
{
  double s;
  if (n>0)
     for (s=1.0; n>0; n--)
        s = s*x;                                  /* 或写成 s *=x; */
  else
     s = 1.0;
  return (s);
}
```

这时再去编译该程序，就不会出错了。

从函数 power()的原型说明中可以看出，圆括号里只列出该函数参数的类型，不必给出参数名。通常，函数原型说明一般放在函数 main()的开头，或者放在所有函数定义之前（这里就是这样做的）。如果程序中要对多个函数进行原型说明，那么最好集中放在一起，并且放在所有函数的外面。必须注意的是，每个函数原型说明的末尾要有一个分号。

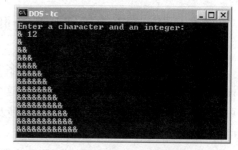

图 6-4   例 6-8 所要求显示的结果

例 6-8   编写一个显示三角形的函数 triangle()，它有两个形参：ch 是字符型的，n 是整型的。功能是显示由所给字符 ch 组成的三角形，即第 1 行显示一个字符，第 2 行显示两个字符，……，第 n 行显示 n 个字符，如图 6-4 所示（在那里，ch 接收的字符是 "&"，n 接收的整数是 12）。用函数 main()进行验证。

解   （1）程序实现。

```
#include "stdio.h"
void triangle (char ch, int n);       /*函数 triangle()的原型说明 */
main()
{
  int num;
  char x;
  printf ("Enter a character and an integer:\n");
  scanf ("%c%d",&x, &num);
  triangle (x, num);                   /* 对函数 triangle()的调用 */
}

void triangle (char ch, int n)         /*函数 triangle()的定义 */
{
```

```
    int i, j;
    for (i=1; i<=n; i++)
    {
        for (j=1; j<=i; j++)
            putchar (ch);
        putchar ('\n');
    }
}
```

（2）分析与讨论。

由于函数 triangle()是 void 型的（无返回值），且又被安放在了调用者的后面，所以在程序的开头，先要对它做一个函数原型说明。

下面是对函数原型说明正确使用的归纳。

① 编写程序时，原则上应该先给出被调函数的定义，然后调用者才能通过函数调用完成对被调函数的调用。

② 如果被调函数是有返回值的，且返回值是 int 或 char 型。那么编写程序时，它无论出现在调用者的前面还是后面，都能够正常通过编译，不会引起语法错误。

③ 如果被调函数是有返回值的，但返回值不是 int 型或 char 型，那么编写程序时，它必须被安排在调用者的前面。如果把这样的被调函数定义放在了调用者的后面，那么在对它进行函数调用之前，必须先给出关于它的函数原型说明。

6.1.4　变量的作用域和生命期

一个大的 C 语言程序，可能会编写多个函数，甚至会编写多个源程序（每个源程序是一个编译单位）。于是肯定会遇到这样的问题：这个函数说明的变量，别的函数能够访问吗？这个源程序可以访问别的源程序里的变量吗？这就涉及变量的作用域和生命期问题。本书只讨论一个源程序中多个函数间变量的使用问题。

1. 全局变量、局部变量与变量的作用域

编写程序时，C 语言允许在 3 个地方说明变量。

（1）在所有函数之外。这种变量称为"全局变量"，它可以被该程序中的所有函数使用。

（2）在某个函数（或复合语句）里面。这种变量称为"局部变量"，它只能在说明它的范围内使用。也就是说，凡是在一对花括号内说明的变量，就是局部变量，它只能在该括号内使用。出了这个括号，该变量就不能使用了。

（3）作为函数的形参。这类变量也是局部变量，其作用是用于接收调用者传递过来的实参数据，出了函数，该变量就不能使用了。

全局变量的作用范围是整个程序，局部变量的作用范围是给出它说明的那个函数（或复合语句）。在 C 语言中，称一个变量的作用范围为"变量的作用域"。由于每个变量都有自己的作用域，因此在不同函数内说明的局部变量就可以使用相同的变量名，类型也可以不一样。它们不会因为名字相同而互相干扰。C 语言规定，在一个源程序文件中，当所说明的全局变量与某个函数内说明的局部变量同名时，那么在该局部变量的作用域，全局变量就不起作用。

例 6-9　分析下面程序中有相同变量名的 3 个局部变量 k 各自的作用域，以及当 scanf()中往 k 里输入数据 50 后，4 条 printf()语句的输出结果。

```
                  #include "stdio.h"
                  main()
                  {
                      int k;
                      printf("Enter an integer:");
                      scanf("%d", &k);
                      printf("1--in entery k is % d\n",k);
                      if (k>0)
                      {- - - - - - - - - - - - - - -          if 中
                          int k =-10;                        说明的 k
                          printf("2--in if k is % d\n",k);    的作用域
                      }- - - - - - - - - - - - - - -
                      else
                      {- - - - - - - - - - - - - -
                          int k =10;                         else 中
                          printf("3--in else k is % d\n",k);  说明的 k
                      }- - - - - - - - - - - - - - -          的作用域
                      printf("4--in exit k is % d\n",k);
                  }
```

main() 中
说明的 k
的作用域

解 在进入 main()时，说明了第 1 个变量 k；在进入 if 时，说明了第 2 个变量 k；在进入 else 时，说明了第 3 个变量 k。因此第 1 个 k 的作用域应该是除去 if 和 else 两个复合语句以外的整个范围，第 2 个 k 的作用域是说明它的那个 if 的复合语句，第 3 个 k 的作用域是说明它的那个 else 的复合语句。根据每个 k 的作用域可以知道，第 1 条 printf()打印出：1--in entery k is 50；第 2 条 printf()打印出：2--in if k is-10；第 3 条 printf()不做（因为现在的 k 满足大于 0 的条件）；第 4 条 printf()打印出：4--in exit u is 50。

例 6-10 阅读下面的程序，给出其执行结果。

```
#include "stdio.h"
int gol;                      /* 说明一个全局变量 gol */
void fun();                   /* 函数 fun()的原型说明 */
void display(int);            /* 函数 display()的原型说明 */
main()
{
  int num = 10;
  gol = 150;                  /* 这是全局变量 gol */
  num = num + gol;
  display (num);              /* 调用函数 display() */
  fun ();                     /* 调用函数 fun() */
}

void fun ()                   /* fun()是无参、无返回值函数 */
{
  int num = 20;
  int gol = 80;
  num = num +gol;             /* 这是局部变量 gol */
  display (num);
}
```

```
void display (int x)          /* display()是有参、无返回值函数 */
{
  printf ("The number is %d\n", x);
}
```

解　该程序在所有函数之外说明了一个 int 型变量 gol,因此是全局变量,它在 3 个函数 main()、display()、fun() 里都起作用。由于编写时把 main() 函数放在了最前面,它要调用的函数 display() 和 fun() 都是 void 型的,因此在程序的开头,对这两个函数先做了函数原型说明。开始执行时,在函数 main() 里说明一个整型变量 num,它的作用域是函数 main(),在别的函数里是不起作用的。当函数 main() 调用函数 fun() 时,在被调函数里说明了名为 num 和 gol 的两个整型变量,其中 num 与 main() 中的 num 同名,gol 与全局变量 gol 同名。但只要进入 fun(),就是它所说明的 num 和 gol 起作用,main() 里的 num 是不起作用的,全局变量 gol 也不起作用。根据这个分析,在函数 main() 中调用函数 display() 时,起作用的应该是它说明的 num 和全局变量 gol,所以打印输出:

```
The number is 160
```

在 main() 调用函数 fun() 而进到 fun() 时,将是 fun() 中说明的 num 和 gol 起作用。于是调用函数 display(),display() 将打印输出:

```
The number is 100
```

在该程序里,当 main() 调用 fun() 时,在 fun() 里又调用 display()。这种在函数调用过程中又发生函数调用的情形,在 C 语言里称为"函数的嵌套调用"。不难看出,函数间的调用和被调用关系是相对的。即是说,你调用别人,你就是调用者,对方就是被调用者。而当被调用者又调用别人时,它自己就成为调用者了。即是说,当 main() 调用 fun() 时,main() 是调用者,fun() 是被调用者;而当 fun() 调用 display() 时,fun() 就成了调用者,display() 是被调用者。

2．自动变量、静态变量与变量的生命期

关于变量的存储类型,有下面的两点要强调。

（1）在函数内说明一个变量（它当然是一个局部变量）时,若将其存储类型说成是 auto,或没有给出它的存储类型,那么这个变量是自动型的。这时,只有在调用函数而遇到这种变量时,C 语言才在动态存储区里为它们分配所需的存储区,函数调用完毕,就立即收回它们占用的存储区。从这样的处理过程可以看出,每次调用函数,都必须重新为自动型变量分配存储区,重新进行初始化。

（2）在函数内说明一个变量（它当然是一个局部变量）时,若将其存储类型说成是 static,那么这个变量是静态型的。对于静态变量,C 语言是编译时在静态存储区里为它们分配所需的存储区,即使函数调用完毕,也不收回该存储区,直至整个程序运行结束。从这样的处理过程可以看出,无论函数被调用多少次,静态变量总是使用原先分配给它的存储区。正因为如此,如果程序中说明静态变量时对它做了初始化（即使不做,系统也会对它做默认的初始化）,那么这种初始化只做一次,下次再调用就只是沿用上次调用后的遗留值,不再初始化了。

对比自动变量和静态变量可以看出,自动变量具有临时性:进到说明它的函数里,它就存在、可用;出了它的作用域,它就消亡（即收回分配给它的存储区）;静态变量则具有永久性:进到说明它的函数里,它就存在可用;出了它的作用域,它虽然不能使用了（因为它是局部变量,别的函数是不能够使用它的）,但它仍然存在（即它仍然占据着分配给它的存储区）。

在 C 语言中,称一个变量说明后它存在（即分配给变量的存储区存在）的时间区间为"变量的生命期"。对于自动变量,它只在其作用域里存在,出了作用域就不存在了,因此自动变量的生

命期就是它的作用域。对于静态变量，在它的作用域里存在，出了作用域它仍然存在（只是不能使用），因此静态变量的生命期比它的作用域来得大。

例 6-11 分析下面的程序，理解一般局部变量与静态局部变量之间的区别。

```c
#include "stdio.h"
void fun()                                  /* 无返回值函数 fun() 的定义 */
{
  static int x=1;
  auto int y=1;
  printf ("x=%d\ty=%d\n", x, y);            /* 第 1 条 printf 语句 */
  x++;
  y++;
  printf ("x=%d\t y=%d\n", x, y);           /* 第 2 条 printf 语句 */
  printf ("- - - - - - - - - - - - - - -\n");
}


main()
{
  int j;
  for (j=1; j<=3; j++)
     fun ();                                /* 对函数 fun() 连续调用 3 次 */
}
```

解 函数 main() 循环调用函数 fun()3 次。在 fun() 里，说明了一个 static 变量 x，初值为 1；说明了一个 auto 变量 y，初值也为 1。main() 每次调用 fun() 时，第 1 条 printf 打印的是进入 fun() 时的情形；第 2 条 printf 打印的是对 x，y 各自做了 "++" 操作后的情形。先分析自动变量 y。从图 6-5 看出，每次进入 fun()，由于总要先做 "auto int y=1;"，因此，3 次循环中的第 1 条 printf 打印出的都是 "y=1"。再来分析静态局部变量 x。每次进入 fun() 时，x 总是继承上次的运行结果，所以第 1 次进入时，做初始化语句 "static int x=1;"，

图 6-5　例 6-11 的运行结果

第 1 条 printf 打印出 x=1；第 2 次进入时，不再做初始化语句 "static int x=1;"，因此第 1 条 printf 打印出 x=2，这是上一次退出 fun() 前 "++" 后的结果；第 3 次进入时，也不做初始化语句 "static int x=1;"，因此第 1 条 printf 打印出 x=3，这是上一次退出 fun() 前 "++" 后的结果。可见，对于静态局部变量，对它的赋初值操作只做一次，随后都将保持进入时的原有值。

例 6-12 阅读下面的程序，给出运行结果。

```c
#include "stdio.h"
main()
{
  int k;
  for (k=0; k<10; k++)
  {
     printf ("%d: ", k+1);              /* 打印调用的次数 */
     printf ("n%%m=%-4d ", nums( ));    /* 在此调用 nums()10 次 */
     printf ("\n");
  }
}
int nums ()                             /* 函数 nums() 的定义 */
```

```
{
    static int m, n;
    printf ("m=%-4d n=%-4d", m, n);          /* 打印进入 nums() 时 m 和 n 的值 */
    m += 4;
    n += 7;
    printf ("m=%-4d n=%-4d", m, n);          /* 打印这次对 m 和 n 的加工结果 */
    return (n%m);
}
```

解 该程序里，函数 main() 调用函数 nums()。由于 nums() 是 int 型的，所以虽然它的定义出现在函数 main() 的后面，发生了"先使用后定义"的现象，但 C 语言的编译程序是认可的。main() 通过循环总共调用 nums()10 次（即打印 10 个 n%m 的计算结果）。nums() 里说明的变量 m 和 n 都是 static 型的。每次进入时，输出它们的值；每次返回前，也输出它们的值。程序的运行结果，如图 6-6 所示。

有如下两点需要注意。

①程序中语句"printf ("m=%-4dn=-4d", m, n);"里"%"后的负号，表示将输出的数据进行左对齐（没有符号是右对齐）。

图 6-6 例 6-12 的输出内容

②程序中语句"printf ("n%%m=%-4d ", nums( ));"里，为了输出时能够打印出"n%m"而安排了两个"%"。因为如果只放一个"%"，C 语言就认为它是以"%"开头的格式说明符，这会使 printf() 无法正确工作。

6.2 函数调用中的数据传递

我们已经知道，函数调用时，调用者是通过实参把所需加工的数据发送给被调函数的。被调用者则用相同类型的形参接收传递过来的数据，并对其进行加工。被调函数可以通过 return() 语句向调用者返回信息。

调用者使用的实参，可以是普通的变量，可以是指针变量，也可以是数组名。参数类型的不同，会对调用者和被调用者间的数据传递产生一定的影响。本节将讨论这个问题。

6.2.1 参数是普通变量时的数据传递过程

先来看下面的例子。有程序如下：

```
#include "stdio.h"
int add (int x, int y)                       /* 函数 add() 的定义 */
{
    int z;
    printf ("&x=%u  &y=%u\n", &x, &y);       /* 打印变量 x 和 y 的存储地址 */
    printf ("x=%d  y=%d\n", x, y);           /* 打印变量 x 和 y 的取值 */
    x=x+10;
    y=y+15;
    printf ("x=%d  y=%d\n", x, y);           /* 打印加工后变量 x 和 y 的取值 */
    z=x+y;
```

```
    return (z);
  }

main()
{
  int a, b, c;
  printf ("Please enter two integers: ");
  scanf ("%d%d", &a, &b);
  printf ("&a=%u  &b=%u\n", &a, &b);          /* 打印变量 a 和 b 的存储地址 */
  printf ("a=%d b=%d\n", a, b);               /* 打印变量 a 和 b 的取值 */
  c = add(a, b);
  printf ("a=%d  b=%d\n", a, b);              /* 打印调用结束后 a 和 b 的取值 */
  printf ("c=%d\n", c);                       /* 打印调用后的结果 */
}
```

该程序由函数 main() 和 add() 组成。在 main() 中，用户先往变量 a 和 b 里输入数据，比如图 6-7 是输入 18 和 35。接着用两条 printf() 打印出分配给变量 a 和 b 的存储区地址以及它们的取值。从图 6-7 给出的运行结果看出，分给 a 的地址是 65496，分给 b 的地址是 65498，a 和 b 的取值分别是 18 和 35。在做完这些后，main() 通过语句：

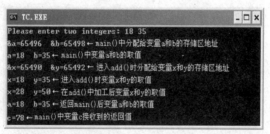

图 6-7 函数间传递普通变量时的处理过程

```
  c = add(a, b);
```

调用函数 add()。

函数 add() 由形参 x 和 y（是该函数的局部变量）接收实参传递过来的信息。它是怎么接收的呢？通过 add() 里的语句：

```
  printf ("&x=%u  &y=%u\n", &x, &y);
  printf ("x=%d  y=%d\n", x, y);
```

可以看出，C 语言另外为变量 x 和 y 分配了存储区，x 的地址是 65490，y 的地址是 65492。x 和 y 的取值分别是 18 和 35。这就是说，函数 add() 里形参 x、y 所使用的存储区，与实参 a，b 的存储区是不同的；开始时，形参 x、y 的取值和实参 a、b 是相同的，即是把实参的值赋给了形参变量。

在函数 add() 里完成操作：

```
x=x+10;
y=y+15;
```

后，由 printf() 语句打印出来的信息表明，形参 x 和 y 里的内容被改变了，x 成为 28，y 成为 50。

在把 x+y 的值赋给变量 z 后，函数 add() 执行完毕，由 return 语句返回到 main()，并去做语句：

```
printf ("a=%d  b=%d\n", a, b);
printf ("c=%d\n", c);
```

从它们的输出信息可以看出，变量 a 和 b 里的内容，仍然保持调用前的情形，没有因为 x 和 y 变为 28 和 50，自己也变为 28 和 50。这是很自然的事情，因为函数 add() 中形参 x 和 y 使用的存储区，与调用者 main() 中实参 a、b 使用的存储区不同，x 和 y 的变化，当然不可能反映到实参 a、b

里。但变量 c 里的结果却是 28+50=78。

综上所述，当调用者与被调用者之间是以普通变量作为参数进行数据传递时，调用者是把实参变量的值赋给被调用者的形参变量的。由于实参变量和形参变量占用的是内存中不同的存储区，被调函数对形参的加工，是在形参变量自己的存储区里进行，所以不会影响到实参变量。这时，被调用者如果要返回信息给调用者，只能通过 return 语句，而不能借助于形参变量。所以，有时称这种数据传递的方式是"单向的"。

6.2.2   参数是指针变量时的数据传递过程

当调用者与被调用者之间是通过指针变量（或地址）来传递数据时，调用者的实参是一个指针（或地址），被调用者的形参也是一个指针，并且这两个指针的类型要相同。我们仍关心调用者中作为实参的指针变量自己的地址、它所指向变量的地址（即这个指针变量的值）、它所指向变量的内容，以及被调用者中作为形参的指针变量自己的地址、它所指向变量的地址（即这个指针变量的值）、它所指向变量的内容。先来看下面的例子。有程序如下：

```
#include "stdio.h"
void add (int *p)
{
  printf ("&p=%u\n", &p);        /* 打印形参指针变量 p 的地址 */
  printf ("p=%u\n", p);          /* 打印形参指针变量所指变量的地址 */
  printf ("*p=%d\n", *p);        /* 打印形参指针变量所指变量的内容 */
  *p +=10;
  printf ("*p=%d\n", *p);
}
main()
{
  int x, *px=&x;
  printf ("Please enter an integer: ");
  scanf ("%d", px);
  printf ("&px=%u\n", &px);      /*打印实参指针变量 px 的地址 */
  printf ("px=%u\n", px);        /* 打印实参指针变量所指变量的地址 */
  printf ("*px=%d\n", *px);      /* 打印实参指针变量所指变量的内容*/
  add (px);
  printf ("*px=%d\n", *px, x);   /*打印调用后实参指针变量所指变量的内容*/
  printf ("x=%d\n", x);          /* 打印变量 x 的内容 */
}
```

函数 main() 里说明了一个整型变量 x，并让指针 px 指向它。接着，通过 3 条 printf() 语句：

```
printf ("&px=%u\n", &px);
printf ("px=%u\n", px);
printf ("*px=%d\n", *px);
```

打印出实参指针变量 px 的地址是 65498，实参指针变量 px 所指变量 x 的地址是 65496，实参指针变量 px 所指变量 x 的内容是 64，如图 6-8 所示。然后，调用无返回值函数 add()。进到该函数里面后，通过执行语句：

```
printf ("&p=%u\n", &p);
printf ("p=%u\n", p);
printf ("*p=%d\n", *p);
```

打印出形参指针变量 p 的地址是 65494，形参指针变量 p 所指变量的地址是 65496，形参指针变量

p 所指变量的内容是 64。

图 6-8　函数间传递指针变量时的处理过程

由这些打印的信息看出：实参指针变量 px 和形参指针变量 p 虽然不是同一个存储区，但它们指向变量的地址都是 65496，即它们指向同一个存储区。这是非常重要的信息。正因为如此，*px 和*p 的内容才都是 64。于是，在 add()里执行语句：

```
*p +=10;
```

虽然是对指针 p 所指向的变量进行运算，实际上也就是对 px 所指向的变量进行运算（指针变量 px 是函数 main()的局部变量，在函数 add()里不能使用）。因此，在 add()里用语句：

```
printf ("*p=%d\n", *p);
```

打印出运算后*p 的内容 74，也就是打印出运算后*px 的内容（同样，指针变量 px 是函数 main()的局部变量，在函数 add()里不能使用）。

根据这一分析，调用后返回函数 main()，用语句：

```
printf ("*px=%d\n", *px, x);
printf ("x=%d\n", x);
```

打印调用后实参指针变量 px 所指变量的内容，当然应该是 74；打印出变量 x 的内容当然也是 74。

综上所述，当调用者与被调用者之间是以指针变量作为参数进行数据传递时，调用者是把实参指针变量的值赋给被调用者的形参指针变量的。于是，实参指针变量和形参指针变量虽然在内存中位于不同的存储区，但它们的内容却都是同一个地址，即它们是指向内存中同一个存储区的两个不同的指针。于是，被调函数中对形参所指变量的任何处理，也就是在对实参所指变量做相同的处理。因此，从被调函数返回调用者时，处理结果就已经在实参指针所指变量里面保存着。调用者和被调用者，通过共同指向的存储区，"双向"传递了信息：调用者通过这个存储区，把要加工的信息传递给被调用者；被调用者又通过这个存储区，将加工完的结果信息传递给调用者。

例 6-13　编写一个程序，以指针变量为函数间的调用参数，实现将所输入字符串 s 的字符全部首尾调换。

解　（1）程序实现。

```
#include "stdio.h"
void reverse (char *);          /* 函数 reverse()的原型说明 */
main()
{
  char *ps;
  printf ("Please enter a string: ");
  gets (ps);
  reverse (ps);                 /* 调用函数 reverse() */
  printf ("%s\n", ps);          /* 打印出调换完毕的字符串 */
}
```

```
void reverse (char *q)
{
  int k;
  char ch, *p;
  k = strlen (q);                    /* 调用函数 strlen() */
  for (p=q+k-1; q<p; q++, p--)  /* p指向字符串尾, q指向字符串首 */
  {
    ch = *q;
    *q = *p;
    *p = ch;
  }
}

int strlen (char *t )
{
  int n=0;
  while (*t++ != '\0')
    n++;
  return (n);
}
```

（2）分析与讨论。

整个程序的设计思想是：在函数 main()里，接收用户输入的字符串，并让一个指针变量指向
它。然后以该指针变量为实参，调用字符串字符全部首尾调换的函数 reverse()。由于事先并不知
道所输入字符串的长度，因此函数 reverse()还要
以指向字符串的指针为参数，调用计算字符串
长度的函数 strlen()。图 6-9 是程序的 1 次运行
的结果。

图 6-9　例 6-13 的 1 次运行结果

注意，本例没有直接使用 C 语言提供的库函数 strlen()。如果要使用它，就必须在程序的开头
写上如下的头文件包含命令：

```
#include "string.h"
```

例 6-14　编写一个程序，在函数 main()里往两个字符型变量输入字符，然后利用指针参数调
用函数 swap()，实现这两个字符型变量内容的交换。

解　（1）程序实现。

```
#include "stdio.h"
void swap (char *, char *);          /* 函数 swap()的原型说明 */
main()
{
  char ch1, ch2;
  printf ("Please enter two characters:");
  scanf ("%c%c", &ch1, &ch2);
  swap (&ch1, &ch2);          /* 调用函数 swap() */
  printf ("ch1=%c\tch2=%c\n", ch1, ch2);
}

void swap (char *p1, *p2)
{
  char ch;
  ch = *p1;
```

```
    *p1 = *p2;
    *p2 = ch;
}
```

（2）分析与讨论。

注意，在函数 main() 里，是用字符变量 ch1、ch2 的地址直接作为参数来调用函数 swap()，即：

```
swap (&ch1, &ch2);
```

这在 C 语言里是允许的，因为地址就是指针。另外，之所以将 swap() 设计为具有两个指针变量形参的函数，是因为只有把要进行互换的变量的指针传递给它，才能确保互换是在原有变量（即实参变量）内进行。如果只是把要进行互换的变量传递给它，那么这种互换是在形参变量里进行的，互换结果在实参变量里是体现不出来的。

6.2.3 参数是数组名时的数据传递过程

以数组为参数在函数间进行数据传递时，被调函数的函数头一般有下面的两种格式。

格式 1：<数据类型> <函数名> (<数据类型> <数组名> [<长度>])

格式 2：<数据类型> <函数名> (<数据类型> <数组名> [ ], int <长度>)

第 1 种格式只有一个形式参数（<数据类型><数组名>[<长度>]），适用于传递长度固定的数组；第 2 种格式有两个形式参数（<数据类型><数组名>[ ]，int <长度>），适用于处理不同长度的数组，数组的实际长度通过第 2 个参数（int <长度>）传递。下面对这两种情况分别加以讨论。

1. 以长度固定的数组作为函数参数

来看下面的例子。有程序如下：

```
#include "stdio.h"
main()
{
    int a[10]={1,2,3,4,5,6,7,8,9,10};
    int sum;
    printf ("a=%u\n", a);               /* 打印实参数组 a 的地址 */
    printf ("&a[4]=%u\n", &a[4]);       /* 打印实参数组元素 a[4] 的地址 */
    sum=add (a);                        /* 调用函数 add () */
    printf ("The sum=%d\n", sum);
}

int add (int x[10])                     /* 函数 add() 的定义，固定长度数组 x 是它的形参*/
{
    int k, temp=0;
    printf ("x=%u\n", x);               /* 打印形参数组 x 的地址 */
    printf ("&x[4]=%u\n", &x[4]);       /* 打印形参数组元素 x [4] 的地址 */
    for (k=0; k<10; k++)
        temp += x[k];
    return (temp);
}
```

函数 main() 里说明了一个有 10 个元素的数组 a。执行时，先由语句：

```
printf ("a=%u\n", a);
printf ("&a[4]=%u\n", &a[4]);
```

打印数组 a 的地址是 65480，打印数组元素 a[4] 的地址是 65488，如图 6-10 所示。随之以数组 a 为实参，通过语句：

```
    sum=add (a);
```

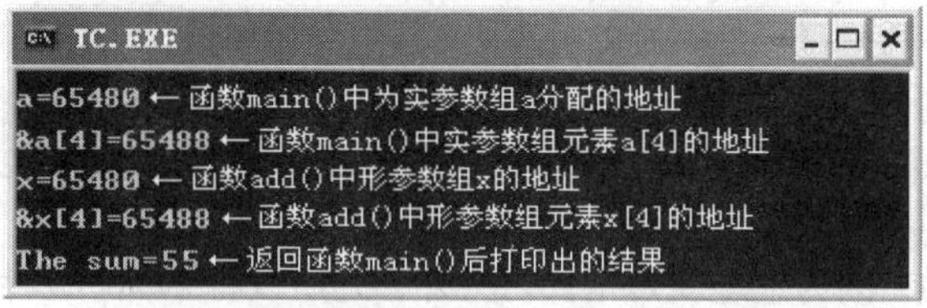

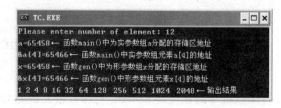

图 6-10　函数间传递固定长度数组时的处理过程

调用函数 add()。在 add()里，数组 x 是形参。进到它里面后，先通过语句：

```
    printf ("x=%u\n", x);
    printf ("&x[4]=%u\n", &x[4]);
```

打印形参数组 x 的地址是 65480，打印形参数组元素 x [4]的地址是 65488。它们完全和实参数组 a
一样。可见，C 语言并没有给形参数组 x 重新分配存储区，实参数组 a 和形参数组 x 使用的是同
一个存储区。由此可知，被调函数如果改变了形参数组中某个元素的值，也就是改变了实参数组
中那个元素的值。

2．以非固定长度数组作为函数参数

来看下面的例子。有程序如下：

```
#include "stdio.h"
void gen(int x[ ], int n)
{
  int j;
  printf ("x=%u\n", x);                    /* 打印形参数组 x 的地址 */
  printf ("&x[4]=%u\n", &x[4]);            /* 打印形参数组元素 x[4]的地址 */
  x[0]=1;
  for (j=1; j<n; j++)
    x[j] x[j-1]*2;
  for (j=0; j<n; j++)
    printf ("%d  ", x[j]);                 /* 打印生成的等比数列结果 */
  printf ("\n");
}

main()
{
  int a[20], k;
  printf ("Please enter number of element: ");
  scanf ("%d", &k);
  printf ("a=%u\n", a);                    /* 打印实参数组 a 的地址 */
  printf ("&a[4]=%u\n", &a[4]);            /* 打印实参数组元素 a[4]的地址 */
  gen (a, k);                              /* 调用函数 gen() */
}
```

　　图 6-11 是该程序的运行结果。可以看出：
C 语言为函数 main()里的 a 分配的存储区地址
是 65458，该数组元素 a[4]的地址是 65466；为
函数 gen()里的形参数组 x 分配的存储区地址是
65458，该数组元素 x[4]的地址是 65466。这就
是说，实参数组 a 与形参数组 x 使用的是同一

图 6-11　函数间传递非固定长度数组时的处理过程

个存储区。

综上所述，当以数组为参数在函数间传递数据时，实参与形参共享同一个存储区。有鉴于此，编程时必须考虑在被调函数函数体内对形参数组所做的操作。如果对它仅是读，没有写，那么不会影响到实参数组；如果所做操作会改变数组元素的值，那么就要考虑调用者是否允许做这种修改。

注意，由于数组名是一个地址（指针），所以在调用者将实参数组名传递给被调函数时，与它对应的形参也可以是一个指针变量。比如，把该程序中函数 gen() 的函数头改为

```
void gen (int *x, int n)
```

是完全可以的。

例 6-15　编写一个程序，在函数 main() 中，向有 10 个元素的数组里输入整数值。调用函数 sort()，将这 10 个数排序后，由函数 main() 打印输出。

解　（1）程序实现。

```
#include "stdio.h"
void sort (int *);                   /* 函数 sort() 的原型说明 */
main()
{
int k, a[10];
printf ("Please enter eight numbers: ");
for (k=0; k<10; k++)
    scanf ("%d", &a[k]);
sort (a);                            /* 调用函数 sort() */
for (k=0; k<10; k++)
    printf ("%d ", a[k]);
printf ("\n");
}

void sort (int *p)                   /* 函数 sort() 的定义 */
{
int i, j, temp;
for (i=0; i<10; i++)
    for (j=i; j<10; j++)
      if (*(p+i)<*(p+j))
      {
         temp = *(p+i);
         *(p+i) = *(p+j);
         *(p+j) = temp;
      }
}
```

（2）分析与讨论。

函数 sort() 的功能是对数组元素进行排序，所以函数 main() 应该把数组名传递给它。

6.2.4　返回语句 return

返回语句 return 都出现在被调函数中，它的作用是让程序的执行回到调用者处，也可向调用者传递计算结果。因此，该语句有两种使用格式：

格式1：return；

格式2：return (<表达式>)；

第1种格式用于无返回值的被调函数，它不返回任何信息，只是起一个回到调用处的作用；第2种格式一方面返回到调用处，同时还把圆括号里<表达式>的值传递给调用者。

关于return语句，有如下4点要注意。

（1）如果被调函数没有返回值，那么可以不安排return语句。这时，程序运行到被调函数函数体的最后一条语句后，会自动返回到调用它的函数去。

（2）一个函数中可以有多条return语句，程序执行到哪条return语句，哪条return语句就起作用，但一个函数的一次运行，只能执行其中的一条return语句。

（3）调用函数是通过被调函数中的return语句得到它的返回值的，如果被调函数是有返回值，那么它的函数体里面必须要有格式2的return语句。

（4）被调函数只能通过return语句返回一个值，如果要返回多个值，那只有借助于函数间传递的指针参数或数组来实现这种功能。

例6-16 编写一个计算实数除法的函数div()。功能是当除数不为0时，返回计算结果；否则不进行计算，只打印信息：problem with parameter!。在函数main()里，接收两个实数，调用函数div()加以验证。

解 （1）程序实现。

```
#include "stdio.h"
float div (float x, float y)
{
 if (y == 0)
     return(0);
 else
     reurn (x/y);
}

main()
{
 float a, b, c;
 printf ("Please enter two real numbers: ");
 scanf ("%f%f", %a, %b);
 c=div(a, b);
 if (c != 0)
     printf ("a/b=%5.2f\n", c);
 else
     printf ("problem with parameter!\n");
}
```

（2）分析与讨论。

该程序的函数div()里有两条return语句，但只能是做"return(0)；"或"reurn (x/y)；"。图6-12是程序的两次运行结果，第1次是正常情况下的运行，第2次是除数为0时的情形。

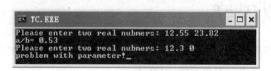

图6-12　例6-16的两次运行结果

6.3　指针型函数

一个函数的类型是由其返回值决定的。如果函数返回值的类型是 int 的，则称它是整型（int）函数，因此也有字符型（char）函数、双精度型（double）函数等说法。如果一个函数的返回值是一个指针（地址），那么就说这个函数是返回指针的函数，即"指针型函数"。

指针型函数属于有返回值函数，且返回的是一个地址值。因此调用这种函数时，在调用者里接收返回值的必须是指针变量，或是指针数组元素等，而不能是其他。

6.3.1　指针型函数的定义方法

指针型函数的定义格式和一般函数的定义格式基本相同，只是要在所定义函数名的前面冠以一个"*"，即：

```
<函数类型> *<函数名> (<形式参数表>)
{
    <函数体>
}
```

它表示以 < 函数名 > 定义的那个函数，将返回一个指针，该指针指向的变量类型由定义中的 < 函数类型 > 决定。

比如，有如下函数定义：

```
float *fun (int x, float y)
{
    ...
}
```

这表示名为 fun 的函数有两个形式参数：x 是 int 型的，y 是 float 型的。该函数返回一个 float 型的地址（指针）。

6.3.2　指针型函数的使用

指针型函数的用法，与其他函数一样，没有什么特殊的地方，只是应该注意如下两点。

（1）定义中出现的"*"，只表明这是一个返回指针的函数，并不是函数名的一部分。因此进行函数调用时，与通常有返回值的函数调用的写法一样，不能有"*"出现。

（2）对指针型函数进行调用之后，要把它的返回值赋予相同类型的指针变量。

例 6-17　编写一个函数，它有两个整型参数，功能是判断它们中谁大，把大者返回调用者，并打印输出。

解　（1）程序实现。

```
#include "stdio.h"
int large1 (int x, int y)        /* 函数 large1()的定义，它返回一个整型值 */
{
    if (x>y)
        return (x);
    return (y);
}
```

```
int *large2 (int *x, int *y)          /* 函数 large2() 的定义，它返回一个指针型值*/
{
  if (*x>*y)
     return (x);
  return (y);
}


main()
{
  int a, b, c, *p;
  printf ("Please enter two integers: ");
  scanf ("%d%d", &a, &b);
  c = large1(a, b);               /* 对函数 large1() 的调用 */
  printf ("The larger value is %d\n", c);
  p = large2(&a, &b);         /* 对函数 large2() 的调用 */
  printf ("The larger value is %d\n", *p);
}
```

（2）分析与讨论。

可以用两种方法来编写这个函数，一个是让它返回整型值（由程序中的函数 lagre1() 体现），另一个是让它返回一个指针（由程序中的函数 lagre2() 体现）。很明显，对它们的调用方式当然是不一样的。我们把这两个函数都放在了这个程序里进行比较。

例 6-18　编写一个函数，它接收传递过来的一个整数值，返回该值所对应的英文月份名称。比如接收的是 10，那么就应该返回十月的英文名 "October"。由于英文名是一个字符串，所以返回的实际是该字符串的地址（指针）。

解　（1）程序实现。

```
#include "stdio.h"
char *m_name(int);                 /* 函数 m_name() 的原型说明 */
main()
{
  int x;
  char *ptr;
  printf ("Please enter a number: ");
  scanf ("%d", &x);
  ptr = m_name (x);              /* 对函数 m_name() 的调用 */
  printf ("It is %s\n", ptr);
}

char *m_name (int k)            /* 函数 m_name() 的定义 */
{
    char *name[ ]={"illegal month", "January", "February", "March", "April",
              "May", "June", "July", "August", "September", "October",
              "November", "December"};
    if (k<1 || k>12)
       return (name[0]);
else
       return (name[k]);
}
```

（2）分析与讨论。

注意，这里定义的函数 m_name() 是指针型的，不是 char 型的。由于它在函数 main() 的后面，违反了 C 语言"先定义后使用"的原则。因此，在程序的前面必须给出关于该函数的原型说明，否则程序就通不过编译。另外，若从 main() 传递给被调函数的整数值不在 1 到 12 之间，那么被调函数返回的指针将指向字符串"illegal month"。

习题 6

一、填空

1. C 语言中，在函数调用时使用的参数，称为_____；在函数定义时，函数头中列出的参数，称为_____。

2. 如果一个函数没有返回值，那么该函数的类型是_____的。

3. 调用一个没有返回值的函数，只能采用_____的方式。

4. 在函数体内说明的一个具有 static 存储类型的变量，它的作用域是_____。

5. 一个函数的形式参数的作用域是_____。

6. 下面定义的函数 add() 的功能是计算形参 x、y 的和，然后由形参 z 传递回该和值。请对①、②填空：

```
void add (int x, int y, ①  z)
{
   ②  =x+y;
  return;
}
```

二、选择

1. 当一个函数具有（　　）类型时，它与调用者的前后位置关系可以忽略。

　　A. void　　　　　　B. float　　　　　　C. double　　　　　　D. int

2. 用（　　）在函数间传递数据时，C 语言不为形参分配新的存储区。

　　A. 普通变量　　　B. 数组名　　　　C. 数组元素　　　　D. 指针变量

3. 以下正确的函数原型说明语句是（　　）。

　　A. void fun (int x);　　　　　　　　B. float fun (void y);

　　C. double fun (x);　　　　　　　　D. int (char ch);

4. 若函数的定义为：

```
fun (char ch)
{
 ...
}
```

那么该函数的返回值是（　　）。

　　A. void 型　　　　　B. char 型　　　　　C. float 型　　　　　D. int 型

5. 以下函数中，函数返回的正确写法是（　　）。

　　A. char fun ()　　　　　　　　　　　B. int fun ()

　　　　{　　　　　　　　　　　　　　　　　{

```
      …                               …
   return "abcde"                  return;
   }                               }
 C.  void fun ()               D.  void fun ()
   {                               {
      …                               …
   return;                         return (5);
   }                               }
```

6. 有程序如下，运行后的输出结果是（   ）。

```
#include "stdio.h"
main()
{
  int k=4, m=1, n;
  n=fun (k, m);
  printf ("%d, ", n);
  n=fun (k, m);
  printf ("%d\n ", n);
}
int fun (int x, int y)
{
  static int m=0, j=2;
  j += m+1;
  m = j+x+y;
  return (m);
}
```

    A. 8, 17   B. 8, 16   C. 8, 20   D. 8, 8

三、是非判断

1. 没有返回值的函数一定没有参数。（   ）

2. 在一个函数里，不能说明全局变量。（   ）

3. 在任何情况下，C 语言总要为形式参数重新分配存储区。（   ）

4. 用普通变量或指针变量传递数据时，C 语言总是把实参的值赋给形参。（   ）

5. 在函数 main() 中说明的变量的作用域是整个程序。（   ）

四、程序阅读

1. 阅读下面的两个程序，它们运行后，各打印输出什么？

程序 1：#include "stdio.h"   程序 2：#include "stdio.h"

```
void incr ()                   void incr ()
{                              {
  int s=0;                       static s=0;
  ++s;                           ++s;
  printf ("%d\n", s);            printf ("%d\n", s);
}                              }

main()                         main ()
{                              {
  incr ();                       incr ();
```

```
    incr ();                                incr ();
    incr ();                                incr ();
}                                         }
```

2. 阅读下面的程序，给出执行后全局变量 gx 的取值。

```
#include "stdio.h"
int gx;
void sgb()
{
  int gx;
  gx = 3;
}

void fun()
{
  gx = 5;
  sgb();
  gx = gx*3;
}

main()
{
  fun();
  printf ("gx=%d\n", gx);
}
```

3. 阅读程序，给出执行结果。

```
#include "stdio.h"
void test(char *str1, char *str2, char *str3)
{
  while (*str1 != '\0' && *str2 != '\0')
  {
    *(str3++) = *(str1++);
    *(str3++) = *(str2++);
  }
  *str3 = '\0';
}
main()
{
  char t1[ ] = "a string";
  char *t2 = "A STRING";
  char t3[50];
  test (t1, t2, t3);
  printf ("t3 is %s\n", t3;);
}
```

4. 阅读程序，给出执行结果。

```
#include "stdio.h"
void print (char *);          /* 函数 print 的原型说明 */
main()
{
  char s[ ]={"4096"};
  print (s);                  /* 调用函数 print */
}
```

```
void print (char *t)
{
  char *p= t;
  if (*p == '\0')                    /* 如果数组 t 没有内容，则返回 */
    return;
  while (*p)
    p++;
  printf ("%c", *(--p));
  *p = '\0';
  printf ("%s\n", t);
}
```

5. 给出下面程序的打印结果。

```
#include "stdio.h"
main()
{
  int k=1;
  printf ("k = %d  ", k);
  {
    int k = 2;
    printf ("k = %d  ", k);
    {
      k++;
      printf ("k = %d  ", k);
    }
    printf ("k = %d  ", k);
  }
  printf ("k = %d  ", k);
  printf ("\n");
}
```

五、编程

1. 定义一个无返回值函数 sum ()，它有两个整型形参。求它们的和，并打印输出。编写函数 main()，验证其正确性。

2. 编写一个无返回值函数 copy()，它以两个字符型数组为形式参数，功能是将第 1 个数组中存放的字符串复制到第 2 个数组中去。

3. 编写一个求前 n 个自然数平方和的函数 squ()，n 由调用者传递过来。用函数 main()加以验证。

4. 编写一个指针型函数 sum()，它有两个整型形参，求其和，返回该和的地址。在函数 main()中，输入两个整型数，接收从函数 sum()处返回的地址，打印出这个地址所指单元的内容。

第7章

用户自定义的数据类型

到目前为止，C 语言中定义的数据类型（整型、实型、字符型、指针型、数组）我们都已经学习过了。现在的问题是如何在这些类型的基础上，用户自己能够构造出满足具体应用需求的数据类型。所以，本章介绍的用户自定义数据类型，也常被称为构造类型。

对于 C 语言中已经有定义的数据类型（比如：int），用户拿过来就可以说明具有这种类型的变量（比如：int x=3, y; ），然后在程序里就可以使用这些变量（比如：y=x; ）。但对于用户自定义的数据类型来说，由于它还没有定义，根本不存在，所以要使用它，必须要分三步走："定义→说明→使用"，即是：第 1 步先给出这种数据类型的定义，第 2 步说明具有这种数据类型的变量，第 3 步在程序中进行使用。

C 语言向用户提供了 3 种自定义数据类型的方式：结构型、共享型、枚举型。如何用这 3 种方式定义新的数据类型？怎样说明这些数据类型的变量？在程序中如何使用这些变量？这是我们需要关注的重点。

本章着重讲述以下 6 个方面的内容：

（1）结构型数据类型的定义、变量说明和使用；

（2）指向结构型数据类型的指针；

（3）链表及其操作；

（4）共享型数据类型的定义、变量说明和使用；

（5）枚举型数据类型的定义、变量说明和使用；

（6）预处理和起别名。

7.1 结构型数据类型

随着计算机应用的深入，在程序设计中，经常需要把一些类型不同，但关系密切的数据项组织在一起，统一加以管理。比如有关人员的信息是：身份证号，姓名，性别，年龄，籍贯，住址。它们的类型各不相同：身份证号是长整型的；性别是字符型的；年龄是整型的；姓名、籍贯和住址都是字符串常量，如此等等。若把它们分别作为变量来说明，不仅给管理带来不便，更重要的是无法反映出它们之间的内在联系，因为它们都与某一个人有关。为此，C 语言向用户提供了把不同数据类型聚集在一起、构成一种新数据类型的手段——"结构"。用户可以根据实际问题的需要，利用结构来确定所要定义的新数据类型叫什么名字，由哪些成员组成。在用结构定义了结构型的数据类型后（在程序中可以根据需要定义多个结构型数据类型），再说明具有这种结构型数据类型的变量，就可以在程序中使用这些变量了。

7.1.1 结构型数据类型的定义

在程序中定义一个结构型数据类型（下面简称"结构类型"），要用到 C 语言里的保留字 "struct"。定义结构类型的一般格式是：

```
struct <结构类型名>
{
  <成员列表>
};
```

定义中的保留字 "struct" 起到标识作用，表明现在定义的数据类型是结构型的，而不是别的（用于区分后面介绍的共享型、枚举型）；<结构类型名>给出要定义的结构类型的名字，用于区分程序中不同的结构类型，它是符合 C 语言规定的一个标识符。这样，在 C 语言里：

```
struct <结构类型名>
```

这个整体，就是新定义的一种数据类型的名字了。

<成员列表>由如下形式的"对"组成：

```
<数据类型> <成员名>;
```

每一对给出该结构式类型中一个成员的数据类型和名称。要特别注意，在给出结构定义时，必须把整个<成员列表>括在花括号内，右花括号后面跟随一个分号 ";"，表示定义的结束。有的书上把成员称做"域"、"字段"等。

比如，有如下的结构类型定义：

```
struct goods
{
  char item[15];
  int code;
  int stock;
};
```

该定义向 C 语言提供了哪些信息呢？第一，现在有了名为 "struct goods（商品）" 的数据类型，它包括 3 个结构成员：item（品名）是字符数组；code（编号）是整型；stock（库存）是整型。第二，这种数据类型需要的存储空间是 15+2+2，共 19 个字节，因为 item 要 15 个字节，code 要两个字节，stock 要两个字节。这样，新定义的这个数据类型 struct goods，与 C 语言里已定义的数据类型（比如 int）所提供的信息是一样的，只是它在整个结构上显得更为复杂一些罢了。

由于这个结构类型定义中，成员 code 和 stock 都是 int 型的，因此它与下面的定义等价：

```
struct goods
{
  char item[15];
  int code, stock;
```

```
    };
```

结构类型中的某个成员也可以是指针型的。比如：

```
struct student
{
  int num;                    /* 学号 */
  char *name;                 /* 姓名 */
  char sex;                   /* 性别 */
  int age;                    /* 年龄 */
};
```

给出这个定义以后，程序中就有了名为"struct student"的数据类型了，它由 4 个结构成员组成：num 是整型，name 是字符指针，sex 是字符型，age 是整型。

已经定义过的结构类型，还可以成为新定义结构类型的成员。也就是说，结构类型的定义是可以嵌套的。比如，先有结构类型定义：

```
struct birthday
{
  int year;
  int month;
  int day;
};
```

那么定义结构类型 struct person 时，可以是：

```
struct person
{
  int num;
  char name[30];
  char sex;
  float wage;
  struct birthday bir;        /* 结构类型的嵌套定义 */
    };
```

在这个结构类型定义里，利用了前面对结构类型 struct birthday 的定义：成员名 bir 是 "struct birthday" 这种数据类型的。这时，struct person 结构类型要求占用的存储空间是：

```
    2+30+1+4+6（字节）
```

其中最后的 6 是由结构类型 struct birthday 决定的。

7.1.2　结构类型变量的说明与初始化

定义了一个结构类型，只表明这种数据类型的存在，只知道这种数据类型所需要的存储量。但它不是变量，并不真正占用内存空间（这犹如 int 并不是变量，并不具体占用内存空间是一样的道理）。只有说明了一个变量具有这种结构类型后，系统才会为其分配存储空间，程序中才能使用这个有存储空间的变量。与一般变量说明相同，在说明一个结构型变量时，也可以对这个变量进行初始化。

说明一个结构类型的变量（在不引起混淆的情况下，简称结构变量，甚至就称变量），有如下两种方式。

方式 1　先定义结构类型，再说明变量

先定义后说明是通常的做法。比如先给出结构类型 struct goods 的定义：

```
struct goods
{
  char item[15];
  int code;
  int stock;
      };
```

那么下面的语句：

```
      struct goods biscuit;
```

就说明 biscuit 是 struct goods 型的一个变量，它由 3 个成员组成。

可以在说明结构变量的同时，对该变量进行初始化，比如：

```
struct goods biscuit={"original", 1101, 40};
```

这表示变量 biscuit 的成员 item 取值字符串："original"；成员 code 取值 1101；成员 stock 取值 40。该变量在内存中的情形，如图 7-1（a）所示。

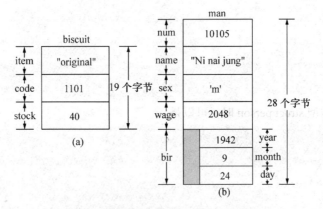

图 7-1　结构类型变量在内存中的情形

如果有结构类型定义：

```
struct birthday
{
  int year;
  int month;
  int day;
};
```

以及结构类型定义：

```
struct person
{
  int num;
  char name[15];
  char sex;
  float wage;
  struct birthday bir;
};
```

那么，语句：

```
struct person man={10105, "Ni nai jung", 'm', 2408, {1942, 9, 24}};
```

说明了一个具有 struct person 型的变量 man，其成员 num 取值 10 105，成员 name 取值 Ni nai jung，成员 sex 取值 m，成员 wage 取值 2 408，成员 bir 的 3 个成员 year、month、day 分别取值 1942、9、24。该变量在内存中的情形，如图 7-1（b）所示。

在说明语句中，同样可以一次说明多个具有相同结构类型的变量，比如：

```
struct goods biscuit={"original", 1101, 40}, fruit;
```

说明了两个 struct goods 型的变量 biscuit 和 fruit，并对第 1 个变量 biscuit 进行了初始化。

方式 2　在定义结构类型的同时说明变量

结构型数据类型可以在给出定义的同时说明变量，一般格式是：

```
struct <结构类型名>
{
  <成员列表>
}<结构变量名表>;
```

比如：

```
struct student
{
  int num;
  char *name;
  char sex;
  int age;
}nhf, zyt;
```

这是在定义结构类型 struct student 的同时，说明 nhf 和 zyt 是具有这种类型的两个结构变量。当然，也还可以包含对变量的初始化。比如：

```
struct student
{
  int num;
  char *name;
  char sex;
  int age;
}nhf={10111, "Zeng jing yi", 'f', 25}, zyt;
```

表示 nhf 和 zyt 是具有 struct student 类型的两个变量，且对 nhf 进行了初始化。这时，变量 nhf 在内存中的情形如图 7-2 所示。

注意：在采用定义的同时说明变量时，结构类型定义最后的分号将放到变量说明的后面，该分号是不能忘记的。在说明了结构变量后，就会为此变量分配所需要的存储空间。

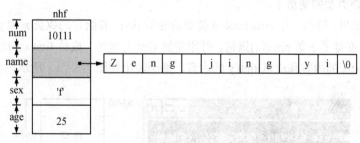

图 7-2　具有指针成员的结构变量在内存中的情形

7.1.3　结构变量成员的引用

说明了结构变量后，就可以使用这个变量了。对结构变量的使用，其含义是指对它各个成员的引用。引用结构变量成员的一般方式是：

```
<结构变量名>.<成员名>
```

其中 "." 称为成员运算符。比如有下面的结构类型定义和变量说明：

```
struct coord                /* 名为 struct coord 的结构类型定义 */
{
  float x, y;
};
struct coord first;         /* 说明 first 是 struct coord 类型的变量 */
```

那么，"first.x" 就表示是变量 first 的成员 x，"first.y" 就表示是变量 first 的成员 y。在程序中，first.x 和 first.y 就可以像对待实型变量那样去使用它们了。

例 7-1 编写一个程序，定义上述的结构类型 struct coord。说明一个具有这种类型的变量 first，测试系统如何给变量 first 分配存储区。它的成员的存储区各是什么？成员的取值是什么？

解 （1）程序实现。

```
#include "stdio.h"
struct coord
{
  float x, y
};
main()
{
  struct coord first;
  first.x = 15.12;
  first.y = 33.67;
  printf ("&first=%u\n", &first);        /* 打印变量 first 的地址 */
  printf ("&first.x=%u\n", &first.x);     /* 打印成员 first.x 的地址 */
  printf ("&first.y=%u\n", &first.y);     /* 打印成员 first.y 的地址 */
  printf ("first.x=%5.2f\n", first.x);    /* 打印成员 first.x 的内容 */
  printf ("first.y=%5.2f\n", first.y);    /* 打印成员 first.y 的内容 */
}
```

（2）分析与讨论。

程序中把结构类型 struct coord 定义在函数 main() 外，表明它可以被该程序的所有函数所使用（只是这里只有一个函数 main() 罢了）。如果把它的定义写在函数 main() 的里面，那么其他函数就不能说明具有这种类型的变量了。

在函数 main() 里，说明一个 struct coord 类型的变量 first，并给它的成员 x 和 y 分别赋值 15.12 和 33.67。然后，安排了 5 条 printf () 语句，打印变量 first 的地址、成员 first.x 的地址、成员 first.y 的地址、成员 first.x 的内容和成员 first.y 的内容。整个输出如图 7-3（a）所示。

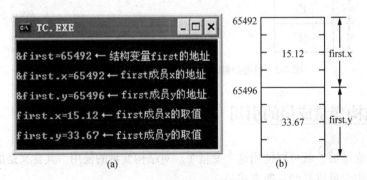

图 7-3　结构变量及其成员的地址

从输出的结果可以得出如下几点。

① C 语言是按照结构类型定义中成员的顺序来分配存储空间的。图 7-3（b）画出了变量 frist 的两个成员 x 和 y 存储空间的分配情况。

② 结构变量中的成员，可以像通常的同类型变量那样进行各种运算和操作。

③ 对结构变量成员的引用，不同于通常变量，不能直接写成员名，而是采取"由整体到局部"的层次式，即先指明是哪个结构变量，再通过成员运算符"."，指定所要成员。

如果在结构类型定义中，涉及了嵌套定义，比如前面提及的结构类型 birthday 和 person。若这时有说明语句：

```
struct person man;
```
那么引用变量 man 的成员 year 时，应该是：

```
man.bir.year
```
即引用的方式是：

```
<结构变量名>.<外层成员名>.<内层成员名>
```
这时，由于<外层成员名>是结构型的，所以不能对它单独引用。

结构变量本身没有特定的值，所以 C 语言中不允许使用结构变量参与任何运算。但是同类型的结构变量间可以进行赋值操作，其规则是按各自的成员依次赋值。比如有程序：

```
#include "stdio.h"
struct coord
{
  float x, y
};
main()
{
  struct coord first, second;
  first.x = 15.12;
  first.y = 33.67;
  second = first;        /* 把变量 first 的 "值" 赋给变量 second */
  printf ("second.x=%5.2f \t second.y=%5.2f \n", second.x, second.y);
}
```

程序中把 first 和 second 两个变量都说明为是 struct coord 类型的。因此，它们之间可以赋值，这是通过程序中的语句 "second=first;" 实现的。这样的赋值，就是把 first.x 的值赋给 second.x，把 first.y 的值赋给 second.y。所以，最终的打印输出结果是：

```
second.x=15.12 second.y=33.67
```

7.1.4　结构数组的说明与初始化

以相同结构变量为元素的数组，就是"结构数组"。也就是说，结构数组中的每个元素，都是相同结构类型的变量。因此，结构数组既具有结构的特点，又具有数组的特点。即：

（1）要先定义结构类型，再说明结构数组；或在定义结构类型的同时说明结构数组；

（2）结构数组元素由下标区分，它们都是结构变量；

（3）结构数组元素通过成员运算符引用其每一个结构成员。

比如：

```
struct goods
{
```

```
        char item[15];
        int code;
        int stock;
            }fruit[20];
```

是定义结构类型的同时说明结构数组的例子。它表示名为 fruit 的数组是一个一维数组，它有 20 个元素：fruit[0]到 fruit[19]，每一个元素都是 struct goods 型的变量。fruit[0].item、fruit[0].code 和 fruit[0].stock 分别是 struct goods 型变量 fruit[0]的三个成员：item、code 和 stock。

若在上述定义的基础上，有说明：

```
struct goods cake[10];
```

则是先定义结构类型，后说明结构数组的例子。这里是一个名为 cake 的一维结构数组，内有 10 个元素，每一个都是 struct goods 型的变量。

在说明了一个结构数组后，系统就会在内存中为其开辟一个连续的存储区存放它的元素，结构数组名就是这个存储区的起始地址。结构数组在内存的存放，仍然按照元素的顺序排列，每一个元素占用的存储字节数，就是这种结构类型所需要的字节数。这些与对一般数组的处理是完全相同的。

说明结构数组的同时，可以对它进行初始化，即是把每个元素（都是一个结构变量）的初始值放在花括号里，用逗号隔开。

比如有结构类型定义如下：

```
struct point
 {
   int x, y;
};
```

那么数组说明语句：

```
struct point drawp[3]={{0, 0}, {50, 50}, {100, 100}};
```

表示 drawp 是 struct point 型的数组，有 3 个元素（都是 struct point 型的变量）：drawp[0]、drawp[1] 和 drawp[2]。该结构数组共需 12 个字节的存储区（每个元素 4 个字节）。由于说明时进行了初始化，所以 3 个元素各自的成员都有初始值：{0, 0}是对元素 drawp[0]成员的初始化，{50, 50}是对元素 drawp[1]成员的初始化，{100, 100}是对元素 drawp[2]成员的初始化，即有：

```
drawp[0].x=0,   drawp[0].y=0,
drawp[1].x=50,  drawp[1].y=50,
drawp[2].x=100, drawp[2].y=100
```

也可以按如下方式说明结构数组：

```
struct point drawk[ ]={{10, 30}, {50, 20}};
```

这时虽然没有给出数组的长度，但系统会依据所给初始值的个数，来决定分配给它多大的存储空间。它相当于：

```
struct point drawk[2 ]={{10, 30}, {50, 20}};
```

例 7-2 已知某商店销售货物的账单如表 7-1 所示：

表 7-1 销售货物账单

货 物 名 称	单价/（元/kg）	销售量/kg
sweets（糖果）	12.80	120
fruit（水果）	15.30	82
pastry（点心）	20.00	44

编写一个程序，求每种货物当天的售出金额及商店的总收入。

解　（1）程序实现。

```c
#include "stdio.h"
struct item
{
  char *pname;              /* 货物名称 */
  float price;             /* 单价 */
  float sales;             /* 销售量 */
  float income;            /* 售出金额 */
};
main()
{
  float total=0;
  int k;
  struct item check[]={{"sweets",12.80,120}, {"fruit",15.30,82}, {"pastry",20.00,44}};
  for (k=0; k<3; k++)
  {
  check[k].income = check[k].price * check[k].sales;
  total += check[k].income;
  }
  printf ("name\tprice\tsales\tincome\n");
  printf ("- - - - - - - - - - - - - - - - - - - -\n");
  for (k=0; k<3; k++)
    printf("%s\t%5.2f\t%5.2f\t%5.2f\n",check[k].pname, check[k].price, check[k].sales,
    check[k].income);
    printf ("- - - - - - - - - - - - - - - - - - - -\n");
    printf ("total = %6.2f\n", total);
}
```

（2）分析与讨论。

根据题目的要求，程序先定义了名为 item 的结构型数据类型：

```c
struct item
{
  char *pname;              /* 货物名称 */
  float price;             /* 单价 */
  float sales;             /* 销售量 */
  float income;            /* 售出金额 */
        };
```

在此基础上，说明了一个结构数组 check[]，每个元素由成员 pname，price 和 sales 保存一种货物的销售数据，成员 income 通过计算得到。最后累加每个元素的 income，就得出当天的总收入。图 7-4 是该程序运行的输出结果。

结构变量可以作为函数的参数，进行函数间的数据传递。不过要注意，必须保证实际参数和形式参数的类型一致。

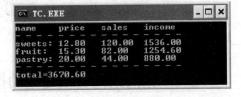

图 7-4　例 7-2 的运行结果

例 7-3　编写一个程序，验证结构变量可以作为函数的参数，用于传递数据。

解　（1）程序实现。

```c
#include "stdio.h"
struct std                          /* 结构类型 struct std 的定义 */
```

```
{
    int sam;
    float tpm;
};

void fun (struct std x)              /* 函数 fun()定义，它的形参是 struct std 型的 */
{
    x.sam++;
    x.tpm++;
    printf ("2: x.sam=%d\tx.tpm=%5.2f\n", x.sam, x.tpm);
}

main()
{
    struct std kpy;          /* 说明变量 kpy 是 struct std 型的变量 */
    kpy.sam = 44;
    kpy.tpm = 58.12;
    printf ("1: kpy.sam=%d\tkpy.tpm=%5.2f\n", kpy.sam, kpy.tpm);
    fun (kpy);               /* 以结构变量 kpy 为实参调用函数 fun() */
    printf ("3: kpy.sam=%d\tkpy.tpm=%5.2f\n", kpy.sam, kpy.tpm);
}
```

（2）分析与讨论。

程序中定义了一个名为 std 的结构类型，主程序中说明的变量 kpy 是这种类型的。在对 kpy 的成员赋值后，将各成员打印出来，然后以 kpy 为实参调用函数 fun()。函数 fun()对传递过来的参数加工打印后，返回主函数。

图 7-5 是该程序的 1 次运行结果。可以看出，把结构变量作为函数参数进行数据传递时，与第 6 章所讲的把普通变量作为函数参数时的情形是一样的，它只能进行数据的"单向"传递，被调函数对形参的加工，不会影响到实参变量。

图 7-5 例 7-3 的运行结果

7.2 指向结构类型的指针

我们已经知道，在说明一个 int 型指针变量后，把一个同类型的变量地址赋给它，该指针就指向了这个变量；把一个同类型的数组名赋给它，该指针就指向了这个数组。类同地，说明一个已有定义的结构类型指针后，把一个同类型的变量的地址赋给它，该指针就指向了这个变量，这个指针就是指向结构类型变量的指针；把一个同类型的数组名赋给它，该指针就指向了这个数组，这个指针就是指向结构类型数组的指针。

7.2.1 指向结构类型变量的指针

说明一个结构类型的变量后，它就在内存里获得了存储区。该存储区的起始地址，就是这个变量的地址（指针）。如果说明一个这种结构类型的指针变量，把结构类型变量的地址赋给它，那么该指针就指向这个变量了。

比如前面已定义的结构类型 struct student，并做如下说明：

```
struct student nhf={10111, "Zeng jing yi", 'f', 25};
struct student *ptr=&nhf;
```
那么，指针变量 ptr 就指向结构变量 nhf 了。

在介绍指针时知道，当一个指针 p 指向一个变量 x 时，*p 与 x 是等价的。因此，原先对结构变量成员的引用是：

```
nhf.num  nhf.name  nhf.sex  nhf.age
```
现在借助于指针变量，就可以写成：

```
(*ptr).num  (*ptr).name  (*ptr).sex  (*ptr).age
```
在 C 语言里，还有一种借助于指针变量来访问结构变量成员的方法，即用指向成员运算符 "->"。一般格式是：

```
指针变量名 -> 结构成员名
```
比如，利用指向成员运算符，上面的写法可以改为

```
ptr->num  ptr->name  ptr->sex  ptr->age
```
注意：指向成员运算符 "->" 是由连字符 "-" 和大于号 ">" 组合而成的一个字符序列，它们必须连在一起使用，中间不能有空格。

这样一来，访问结构变量成员就有了下面 3 种等价的形式。

（1）直接利用结构变量名，一般格式是：

```
结构变量名.成员名
```
（2）利用指向结构变量的指针和指针运算符 "*"，一般格式是：

```
(*指针变量名).成员名
```
（3）利用指向结构变量的指针和指向成员运算符 "->"，一般格式是：

```
指针变量名->成员名
```
例 7-4 编写一个程序，验证访问结构变量成员的 3 种等价形式。

解 程序编写如下：

```
#include "stdio.h"
struct student            /* 结构类型 struct student 的定义 */
{
  int num;
  char *name;
  char sex;
  int age;
};
main()
{
  struct student nhf={10111, "Zeng jing yi", 'f', 25}, *ptr=&nhf;
  printf ("nhf.num=%d\tnhf.name=%s\t", nhf.num, nhf.name);
  printf ("nhf.sex=%c\tnhf.age=%d\n", nhf.sex, nhf.age);
  printf ("(*ptr).num=%d\t(*ptr).name=%s\t", (*ptr).num, (*ptr).name);
  printf ("(*ptr).sex=%c\t(*ptr).age=%d\n", (*ptr).sex, (*ptr).age);
  printf ("ptr->num=%d\tptr->name=%s\t", ptr->num, ptr->name);
  printf ("ptr->sex=%c\tptr->age=%d\n", ptr->sex, ptr->age);
}
```
图 7-6 是该程序 1 次运行的结果，从中可以看出，这 3 种对结构变量成员访问的形式确实是等价的。

例 7-5 编写一个程序，定义上述 struct student 结构类型。接收一个学生的信息，然后分别打印输出。

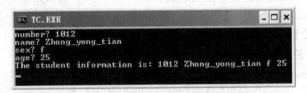

图 7-6　访问结构变量成员 3 种等价形式的验证

解　程序编写如下（略去了 struct student 结构类型的定义）：

```
main()
{
  struct student st, *p=&st;        /* 说明结构变量 st，指针 p 指向它 */
  printf ("number? ");
  scanf ("%d", &st.num);
  printf ("name? ");
  scanf ("%s", st.name);
  printf ("sex? ");
  getchar();
  scanf ("%c", &st.sex);
  printf ("age? ");
  scanf ("%d", &st.age);
  printf ("the student information is: ");
  printf ("%d %s %c %d\n", p->num, p->name, p->sex, p->age);
}
```

图 7-7 该程序的 1 次运行结果显示。

图 7-7　例 7-5 的 1 次运行结果

7.2.2　指向结构类型数组的指针

如果说明了一个结构数组和一个同类型的指针变量后，把数组名赋给该指针变量，那么这个指针变量就指向了这个数组。这时，程序中不仅可以使用下标形式来访问数组的元素，也可以通过对指针变量的操作，对数组元素进行访问。

仍以上述 struct student 结构类型为例，如果说明了一个这种类型的数组和指针变量如下：

```
struct student group[10];
struct student *p;
```

然后通过语句：

```
p = group;        或：p = &group[0];
```

就把数组 group 所占用的存储区首地址赋给了指针 p。这时，执行下面的语句：

```
printf ("%d %s %c %d\n", p->num, p->name, p->sex, p->age);
```

就可以把该数组的第 1 个元素的内容打印出来。还可以通过对指针变量 p 的运算，如 p++、p+i、p-i 等，遍历整个数组的所有元素或所希望访问的元素。这里当然要注意，对指针 p 的运算，增加或减少的数值，是以这种数据类型所需字节数为单位的。

　　例 7-6　编写一个程序，利用指向结构数组的指针以及指向成员运算符，为该数组的成员输入初始值。

　　解（1）程序实现。

```
struct student
{
  int num;
  char name[30];
  char sex;
  int age;
};
main()
{
    struct student stu[10], *q;
    int k;
    for (k=0, q=stu; k<10; k++, q++)
    {
    printf ("Please enter %d's student information: ", k+1);
    scanf ("%d%s%c%d", &q->num, q->name, &q->sex, &q->age);
}
    printf ("The result is: \n");
    for (k=0, q=stu; k<10; k++, q++)
       printf ("%d %s %c %d\n", q->num, q->name, q->sex, q->age);
}
```

（2）分析与讨论。

编写这个程序时要注意两点。第一，随着第 1 个 for 循环的进行，指针 q 从最初指向数组 stu 的第 1 个元素，一直向下移动，直到最后一个元素 stu[9]（这是通过 q++ 进行的）。因此，循环结束时，q 已经不指向数组 stu 的第 1 个元素了。所以在做第 2 个 for 循环时，还应该恢复原位，这就是在第 2 个 for 循环的第 1 个表达式里安排 q=stu 的原因。第二，在 scanf ()里，&q->num 表示 q 当前所指数组元素成员 num 的地址，即 "&(q->num)"。从运算符的优先级表里知道，-> 的优先级是最高的。所以即使写成 "&q->num"，也不会发生任何误解。

7.2.3　C 语言的内存管理函数

　　以往都是通过在程序中说明变量或数组来存放各类数据。不过利用数组来解决实际问题时，会遇到两个方面的麻烦：一是如果数组有 10 个元素，当前只输入了 5 个元素的取值，那么剩余的存储量只能闲置在那里（这是对内存这种宝贵资源的浪费）；二是如果由于某种原因，原先的 10 个元素不够用了，希望再增加 5 个元素。这时，除非修改程序，否则就不好办。因为系统可能已把紧邻的存储区分配作它用了，你不能自作主张把存储区往下扩张。

　　能不能有一种办法，需要时就向系统申请一定数量的存储区；不需要时，就把占用的存储区归还给系统？利用 C 语言提供的内存管理函数，就可以达到这种目的。常用的内存管理函数有两个，它们被包含在头文件 "alloc.h"（或头文件 "stdlib.h"）里。因此如果程序中要使用这些函数，必须要在最前面写一条包含命令：

```
#include "alloc.h"  或  #include "stdlib.h"
```

为了介绍 C 语言的内存管理函数，先对 C 语言中的长度运算符以及 void 指针类型做一个说明。

1. 长度运算符：sizeof

"sizeof" 是 C 语言里的长度运算符，它是一个单目运算符，运算对象只能是数据类型符或变量名。功能是求出某个数据类型符或某个变量在内存中所需占用的存储空间字节数。使用的一般格式是：

```
sizeof (<数据类型符>)    或    sizeof (<变量名>)
```

比如：

```
sizeof (int)
```

它的值是 2，表示 int 型的数据要占用 2 个字节。又比如有变量说明：

```
float y;
```

那么 sizeof (y) 的值是 4，因为变量 y 是 float 型的。

例 7-7 阅读程序，给出输出结果。

```
#include "stdio.h"
main()
{
  int x;
  char ch;
  float f;
  double d;
  printf ("int is %d\tchar is %d\n", sizeof(int), sizeof(char));
  printf ("float is %d\tdouble is %d\n", sizeof(float), sizeof(double));
  printf ("the length of x is %d\tthe length of ch is %d\n", sizeof(x), sizeof(ch));
  printf ("the length of f is %d\tthe length of d is %d\n", sizeof(f), sizeof(d));
}
```

解 程序中用两种方法使用 sizeof 运算符，一个让它作用在数据类型符上，一个让它作用在变量名上。图 7-8 是它的运行结果。可以看出，结论是相同的：int 型要占用 2 个字节内存，int 型的变量 x 要占用 2 个字节内存；char 型要占用 1 个字节内存，char 型变量 ch 要占用 1 个字节内存；float 型要占用 4 个字节内存，float 型变量 f 要占用 4 个字节内存；double 型要占用 8 个字节内存，double 型变量 d 要占用 8 个字节内存。

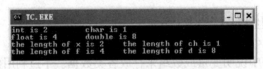

图 7-8 数据类型或变量所需占用的字节数

注意，如果是以：

```
sizeof (<数据类型符>)
```

形式使用 sizeof 计算数据类型长度，那么类型符（如 int）必须用圆括号括起来，括号中不必放变量名。

在编写程序时，常用 sizeof 来计算所定义结构类型需要的存储空间，以便随时动态地向系统申请存储区。

例 7-8 编写程序，求出各种指针以及所定义结构类型要占用的存储量。

解 （1）程序实现。

```
#include "stdio.h"
struct student            /* 定义结构类型 struct student */
{
   int num;
   char *name;
   char sex;
   int age;
};
struct birthday              /* 定义结构类型 struct birthday */
{
    int year;
    int month;
    int day;
};
struct person             /* 定义结构类型 struct person */
{
    int num;
    char name[15];
    char sex;
    float wage;
    struct birthday bir;
};
main()
{
    int *t1;
    float *t2;
    char *t3;
    struct student stud, *p;          /* 说明结构型变量和指针 */
    struct person pern, *q;        /* 说明结构型变量和指针 */
    printf ("the length of int *, float *, char * are %d, %d, %d\n",
                     sizeof (int *), sizeof(float *), sizeof(char *));
    printf ("the length of t1, t2, t3 are %d, %d, %d\n",
                     sizeof (t1), sizeof (t2), sizeof (t3));
    printf ("the length of struct student is %d\n", sizeof (struct student));
    printf ("the length of stud is %d\n", sizeof (stud));
    printf ("the length of p is %d\n", sizeof(struct student *));
    printf ("the length of struct person is %d\n", sizeof (struct person));
    printf ("the length of pern is %d\n", sizeof (pern));
    printf ("the length of q is %d\n", sizeof(struct person*));
}
```

（2）分析与讨论。

函数 main()里，说明了整型、实型、字符型的指针 t1、t2、t3；说明了 struct student 型结构变量 stud 以及该结构型指针 p；说明了 struct person 型结构变量 pern 以及该结构型指针 q。总共安排 8 条 printf()语句：第 1 条打印出整型、实型、字符型指针类所需要的内存字节数，从图 7-9 看出，它们都是 2；第 2 条打印出整型、实型、字符型指针变量 t1、t2、t3 所需要的内存字节数，从图 7-9 看出，它们都是 2；第 3 条打印出结构类型 struct student 所需要的内存字节数，从图 7-9 看出，它是 7；第 4 条打印出结构型 struct student 变量 stud 所需要的内存字节数，从图 7-9 看出，它是 7；第 5 条打印出结构型 struct student 指针变量 p 所需要的内存字节数，从图 7-9 看出，它是 2；第 6 条打印出结构类型 struct person 所需要的内存字节数，从图 7-9 看出，它是 28；第 7 条打印出结构型 struct person 变量 pern 所需要的内存字节数，从图 7-9 看出，它是 28；第 8 条打印出结构型 struct person 指针变量 q 所需要的内存字节数，从图 7-9 看出，它是 2。

由该例可知，在作者的计算机系统中，是用 2 个字节来存放地址值（第 1、2、5、8 条语句的结果）的。

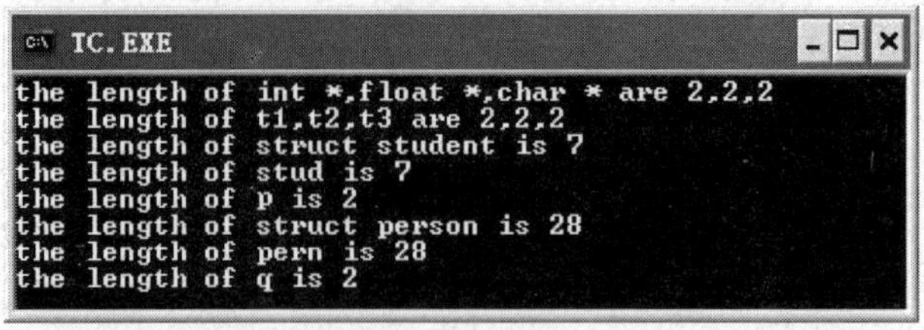

图 7-9　各类指针以及结构类型所需占用的字节数

2．void 指针类型

我们已经有了这样的概念：变量是有类型的，指向变量的指针（即地址）也隐含着有类型，这样按照指针的类型，才能正确得到所指变量的内容。

不过，C 语言还有一种特殊的指针类型，即所谓的 "void 指针类型"，这种指针虽然和普通指针一样，是一个内存地址，但却不知道它指向的是哪种数据类型的变量。只有给予它数据类型，才能通过正确地划定存储区，得到所指变量的内容。

下面所要介绍的内存分配函数 malloc()，可以按用户的需求，申请任意尺寸的存储区，分配成功后返回该存储区的起始地址（即指针）。由于并不知道这个存储区将会用来存放什么变量内容，因此这个地址就是一个 void 指针。

为了让 void 指针具有类型，用户必须通过强制类型转换（见第 2 章），使这个地址获得隐含的数据类型，以便能按要求指向某种数据类型。

3．内存分配函数 malloc()

函数 malloc()在 C 语言中负责内存分配。调用时，应该告诉它所需要的内存字节数。这样，函数 malloc()就会在内存里按照大小找出一块空闲的存储空间加以分配，并返回该存储区的第一个字节地址。由于系统并不知道用户要用申请到的这个存储区存放何种类型的数据，所以 malloc()返回的是一个 void 型的地址。用户必须根据自己的需要，对该返回值进行强制类型转换，使其适应实际的需要。

（1）malloc()函数的函数头。

```
void *malloc (unsigned int size)
```
即 malloc()函数有一个无符号整型的形式参数，返回值是 void 型指针（地址）。

（2）malloc()函数的功能。

向系统申请大小为 size 个字节的存储区。如果申请成功，则返回分配到存储区的第 1 个字节地址（viod 型）；如果申请失败，则返回 NULL（这是系统定义的一个符号常量，表示空指针）。

（3）调用 malloc()函数的一般格式。

```
<指针变量名> = (<强制转换类型>) malloc (<所需字节数>);
```
比如：

```
int *p;
p = (int *) malloc (sizeof (int));
```

表示利用函数 malloc()，申请一个有 sizeof (int)个字节的存储区，然后对 malloc()返回的地址进行强制类型转换，把它转换成 int *（整型指针）型。这样强制的结果，就能把该地址赋给整型指针 p，使 int 型指针 p 指向刚由函数 malloc()申请到的存储区。又比如：

```
struct student *ptr;
ptr = (struct student *) malloc (sizeof (struct student) );
```

表示利用函数 malloc()，申请一个有 sizeof (struct student)个字节的存储区，然后对 malloc()返回的地址进行强制类型转换，把它转换成 struct student *型（即 struct student 型指针）。只有这样，才能把它赋给 struct student 型指针 ptr，使 ptr 指向刚申请到的那个存储区。

4．内存释放函数 free()

在使用完由 malloc()函数分配到存储区后，应该利用 free()函数将该存储区释放，以便提高内存这种宝贵资源的利用率。

（1）free()函数的函数头。

```
void free (void *p)
```

即 free()函数以一个 void 型指针作为形式参数，无返回值。

（2）free()函数的功能。

将事先经由 malloc()函数申请到的存储区归还给系统，指针 p 指向要释放的这个存储区。如果 p 的值是 NULL，则 free()函数什么事情也不做。

（3）调用 free()函数的一般格式。

```
free (<指针变量名>);
```

例 7-9　编写一个程序，利用 malloc()函数为 26 个英文字母申请存储区。打印输出这些字母，最后释放存储区。

解　（1）程序实现。

```
#include "stdio.h"
#include "alloc.h"                            /* 或 #include "stdlib.h" */
main()
{
  char k, *p, *q;
  p=(char *) malloc (30*sizeof (char));        /* 申请 30 个字节的存储区 */
  if (p == NULL)
  {
    printf ("Memory allocation error!");
    return;
  }
  q = p;
  for (k=65; k<91; k++)
    *q++ = k;
  *q = '\0';
  q = p;
  puts (q);
  free (p);                                    /* 释放由指针 p 所指的存储区 */
    }
```

（2）分析与讨论。

本程序利用 malloc()函数申请 30*sizeof (char)个存储区，也就是 30 个字节。这条语句也可以直接写成：

```
p=(char *) malloc (30);
```

两者的效果是一样的。随之将返回的地址强制转换成 char *（字符指针）型，赋给指针 p（p 是 char *型的指针）。程序中的 if 语句是对申请是否成功的检验。如果申请成功，保持指针 p 的指向不变，让指针 q 顺着这个存储区移动。通过 for 循环，向 q 指向的位置赋值。由于 ASCII 码值 65 对应于字母 A，90 对应于字母 Z，所以循环结束，在申请到的存储区的每个字节里，恰好存放的就是大写字母 A 到 Z 的 ASCII 码值。在存储区里形成 26 个字母后，再通过语句 "*q ='\0';" 添加字符串结束符。为了能使用函数 puts(q) 输出 q 所指的字符串，必须先让 q 复位，这就是语句 "q=p;" 的作用。

7.2.4　自引用结构类型和链表

一个结构数组，其元素都持有相同的结构类型，每个元素占用同样大小的存储区。由于它的元素个数是固定的，所以在说明一个结构数组时，系统就可以把它的所有元素分配在一块大的连续存储区里。

在实际应用中，会大量遇到这样的需求：每个元素有相同的结构，占用同样大小的存储区，但元素个数不确定，可能会随时增加或减少。比如商店中的某类商品信息，就属于这种情况。这种问题是不能用结构数组来解决的，因为它的元素个数不确定，系统无法事先为它分配一个大的连续存储区来存放其所有元素。理想的做法是，能够动态地为元素申请和释放存储区。即：在需要时为某个元素分配存储区，不用时就收回占用的存储区。不过，这样做的结果有可能使存放元素的存储区被分散在了内存的各个地方。因此必须要有一种方法，来体现这些元素间的内在关系。这就是产生"链表"这种数据结构的根本原因。

要注意，C 语言规定在结构类型定义中，不能有本结构类型的成员。这是因为如果一个结构类型定义中有本结构类型的成员，那么就无法确定这种结构类型的尺寸。唯一的例外是在结构类型定义中，允许有指向该结构类型的指针作为成员，因为指针需要的存储量是固定的。

若在一个结构定义中，有指向本结构类型的指针作为成员，那么就称这种结构是"自引用"式的结构类型。比如，有如下的结构类型定义：

```
struct esp
{
  int x;
  float y;
  struct esp *ptr;        /* ptr 是一个指向所定义结构的指针 */
};
```

让我们关注定义中的粗体下画线处。它表明变量 ptr 是一个指针，它所指向的类型，就是正在定义的结构类型：struct esp。这种结构类型就称为是"自引用"式的结构类型（即：它里面有一个指针指向这种结构类型的变量）。在不混淆的前提下，仍称为结构类型。

可以把自引用结构类型的成员分成 2 个部分：一个部分是真正用到的数据（比如上面结构中的成员 x，y 等），一个部分是用来指向该结构类型变量的指针（比如上面结构中的成员 ptr）。于是，一个具有这种结构的那些变量，可以通过这个指针成员，指向排在它后面的结构变量。即自引用结构类型可以借助这个指针，把有内在联系的各个结构变量连接在一起，串连排成一个队，通常称其为"链表"。图 7-10 给出了链表的直观示例。

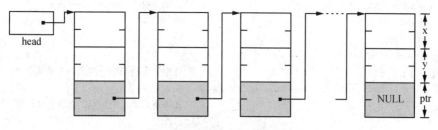

图 7-10　一个链表的直观示例

在图 7-10 里，head 是 struct esp 型的指针变量，它指向链表中的第 1 个结构变量，称为链表的 "头指针"；链表中的每一个结构变量称为 "结点"；每个结点通过各自的成员 ptr，指出排在其后的结点是哪一个；排在链表最后的那个结点，它的成员 ptr 取值 NULL，表示该链表的结束。这样，从链表的头指针 head 出发，可以找到链表的第 1 个结点；根据第 1 个结点的成员 ptr，可以找到链表的第 2 个结点；根据第 2 个结点的成员 ptr，可以找到链表的第 3 个结点……于是，顺着 ptr 形成的 "链"，就可以遍历链表的所有结点。

例 7-10　有结构定义为

```
struct person
{
 char name[20];
 struct person *next;
};
```

以它作为结点的类型，编写一个创建链表的函数 creat()，它没有任何参数，返回一个指向链表的头指针。在 main() 里调用 creat()，并打印出各结点中的数据内容。

解　（1）程序实现。

```
#include"stdio.h"
struct person                   /* 结构 struct person 的定义 */
{
 char name[20];
 struct person *next;
};

struct person * creat ( )     /* 函数 creat() 的定义，它返回 struct person 型的指针 */
{
 struct person *head, *p, *q;
 int k;
 head = NULL;                                              /* 先让头指针 head 为空 */
 while (1)
 {
  p = (struct person *)malloc(sizeof(struct person));      /* 申请一块存储区 */
  if (p == NULL)
  {
    printf ("Memory faild!\n");
    return;
  }
  printf ("Please enter name:");
  scanf ("%s", p->name);        /* 填入数据 */
```

```
      if (head == NULL)                          /* 如果是第 1 个结点，要特殊处理 */
      {
        head = p;
        p->next = NULL;
        q = p;                                    /* 让指针 q 指向当前链表的末尾结点 */
      }
      else                                        /* 如果不是第 1 个结点，都到此处处理 */
      {
        q->next = p;                              /* 让当前尾结点的指针成员指向新的结点 */
        p->next = NULL;                           /* 将新结点的指针成员置为空，表示链尾 */
        q = p;                                    /* 仍让指针 q 指向当前链表的末尾结点 */
      }
      printf ("Continue? 1-continue\n");
      printf ("         0-stop!\n");
      scanf ("%d", &k);
      if (k == 0)                                 /* 如果不愿意输入了，则退出循环 */
        break;
   }
   return head;                                   /* 返回创建的链表首指针 */
   }


   main()
   {
struct person *ptr;
ptr = creat ();                                   /* 由指针 ptr 接收函数 creat 的返回值 */
for ( ; ptr != NULL; ptr = ptr->next)            /* 顺着各结点的指针，打印数据 */
   printf ("%s\n", ptr->name);
   }
```

（2）分析与讨论。

图 7-11 是其连续输入 3 个数据后的执行结果。

图 7-11　链表程序的运行结果

函数 creat() 的设计思想是：用 struct person 型指针 head 指向链表之首。最初，head 为空（ NULL ）。如图 7-12（a）所示。若要输入数据，则先通过调用内存分配函数 malloc()，申请一个 struct person 型的存储区，即：

```
p = (struct person *) malloc (sizeof (struct person) );
```

并让指针 p 指向它。然后填入数据，调整结点的 next 指针，连入链表末尾。

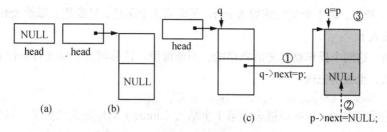

图 7-12　结点连入链表时的实际情形

图 7-12（b）是连入第一个结点时的效果。在函数 creat() 中，总是让指针 p 指向新近申请到的新结点，让指针 q 指向链表的尾结点，从而使新结点插入到链表表尾非常容易进行。图 7-12（c）是把第 2 个结点连入末尾时，程序中给出的 3 个操作步骤：

①q->next = p;　　②p->next = NULL;　　③q = p;

的实际作用。只要不是第 1 个结点，都是使用这样的步骤，把一个个结点插入到链表的末尾，形成链表。在申请到一个结点、填入数据、链接到链表尾后，程序提供菜单选择：

```
printf ("Continue? 1-continue\n");
printf ("          0-stop!\n");
scanf ("%d", &k);
if (k == 0)
  break;
```

输入 1，表示继续往链表添加结点；输入 0，表示终结链表的创建工作，由语句：

```
return head;
```

返回创建好的链表首指针。在函数 main() 里，将由变量 struct person 型指针 ptr 接收这个返回值。对链表的操作，除了创建外，还有查找链表中的某个结点、删除链表结点、将新结点插入链表等。

例 7-11　有如下结构定义：

```
struct node
{
 char name[20];
 float grade;
 struct node *ptr;
};
```

指针 sptr 指向有两个结点的链表，结点按照字母顺序排列，如图 7-13（a）所示。现在要把如图 7-13（b）所示的由指针 p 指向的结点插入，使链表成为图 7-13（c）。请完成插入操作填空：

p->ptr = ___①___ ;　　　　　　　　sptr = ___②___ ;

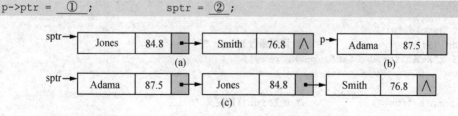

图 7-13　把指针 p 指向的结点插入链表

解　根据题目要求，是要把由指针 p 指向的结点（Adama）插到原有链表的最前端，成为链表的第一个结点。这就需要调整两个指针的指向：一是要让指针 p 所指向的结点（Adama）的成员 ptr，指向原先链表的第一个结点（Jones），二是要将指针 sptr 指向由指针 p 指向的结点（Adama）。完成第 1 个调整，只要把原先链表第一个结点的地址（即指针 sptr 的内容）送到指针 p 所指结点的成员 ptr 即可。所以，第 1 个空应该填入 sptr。完成第 2 个调整，只要把 p 赋给 sptr 即可。所以，第 2 个空应该填入 p。

要注意的是，这两个操作是有先后顺序的，不能颠倒。这是因为如果先将指针 sptr 指向由指针 p 指向的结点，也就是先做：

```
sptr = p;
```

这样一来，原先保存在 sptr 里的原链表的第 1 个结点（Jones）的地址就消失了。这时再做：

```
p->ptr=sptr;
```

就不是把原链表第 1 个结点（Jones）的地址送入 p 所指结点的成员 ptr 中，而是把 p 自己的地址送入成员 ptr 中，达不到题目所要求的目的。

学习函数时知道，指针可以作为函数返回值的类型，并称这种函数为指针型函数。函数也可以返回一个结构指针，只是要注意调用者中接收返回值的变量，必须是与所返回指针具有相同结构类型的指针变量。函数返回值为结构指针时，所具有的一般形式是：

```
struct <结构类型名> *<函数名> (<形式参数表>)
{
  <函数体>
}
```

例 7-12 有一个结构类型如下：

```
struct sample
{
  int x;
  float y;
};
```

编写一个无参函数 fun()，它申请一个 struct sample 类型大小的存储区后，为其成员赋值，返回这个结构变量的地址。函数 main() 接收这个指针，输出该结构数据两个成员的取值。本例说明以结构指针为返回值时函数的使用。

解 程序编写如下：

```
#include "stdio.h"
struct sample
{
  int x;
  float y;
};
struct sample *fun ();          /* 函数 fun() 的原型说明 */
main()
{
  struct sample *p;
  p = fun ();                   /* 调用函数 fun() */
  printf ("x=%d\ty=%5.2f\n", p->x, p->y);
}

struct sample *fun ()           /* 函数 fun() 的定义 */
{
  struct sample *w;
  w = (struct sample *) malloc (sizeof (struct sample) );
  w->x = 20;
  w->y = 15.88;
  printf ("x=%d\ty=%5.2f\n", w->x, w->y);
  return (w);
}
```

运行这个程序。在被调函数 fun()和调用函数 main()中先后都要执行一条 printf ()语句。它们的输出是完全一样的。

7.3 共享型数据类型

与结构型数据类型类似,"共享"型数据类型也是 C 语言向用户提供的一种把不同数据类型聚集在一起,构成新数据类型的手段。它们两者间最大的区别是:结构类型变量的每一个成员都占有各自的存储区,而共享类型变量的所有成员却共享一个存储区。

7.3.1 共享型数据类型的定义

在程序中定义一个共享型数据类型(后面简称共享类型),要用到 C 语言里的保留字"union"。定义共享类型的一般格式是:

```
union <共享类型名>
{
  <成员列表>
};
```

定义中的保留字"union"起到标识作用,表明现在所定义的数据类型是共享型的,而不是别的;<共享类型名>是要定义的共享类型的名字,用于区分不同的共享类型,它是符合 C 语言规定的一个标识符。经过定义后,在 C 语言里:

```
union <共享类型名>
```

这个整体,就是新定义的一种数据类型的名字了。

<成员列表>由如下形式的"对"组成:

```
<数据类型> <成员名>;
```

每一对给出该共享型类型中的一个成员的数据类型和成员名称。注意,在做共享型定义时,必须把<成员列表>括在花括号内,右花括号后面要跟随一个分号";",表示定义的结束。在有的书里,把"共享"称为"联合"。

比如,有如下的共享型类型定义:

```
union tage
{
  char ch[4];
  int k;
  double dval;
};
```

它定义了一个名为"union tage"的共享类型,有 3 个成员:一个是 char 型的数组 ch[4],一个是 int 型的 k,一个是 double 型的 dval。

可以看出,共享类型的定义方式与结构类型的定义方式几乎完全相同,只是所用的保留字不同而已。

7.3.2 共享类型变量的说明和使用

定义了一个共享类型后,表明这种数据类型的存在,并不占用任何内存空间。只有说明了一个变量具有这种类型，系统才会为它分配存储空间，程序中才能使用这个变量。

说明一个共享类型的变量（在不引起混淆的情况下，简称共享变量，甚至就称变量），有如下的两种方式。

方式 1　先定义共享类型，再说明变量

比如先给出共享类型定义：

```
union tage
{
  char ch[4];
  int k;
  double dval;
};
```

那么下面的语句：

```
union tage w, s;
```

表示 w 和 s 都是 union tage 型的变量，每个都有 3 个成员：一个（有 4 个元素的）字符数组，一个整型变量，以及一个双精度实型变量。

对于结构变量，各个成员都有自己的存储空间，相互不发生重叠。因此，一个结构变量所占内存空间的长度，等于各个成员所占内存长度之和。但对于共享变量，C 语言是以其所有成员中所需存储量最大者来为这个变量分配存储空间的，共享变量的各成员都使用这个存储空间，只是不能同时使用罢了。比如，系统分给 union tage 型变量 w 和 s 的存储空间都只有 8 个字节，这是因为成员 ch[4]需要 4 个字节，k 需要 2 个字节，而 dval 需要 8 个字节。

但如果有如下结构类型定义：

```
    struct tage
    {
char ch[4];
int k;
double dval;
    };
```

那么，这时每一个 struct tage 型的结构变量就需要占用 4+2+8 共计 14 个字节了。

图 7-14 给出了共享型与结构型在内存存储中的本质区别。对于共享型 union tage，其 3 个成员 k、ch 和 dval 共享 8 个字节的存储区，大家都是从存储区的起始处开始使用；对于结构型 struct tage，其 3 个成员 k、ch 和 dval 有各自的存储区，存储分配是按照成员的顺序进行的。由此看出，一个共享型变量占用的存储量小，一个结构型变量占用的存储量大。

方式 2　在定义共享类型的同时说明变量

在定义共享类型的同时说明变量的一般格式是：

```
union <共享类型名>
{
  <成员列表>
}<共享变量名表>;
```

比如：

```
union tage
{
  char ch[4];
  int k;
  double dval;
}w, s;
```

就是在定义共享类型时，说明了变量 w 和 s 是这种类型的两个变量。由于共享型变量的成员是大家共享一个存储区，所以绝对不能在说明变量时对其成员进行初始化。比如：

```
union tage x = {"abcd", 35, 22.56};
```

是完全错误的。

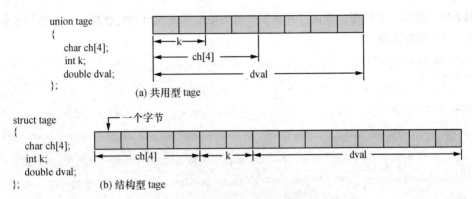

图 7-14 共享型与结构型在内存中的比较

可以用共享变量名与成员运算符 "." 结合，达到访问该变量成员的目的。如果有一个同类型的指针指向该共享变量，那么也可以用指针变量与指向成员运算符 "->" 结合，达到访问其成员的目的。因此，如果有一个指针 p 指向某个共享型变量，那么下面 3 种访问共享型变量成员的方法是等价的：

① 共享变量名.成员名　　② (*p).成员名　　　③ p->成员名

由于共享变量的若干个成员共同使用一个存储区域，而这些成员的类型可以完全不同，因此共享变量在某一时刻起作用的成员，是指最后一次被赋值的成员。这一点是访问共享变量成员时，特别要小心的地方，否则可能会得到无意义的结果。

例 7-13　阅读下面的程序，给出运行结果。

```
#include "stdio.h"0
union tpy
{
  int k;
  char ch;
};
main()
{
  union tpy ux, *up = &ux;
  ux.k = 10;
  printf ("k = %d\n", ux.k);
  ux.ch = 'G';
  printf ("ch = %c\n", up->ch);
}
```

解　程序首先定义一个名为 "union tpy" 的共享型数据类型。在函数 main() 里，说明 ux 是 union tpy 型的变量，up 是 union tpy 型的指针变量，并指向变量 ux。通过语句：

```
ux.k = 10;
```

给变量 ux 的成员 k 赋值 10。因此第 1 条 printf() 语句输出：

```
k = 10
```

接着给变量 ux 的成员 ch 赋值'G'。 因此第 2 条 printf() 语句输出：

```
ch = G
```

注意，共享型变量不能作为函数的参数，也不能作为某个函数的返回值。共享型变量的地址和各成员的地址都是一样的。比如对于前面说明的 union tpy 变量 ux，它的成员：&ux，&ux.k，&ux.ch 是同一个地址。不过，它们本身的内在含义是有区别的（即使用它们时，各自隐含的类型是不相同的）。

例 7-14 编写一个程序，验证"共享型变量的地址和各成员的地址都是一样的"这个结论。

解 （1）程序实现。

```
#include "stdio.h"
union sign
{
  char ch;
  int k;
  float f;
};
main()
{
  union sign js;
  printf ("&js=%u\t&js.ch=%u\n", &js, &js.ch);
  printf ("&js.k=%u\t&js.f \n", &js.k, &js.f);
}
```

（2）分析与讨论。

运行此程序，图 7-15 是运行结果。可以看出，这 4 个地址在数值上确实是一样的，即都是65496。不过，每个地址在不同时刻所暗含的数据类型并不相同，以此来保证在不同长度的存储区里，获得所需要的数据。

图 7-15 共享型变量及其成员地址

7.4 枚举型数据类型

日常生活中，常会遇到这样的变量：它们的取值被局限在一定的范围内。比如把"星期"视为变量时，它的取值只有 7 种：星期日～星期六；比如把人民币硬币的"面值"视为变量时，它的取值只能是 6 种：一分，二分，五分，一角，五角，一元；再比如把扑克牌的"花色"视为变量时，它的取值只能是 4 种：红桃，黑桃，梅花，方块。如果把这些变量说明成是 int 型的，在处理时肯定会有很多不便之处。于是，C 语言针对这种情况，向用户提供了枚举型数据类型。枚举型数据类型同样是一种定义新数据类型的手段，其特点是用若干名字代表一个整型常量的集合，具有这种类型的变量，只能以集合中所列名字为其取值。

7.4.1 枚举型数据类型的定义

在程序中定义一个枚举型数据类型（后面简称枚举类型），要用到 C 语言里的关键字 "enum"。定义枚举类型的一般格式是：

```
enum <枚举类型名>
{
  <枚举元素表>
};
```

定义中的关键字 "enum" 起到标识作用，表明现在所定义的数据类型是枚举型的，而不是别的；<枚举类型名>是要定义的枚举类型的名字，用于区分不同的枚举类型，它应该是符合 C 语言规定的一个标识符。经过定义后，在 C 语言里：

```
enum <枚举类型名>
```

这个整体，就是新定义的一种数据类型的名字了。

<枚举元素表>列出由逗号隔开的 n 个标识符，它们是具有这种数据类型的变量可取整型数值相对应的符号名字。要特别注意，枚举定义中<枚举元素表>里列出的名字，是整型数值相对应的符号名字，而不是字符串常量。因此，不能用双引号把它们括起。另外，<枚举元素表>应该括在花括号内，右花括号后面要跟随一个分号 ";"，表示定义的结束。

比如有如下枚举类型定义：

```
enum week
{
  sunday, monday, tuesday, wednesday, thursday, friday, saturday
};
```

这样，程序中就有了名为 "enum week" 的一种新的数据类型可以使用了。如果一个变量被说明为是这种类型的，那么它只能取<枚举元素表>中所列的 7 个可能值：

```
sunday, monday, tuesday, wednesday, thursday, friday, saturday
```

这 7 个可能值对应的整型数值分别是 0，1，2，3，4，5，6。即 C 语言总是默认把<枚举元素表>中所列的 n 个标识符中的第 1 个与数值 0 等同，第 2 个与数值 1 等同，…，第 n 个与数值 $n-1$ 等同。

在定义时，可以更改<枚举元素表>中所列标识符对应的整型数值。比如原先有如下枚举类型定义：

```
enum color
{
  red, blue, green, yellow, brown, pink
};
```

那么表示 red 对应于 0，blue 对应于 1，green 对应于 2，如此等等。但如果把定义改成：

```
enum color
{
  red, blue = 4, green, yellow, brown, pink
};
```

那么就表示 red 对应于 0，blue 对应于 4，green 对应于 5，yellow 对应于 6，brown 对应于 7，pink 对应于 8。

7.4.2　枚举类型的使用

与结构型、共享型类似，说明枚举型变量也有两种方式。

方式 1　先定义枚举类型，再说明变量

比如先给出枚举类型定义：

```
enum color
{
  red, blue, green, yellow, brown, pink
};
```

那么下面的语句：

```
enum color s, t;
```

它表示 s 和 t 都是 enum color 型的变量，即这两个变量都只可能取 6 种值：

```
red, blue, green, yellow, brown, pink
```

可以在说明变量时赋初值，比如：

```
enum color s=yellow, t;
```

则表示 s 和 t 都是 enum color 型的变量，并且 s 的初始取值为 yellow。

要注意，变量 s 的初值虽然是 yellow，但在 C 语言内部却认知它为整数 3，对它的处理都是以 3 来进行的。

例 7-15 编写一个程序，输出枚举型变量的值。

解 （1）程序实现。

```
#include "stdio.h"
enum color
{
  red, blue, green, yellow, brown, pink
};
main()
{
  enum color s=yellow, t;
  t=s;
  printf ("s=%d\tt=%d\n", s, t);
}
```

（2）分析与讨论。

执行该程序，输出的结果是：s=3 t=3。如果把最后的 printf ()语句改成：

```
printf ("s=%s\tt=%s\n", s, t);
```

那么编译没有问题，但执行时什么也不输出。这说明枚举类型所列出的取值是针对用户的：用户很容易接受这些具有实际含义的名字。但它们其实是一些整数值，C 语言是以整数的形式来对待它们的。不过要注意，虽然枚举变量实质上是整型变量，但不能为其赋予整数值，只能赋予<枚举元素表>中所列的各种枚举元素值。所以，程序中可以使用：

```
s = blue;
```

但不能使用：

```
s=1;
```

虽然 blue 对应的整数值是 1。

方式 2　在定义枚举类型的同时说明变量

比如：

```
enum color
{
  red, blue, green, yellow, brown, pink
}s=blue, t;
```

这就是属于在定义枚举类型的同时说明变量的情形。

例 7-16 编写一个程序，输出枚举型变量的值和该值对应的名字。

解 从例 7-15 知道，输出枚举型变量的值，就是输出枚举类型定义中<枚举元素表>所列各元素名对应的整数值。它是无法输出各元素名的。要输出名字，就要想别的办法。这里是把元素名存放在一个字符型的指针数组里，然后进行输出。程序编写如下，图 7-16 是程序的运行结果：

```
#include "stdio.h"
enum color
{
  red, blue, green, yellow, brown, pink
};
main()
{
  char *name[ ]={"red", "blue", "green", "yellow", "brown", "pink"};
  enum color k;
  for (k=red; k<=pink; k++)
    printf ("%d  %s\n", k, name[k]);
}
```

图 7-16　枚举类型元素名与对应的值

由于 C 语言实际上是把枚举类型作为整型数处理的，所以可以使用枚举变量来控制循环，对枚举变量可以进行++或--的运算。但要注意，利用枚举变量控制循环时，其定义中枚举元素对应的数值应该是连续的，否则会出现错误。比如有枚举类型定义：

```
enum color1
{
  red, yellow=4, blue
};
main()
{
  enum color1 cx;
  for (cx=red; cx<=blue; cx++)
    printf ("%d\t", cx);
  printf ("\n");
}
```

它打印出来的不是：

```
    0    4    5
```

而是：

```
    0    1    2    3    4    5
```

7.5　预处理和起别名

C 语言在正式对程序代码进行编译前，有一个所谓的"预处理"阶段，它专门负责分析和处理程序中那些前面以"#"开头的（预处理）命令行。这些命令行包括宏命令、文件包含命令、条件编译命令等。本节只介绍宏命令（#define）和文件包含命令（#include）。这意味着预处理命令并不是 C 语言的组成部分，C 语言的编译程序不能识别它们。

预处理阶段的任务，是根据列出的预处理命令对程序作必要的处理（至于做什么处理，学习下面的内容后就清楚了）。经过预处理后，程序中就不再有预处理命令了，然后才进行真正的编译处理，得到可供执行的目标代码。因此，读者应该知道预处理和编译是两个不同的概念，预处理命令不属于 C 语句。

本节还将介绍在 C 语言程序中为已有数据类型起"别名"的方法（typedef），即用户可以按照自己的习惯，为原有的，或已给出定义的数据类型另外起一个名字。这样，在程序中就可以用新名来说明变量了。

7.5.1 宏命令 #define

C 语言中，以"#define"开头的行称为"宏命令行"。它是一种在符号名和字符序列之间建立关系的方法，以便给用户的编程带来便利。C 语言有两种宏命令行：简单宏命令行和带参数的宏命令行。

1．简单宏

简单宏命令行的一般形式是：

```
#define  <宏名>  <字符序列>
```

其中<宏名>是一个符合 C 语言语法规定的标识符。为了与程序中的变量加以区分，宏名通常都用大写字母书写。<字符序列>是由 C 语言字符集中字符构成的序列，它不是字符串常量，因此外面没有双引号。

写了一个宏命令行，就是给了一个宏定义，其作用是：编写程序时允许用户把出现在程序中的<字符序列>（可能很繁杂）都用<宏名>（可能很简单）来代替。而在预处理时，则是做"宏替换"：把程序中的<宏名>全部用<字符序列>替换回来。

如果在程序中的适当地方要取消一个宏的作用，那么就要在那里安排预处理命令：

```
#undef <宏名>
```

这样，由<宏名>所定义的宏的作用就终止了。

比如编写一个计算圆周长、圆面积的程序，原先应该写成：

```
double r, girth, area;
printf ("Please enter value of radius:");
scanf ("%f", &r);
girth = 2 *3.14159*r;
area =3.14159*r* r;
...
```

程序中出现了多个字符序列：3.14159。现在若给出如下的简单宏命令行：

```
#define  PI  3.14159              /* 有时也称 PI 为"符号常量" */
```

这里，PI 是给出的宏名，3.14159 是字符序列。那么，程序中计算圆周长、圆面积的两条语句就可以改写成：

```
girth = 2*PI*r;
area =PI*r*r;
```

等到预处理时，C 语言的预处理程序就会进行宏替换，把程序恢复成原样：

```
girth = 2 *3.14159*r;
area =3.14159*r* r;
```

不难看出，编程时利用宏命令行的好处是：第一，用较短的宏名代替较长的字符序列，减少了程序输入的时间和可能出错的机会；第二，如果编程时直接使用<字符序列>，它在程序中又多处出现，那么万一要修改这个<字符序列>，就必须扫视整个程序，去一个个地查找，完成修改。这不仅很麻烦，而且容易遗漏。这时使用宏命令，只需去修改程序中宏命令行里的<字符序列>一个地方即可。预处理时，C 语言就会用新的<字符序列>去替换程序中的全部<宏名>了。这无疑是一件非常好的事情。

　　使用宏命令行要注意以下几点。

　　（1）在写宏命令行时，#define、<宏名>、<字符序列>之间要用空格隔开。

　　（2）每一个宏命令都要单独占用一行，它的最后不能有分号 ";"。

　　（3）在做宏替换时，只是 "原封不动地" 将程序中的<宏名>用<字符序列>进行替换。因此，在<字符序列>中要注意圆括号的使用。比如给出的宏命令行为

```
#define  X  3+2
```

那么在做宏替换时，语句：

```
t = y/X;
```

就被替换成：

```
t = y/3+2;
```

而不是替换成：

```
t = y/(3+2);
```

因为宏定义中并没有给出圆括号。不难看出，这两种替换的计算结果显然是不一样的。如果要达到后一种替换效果，那么必须把宏命令行写成：

```
#define  X  (3+2)
```

　　（4）如果宏名出现在用双引号括起来的字符串里，那么预处理对它不以理睬（即不进行替换）。比如：

```
#define PI 3.14159
float r = 1.0;
...
printf ("s=PI*r*r=%f\n", PI*r*r);
```

在预处理时，这条语句被替换成：

```
printf ("s=PI*r*r=%f\n", 3.14159*r*r);
```

而不是替换成：

```
printf ("s=3.14159*r*r=%f\n", 3.14159*r*r);
```

因此执行后输出的结果是：

```
s=PI*r*r=3.14159
```

而不是输出：

```
s=3.14159*r*r=3.14159
```

　　例 7-17　编写一个程序，利用宏命令行，规定数组元素的个数。

　　解　（1）程序实现。

```
#include "stdio.h"
#define SIZE 10
main()
{
  int k, s[SIZE];
  for (k=0; k<SIZE; k++)
    scanf ("%d", &s[k]);
  for (k=0; k<SIZE; k++)
    printf ("s[k]=%d\n", s[k]);
}
```

（2）分析与讨论。

这是宏命令行的简单应用。可以看出，由于有了宏命令行：

```
#define SIZE 10
```

使得程序中不再出现具体的数组长度数值，而是代之以宏名 "SIZE"。这样一来，修改数组元素的个数，只须改宏命令行中的一个数。如果没有这个宏定义，那么就要改程序中的 3 个地方（即每一个 SIZE 出现的地方）。

2. 带参数宏

带参数宏命令行的一般形式是：

```
#define  <宏名>(<参数表>)  <字符序列>
```

带参数宏命令行的作用是：编程时出现在程序中的<字符序列>不仅可以用<宏名>来代替，而且宏名中可以带有参数。在预处理进行宏替换时，则是把程序中的<宏名>及其参数全部用相应的<字符序列>替换回来。比如有如下的带参数宏命令行：

```
#define  MAX(x, y)  x > y ? x : y
```

它表示 "MAX" 是<宏名>，它带有两个参数 x 和 y；而 "x > y ? x : y" 是<字符序列>。如果程序中原先有：

```
a > b ? a : b
```

那么，就可以写成 MAX(a, b)。等到预处理时，就又把 MAX(a, b)替换成：

```
a > b ? a : b
```

使用带参数宏命令行要注意以下两点。

（1）带参数宏命令行里给出的是形式参数，程序中使用的是实际参数。比如上面命令行里的 x、y 是形式参数，而 MAX(a, b)里的 a、b 是实际参数。

（2）带参数宏与简单宏在替换规则上是一样的，预处理时都是 "原封不动地" 用定义中的<字符序列>替换程序中的<宏名>(<参数表>)。因此，在宏命令行里，要特别注意圆括号的使用。比如有如下带参数宏和程序：

```
#define  PI 3.14159
#define  area(r)  PI*r*r
main()
{
  printf ("area of circle is %f\n", area(4+6));
}
```

运行这个程序，打印出的是：

```
area of circle is 42.566360
```

而不是打印出我们想象中的：

```
area of circle is 314.15900
```

为什么会这样呢？这是因为预处理时是 "原封不动地" 替换。即 C 语言把语句：

```
 printf ("area of circle is %f\n", area(4+6));
```

替换成：

```
 printf ("area of circle is %f\n", PI*4+6*4+6);
```

而不是替换成：

```
 printf ("area of circle is %f\n", PI*(4+6)*(4+6));
```

为了能够达到预期的效果，应该把宏命令行里的参数用圆括号括起来。即上述的带参数宏命令行应该写成：

```
#define PI 3.14159
#define area(r) PI*(r)*(r)
```

这样，预处理替换时，就把 printf ()语句替换成：

```
printf ("area of circle is %f\n", PI*(4+6)*(4+6));
```

了。

带参数宏看起来与有参函数类似，也有形参、实参之说。但它们之间有如下几点区别。

（1）函数调用时，先计算实际参数的值，然后向形式参数传递；宏替换时，不对它的参数进行任何计算，只是简单地替换而已。

（2）函数名是有类型的，函数中的形式参数和实际参数也都有自己明确的类型；宏名没有类型，其参数也无类型可言，它们都只是符号而已。

（3）函数调用是在程序运行时处理的（比如为参数分配存储区）；宏替换是在编译之前的预处理时完成的，没有分配存储区的问题。

（4）函数调用不会增加程序的长度，但要耗费程序的运行时间；宏替换会增加程序的长度，耗费的是编译时间，而不是程序的运行时间。

7.5.2 文件包含命令 #include

"文件包含"是 C 语言预处理提供的一种功能，它把指定文件的全部内容包含到命令行所在的文件里。文件包含命令行的一般形式是：

```
#include <文件名>        或   #include "文件名"
```

其功能是：在进行预处理时，就把由<文件名>或"文件名"指出的整个文件内容并入本文件，一起进行编译。比如，图 7-17 直观地描述了预处理时，对文件包含命令的处理。在文件 file1.c 的开头有一条文件包含命令行：#include "file2"。文件 file2 可以是一个 C 语言的源程序，也可以是一个".h" 的头文件。原先，file1.c 和 file2 各自是一个文件。处理文件 file1.c 中的这条文件包含命令行时，就把文件 file2 全部插入到文件 file1.c 中命令行#include "file2"所在的位置，从而 file2 就被包含到 file1.c 里，形成了新的文件 file1.c。

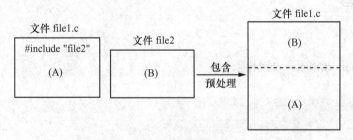

图 7-17　包含预处理示意

从文件包含命令行的一般形式可以看出，被包含文件名可以用尖括号括住，也可以用双引号括住，这两种写法都是可行的。差别是：使用尖括号时，预处理程序只到系统内部规定的目录里去搜索指定的文件；使用双引号时，预处理程序先在当前目录下搜索指定的文件，只是在没有找到时，才到系统内部规定的目录里去搜索指定的文件。

7.5.3 起别名语句 typedef

C 语言提供一种手段，使用户可以根据自己的习惯为已有的数据类型起另外一个名字。一旦在程序里起了别的名字后，就可以用它来说明变量了。通常，别名总是用大写。

1．为系统已有数据类型起别名

为系统已有数据类型起别名的一般格式是：

```
typedef  <原类型名>  <新类型名>;
```

比如：

```
typedef  float  REAL;
```

有了这条语句后，程序中原先说明实型变量：

```
float  x, y;
```

现在就可以写成：

```
REAL  x, y;
```

2．为数组类型起别名

为数组类型起别名的一般格式是：

```
typedef  <数组类型名>  <新数组类型名>[<数组长度>];
```

比如：

```
typedef  int  ARRAY[10];
```

就使得 ARRAY 是"有十个整型元素的数组"的别名。有了这条语句后，程序中原先说明的数组：

```
int  a[10], b[10];
```

就可以写成：

```
ARRAY  a, b;
```

3．为结构型、共享型起别名

为结构型、共享型起别名的一般格式可以有两种，一是在定义时起别名：

```
typedef  struct  <结构名>
{
  <成员列表>
}<新结构名>;
```

一是在定义后起别名：

```
struct  <结构名>
{
  <成员列表>
};
typedef  struct  <结构名>  <新结构名>;
```

比如：

```
struct person
{
  int num;
  char name[20];
  char sex;
};
typedef struct person MAN;
```

这是定义后起别名的情形。有了这条语句后，前面所定义的结构类型"struct person"就有了别名"MAN"。于是，原先说明具有结构类型变量的语句：

```
struct person x, y;
```

现在可以写成：

```
MAN  x, y;
```

比如：

```
typedef struct person
{
  int num;
  char name[20];
  char sex;
}MAN;
```

这是定义的同时起别名的情形。有了这条语句后，所定义的结构类型"struct person"就有了别名"MAN"了。

　　注意，由于在结构类型定义前有关键字"typedef"，所以 MAN 是结构类型的别名，而不是变量名。

　　4．为指针型起别名

　　为指针型起别名的一般格式是：

```
typedef  <原指针类型名>  *<新类型名>;
```

　　比如：

```
typedef int *POINT;
```

　　这表明 POINT 是整型指针的别名。于是，原先说明整型指针变量的语句：

```
int *ptr;
```

现在可以写成：

```
POINT ptr;
```

而变量说明语句：

```
POINT st[10];
```

即是说明了一个有 10 个元素的整型指针数组，它等同于：

```
int *st[10];
```

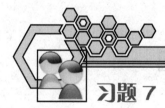

习题 7

一、填空

1．"."称为_____运算符，"->"称为_____运算符。

2．若有下面的定义和说明语句：

```
union pc
{
  float x;
  float y;
  char b[6];
};
struct rt
{
  union pc w;
  float z[5];
  double k;
}vcd;
```

那么，变量 vcd 所占用的内存字节数是_____。

3. 在C语言中，使用_____结构类型，建立动态的存储结点。

4. 有结构定义如下：

```
struct person
{
    int no;
    char name[20];
}stu, *ptr = &stu;
```

用指针 ptr 和指向成员运算符 "->" 给变量 stu 成员 no 赋值 101 的语句是：_____。

5. 有如下结构定义：

```
struct node
{
    char name[20];
    float grade;
    struct node *ptr;
};
```

指针 sptr 指向有两个结点的链表，结点按照字母顺序排列，如图（a）所示。现在要把如图（b）所示的由指针 p 指向的结点插入到两个结点的中间，使链表成为图（c）。请完成插入操作填空：

p->ptr = ____①____;   ____②____ = p;

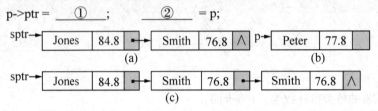

6. 结构定义如上题。情况如图（a）所示。要将图（b）所示的由指针 p 指向的结点插入到链表的末尾，使链表成为图（c）。请完成插入操作填空：

____①____ = p;   p->ptr = ____②____;

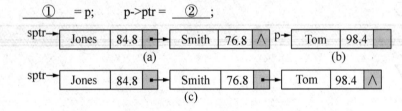

二、选择

1. 在下面对结构变量的叙述中，（   ）是错误的。

   A. 相同类型的结构变量间可以相互赋值

   B. 通过结构变量，可以任意引用它的成员

   C. 结构变量中某个成员与这个成员类型相同的简单变量间可以相互赋值

   D. 结构变量与简单变量间可以赋值

2. 在下面对共享变量的叙述中（   ）是正确的。

   A. 共享变量可以同时存放其所有成员的值

   B. 任何时刻，共享变量只能存放其一个成员的值

   C. 共享变量内的不同成员占用不同的存储空间

   D. 共享变量内的不同成员占用相同大小的存储空间

3. 在下面对枚举变量的叙述中（   ）是正确的。

A. 枚举变量的值在 C 语言内部被表示为字符串

B. 枚举变量的值在 C 语言内部被表示为浮点数

C. 枚举变量的值在 C 语言内部被表示为整型数

D. 在 C 语言内部使用特殊标记表示枚举变量的值

4. 有如下结构类型定义以及有关的语句：

```
struct ms
{
  int x;
  int *ptr;
} str1, str2;

str1.x = 10;
str2.x = str1.x + 10;
str1.p = &str2.x;
str2.p = &str1.x;
*str1.p += *str2.p;
```

试问，执行以上语句后，str1.x 和 str2.x 的值应该是（　　）。

A. 10, 30　　　　B. 10, 20　　　　C. 20, 20　　　　D. 20, 10

5. 有枚举型定义如下：

```
enum bt {a1, a2 = 6, a3, a4 = 10} x;
```

则枚举变量 x 可取的枚举元素 a2、a3 所对应的整数常量值是（　　）。

A. 1, 2　　　　B. 6, 7　　　　C. 6, 2　　　　D. 2, 3

6. 若有结构类型定义如下：

```
struct sk
{
  int x;
  float y;
}rst, *p=&rst;
```

那么，对 rst 中的成员 x 的正确引用是（　　）。

A. (*p).rst.x　　　B. (*p).x　　　C. p->rst.x　　　D. p.rst.x

三、是非判断

1. 在 C 语言里，可以使用保留字 typedef 定义一种新的数据类型。（　　）

2. 有如下的结构定义：

```
struct person
{
  char name[20];
  int age;
};
```

那么，语句：

```
person d;
```

说明 d 是具有 person 型的一个变量。（　　）

3. 一个共享型变量里，不能同时存放其所有成员。（　　）

4. 有程序如下：

```
main()
{
```

```
enum team
{
my, your = 4, his, her = his +5
};
printf ("%d, %d, %d, %d\n", my, your, his, her);
}
```

运行后，输出的结果是：0，4，2，7。（　　　）

四、程序阅读

1. 阅读下面的程序，给出运行后的输出结果。

```
#include "stdio.h"
struct st
{
  char s[4], *sp;
};
struct pt
{
  char *tp;
  struct st kg;
};
main()
{
  struct st ax={"boy", "woman"};
  struct pt by={"girl", {"pen", "program"}};
  printf ("ax.s[0]=%c\t*ax.sp=%c\n", ax.s[0], *ax.sp);
  printf ("ax.s=%s\tax.sp=%s\n", ax.s, ax.sp);
  printf ("by.tp=%s\tby.kg.sp=%s\n", by.tp, by.kg.sp);
  printf ("++by.tp=%s\t++by.kg.sp=%s\n", ++by.tp, ++by.kg.sp);
}
```

2. 阅读程序，给出运行结果。

```
#include "stdio.h"
struct data
{
  int x, y;
};
main()
{
  struct data *p;
  struct data array[2]={{8, 5}, {9, 3}};
  printf ("(array[0].x+array[0].y)/array[1].y = %d\n", array[0].x+array[0].y)/array[1].y);
  p = array;
  (p++)->y = p->y + 10;
  p->x = p->x - 5;
  printf ("array[0].y + array[1].x = %d\n", array[0].y + array[1].x);
}
```

3. 阅读程序，如果系统分配给 struct esp 型指针 p 和变量 wes 的存储区地址分别是 65492 和 65484。请给出程序运行后，两条 printf ()语句的输出结果。

```
#include"stdio.h"
struct esp
{
int x;
```

```
float y;
struct esp *ptr;
};
main()
{
  struct esp wes, *p=&wes;
  printf ("&p=%u, p=%u, &wes=%u\n", &p, p, &wes);
  p->x = 5;
  p->y = 28.12;
  p->ptr = &wes;
  printf ("wes.x=%d\nwes.y=%5.2f\nwes.ptr=%u\n", p->x, p->y, p->ptr);
}
```

4. 阅读程序，给出运行结果，画出指针 p 以及 3 个结点 pon1、pon2 和 pon3 之间的链接关系图。

```
#include "stdio.h"
struct node
{
  int x;
  struct node *next;
};
main()
{
  struct node pon1, pon2, pon3, *p;
  p=&pon1;
  pon1.x = 10;
  pon1.next = &pon2;
  pon2.x = 20;
  pon2.next = &pon3;
  pon3.x = 30;
  pon3.next = NULL;
  while (p != NULL)
  {
    printf ("%d\t%u\n", p->x, p);
    p = p->next;
  }
}
```

五、编程

1. 编写一个程序，利用结构数组，输入 10 个学生档案信息：姓名（name）、数学（math）、物理（physics）、语言（language）。计算每个学生的总成绩，并输出。

2. 编写一个程序，申请 40 个字节的存储区，并接收从键盘输入的一个字符串。统计并输出该字符串中字母 x 出现的个数，然后释放存储区。

第8章

C 语言的文件操作函数

在此之前，我们程序中数据的输入和输出，都是通过输入设备（键盘）和输出设备（显示器）来完成的。学习过的有关函数是：

```
printf () scanf () getchar () putchar ()
```

但是要知道，利用这些函数，数据只能从键盘输入至内存，经过计算机的加工处理后，结果只能存放在变量、数组等那些内存的存储区里，只能在显示器上加以显示。一旦退出系统或者关机，加工的结果就会完全消失殆尽。也就是说，计算结果得不到长期的保存。

要长期保存各种数据，就必须把它们存储到磁盘上，也就是必须和文件打交道。C 语言能够处理哪几种文件类型？磁盘文件如何建立、存储？如何读出使用？这些都是本章要解决的主要问题。

本章着重讲述 5 个方面的内容：

（1）C 语言能够处理的文件类型；
（2）C 语言文件的结构类型及其指针；
（3）文件的打开和关闭函数；
（4）有关文件的读、写函数；
（5）有关文件的操作函数。

8.1 文件及文件型指针

8.1.1 C 语言的文件概念

所谓"文件"，是指存储在外部设备上的、以名字作为标识的数据集合。如今大都把文件存储在磁盘上，因此统称其为磁盘文件。

　　存储总是以字节为单位进行的。就 C 语言而言，根据存储形式的不同，把普通磁盘文件分成两种类型：文本文件（即 ASCII 文件）和二进制文件。文本文件是把内存中的数据转变成相应的 ASCII 码值形式，然后存放在磁盘上。因此，这时磁盘上每个字节存放的内容是 ASCII 码值，表示一个字符。二进制文件则是把内存中的数据就按其在内存中的存储形式原样存放到磁盘上去。

　　比如有一个整数 2 008 = $2^3 + 2^4 + 2^6 + 2^7 + 2^8 + 2^9 + 2^{10}$。它在内存中需要用 2 个字节存放，如图 8-1（a）所示。如果把它以文本形式存储到磁盘上，即是把 2 008 这 4 个数字拆开视为 4 个字符，将它们的 ASCII 码值存放在 4 个字节里，也就是图 8-1（b）的形式；如果把它以二进制形式存储到磁盘上，那就是原样用 2 个字节存放，如图 8-1（c）的形式。

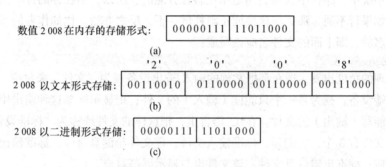

图 8-1　数据在磁盘上的两种存储形式

　　可以看出，数据按文本形式存储在磁盘上，所要占用的存储空间较多，而且往磁盘上存储时要花费转换的时间（即要将图 8-1（a）转换成图 8-1（b）的形式）。但是以这种形式存储，一个字节代表一个字符，便于对字符进行逐个处理，也便于输出显示。当数据按二进制形式存储在磁盘上时，无须花费转换时间，占用空间也少。但字节不与字符对应，因此不能直接输出显示。通常，把计算机产生的中间结果数据，按二进制文件的形式存储。因为这些数据只是暂时保存在磁盘上，以后还需要进入内存对它们加以处理。

　　每个磁盘文件都有一个名字。在 C 程序中使用文件名时，应该包含它存放的路径信息，即该文件所在的目录（或文件夹）。如果在对磁盘文件进行操作时，给出的文件名不带有路径，那么按照默认规则，表示该文件就存放在当前的工作目录中。在 DOS 或 Windows 环境下，路径中的目录名是用反斜杠分开的。下面简单地介绍一下磁盘上文件名的组成。

　　磁盘文件名的一般格式为

<盘符>：<路径> \ <文件名>.<扩展名>

其中，

　　<盘符>是为磁盘各分区取的名字，通常是 A、B、C、D、E 等。它指明文件是在磁盘的哪个分区里。

　　<路径>由目录名组成，每个名字间用反斜杠"\"分隔。顺着路径中列出的目录，可以得到文件最终所在的目录。<路径>与<盘符>间有冒号"："分隔。

　　<文件名>是用户为文件起的名字，它是由字母开头的、字母数字等字符组成的标识符，最多可以有 8 个字符。

　　<扩展名>是表示该文件性质的一个标识符，由字母开头、字母数字等字符组成，最多可以有 3 个字符。<扩展名>和<文件名>之间有一个间隔号"."。

如果一个路径以反斜杠"\"开始，则表示该路径是从<盘符>根目录开始的一条路径，否则就是从当前目录往下的一条路径。

比如：

```
D:\zong\prog\test.c
```

表示名为 test.c 的文件，位于 D 盘根目录下 zong 的子目录 prog 里。test 后面的 c 就是该文件的扩展名，表示这是一个 C 语言的源程序文件。

注意：在使用 C 的文件操作函数时，正确指定磁盘文件所在路径非常重要。路径不对，系统就找不到文件，也就无法对该文件进行任何处理了。我们前面说路径中目录名间是用反斜杠分隔的，而在有的系统中，路径中目录名间是用正斜杠分隔的。所以，当在你的计算机上以反斜杠给出文件名时，如果行不通，那么应该换成正斜杠试一下，反之亦然。比如作者的系统就是用正斜杠来给出文件名的。即上面的文件名应该写成：

```
D:/zong/prog/test.c
```

从统一管理的角度出发，现在都把常规的输入/输出设备视为"文件"来对待。比如把键盘这种输入用的终端设备，视为是一个只能读（输入）的文件；把显示屏幕这种输出用的终端设备，视为是一个只能写（输出）的文件。在 C 语言里，把这样的文件统称为"标准设备文件"。最主要的标准设备文件有 3 个，它们是：标准输入文件，该文件与键盘对应；标准输出文件，该文件与显示屏幕对应；标准出错信息文件，该文件也与显示屏幕对应。

前面已经介绍过的 scanf()、printf()、getchar() 和 putchar() 函数，是直接通过设备完成输入/输出的。在将输入/输出终端设备与"文件"联系起来后，C 语言中就多了一种实现输入/输出的手段：从键盘上读取数据时，就可以用 C 语言提供的文件操作函数，改为从标准输入文件（实际也就是键盘）里读取；往屏幕上写数据，就可以用 C 语言提供的文件操作函数，改为往标准输出文件（实际也就是显示屏幕）里写。

C 语言在处理输入/输出时，系统将会在内存为每个要进行输入/输出的文件开辟一个内存缓冲区。这个内存区域的作用是：输出时，不是把数据直接存入磁盘，而是先将数据送到内存缓冲区，等到缓冲区装满后，才将整个缓冲区的内容一次写入磁盘；输入时，也是先把磁盘中的一块数据读入到内存缓冲区，然后再从缓冲区中把需要的数据挑出来，送到程序规定的数据区（比如数组或变量）中。用这种办法来处理输入/输出的文件系统，称为"缓冲文件系统"。其处理过程如图 8-2 所示。

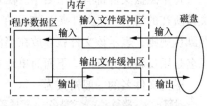

图 8-2　缓冲文件系统示意

8.1.2　C 语言的文件结构类型及其指针

在 C 语言中，把要使用的文件视为一个具有"FILE"类型的数据来对待。FILE 是系统已经在"stdio.h"头文件里定义好的一种结构型数据类型。其形式大致为

```
typedef  struct  iobuf
{
    int  fd;                    /* 文件描述符 */
    int  mode;                  /* 文件操作模式 */
    int  cleft;                 /* 文件缓冲区剩余字节数 */
    char  *nextc;               /* 下一个待处理字节地址 */
```

```
    char  *buff;                      /* 文件缓冲区首地址 */
  }FILE;
```

　　从 FILE 的成员组成可以看出，这些成员被用来记录控制一个文件使用时的有关信息，例如文件的标识、文件所用缓冲区的位置、文件的读写指针、文件的使用状态等。当程序中要求创建一个新文件，或要使用一个已有文件时，C 语言就会为该文件配备好一个 FILE 型结构变量与之对应。因此，只要知道该结构变量的地址（指针），就可以找到与该文件相应的 FILE 结构变量，进而就可以通过它里面记录的信息，来实现访问这个文件的目的。所以，指向 FILE 型结构变量的指针（简称"文件指针"）对于文件的使用是极其重要的。

　　在程序中可以通过下面的方法来说明变量 fp 是一个文件指针：

```
FILE *fp;
```

有了这个说明后，只要把某个文件的 FILE 结构变量地址赋给它，就表明在这个文件和文件指针之间建立起了联系，C 语言就把这个指针作为该文件的标识。于是，在程序中就可以通过 fp 来访问这个文件了。

8.2　文件的打开与关闭函数

　　在 C 语言中，对文件的操作流程是：

打开文件　→　操作文件　→　关闭文件

　　所谓"打开文件"，即是建立起某个文件与一个 FILE 变量的联系，使得能够通过这个 FILE 变量，对该文件进行输入或输出操作。所谓"关闭文件"，即是切断文件与所对应 FILE 变量的联系，从而不再进行输入或输出操作。在 C 语言中，对文件的打开和关闭操作，是分别由函数 fopen() 和 fclose() 来完成的。

8.2.1　文件打开函数：fopen()

　　文件打开函数 fopen() 的函数头格式是：

```
FILE *fopen (<文件名>, <文件操作模式>)
```

　　其中<文件名>是所要打开的、包含路径在内的一个文件的名字，它是一个字符串常量（即要用双引号括起来）；<文件操作模式>也是一个字符串常量，指明欲打开文件的性质（是文本文件还是二进制文件），以及被打开后是用于读、写还是又读又写。表 8-1 列出了 C 语言中可以使用的合法的文件操作模式。

表 8-1　　　　　　　　　　　　函数 fopen() 中的文件操作模式及其含义

文件操作模式	含　　义
"r"（只读）	为输入打开一个文本文件
"w"（只写）	为输出建立一个文本文件
"a"（追加）	向文本文件尾增加数据
"r+"（读写）	为读/写打开一个文本文件
"w+"（读写）	为读/写建立一个新的文本文件
"a+"（读写）	为读/写打开一个文本文件

续表

文件操作模式	含　义
"rb"（只读）	为输入打开一个二进制文件
"wb"（只写）	为输出建立一个二进制文件
"ab"（追加）	向二进制文件尾增加数据
"rb+"（读写）	为读/写打开一个二进制文件
"wb+"（读写）	为读/写建立一个新的二进制文件
"ab+"（读写）	为读/写打开一个二进制文件

用"r"模式打开的文件，只能用于数据的输入（即读文件），不能向该文件输出数据（即写文件）。使用此模式的前提是要打开的文件必须已经存在，否则打开时出错。

用"w"模式打开的文件，只能用于数据的输出（即写文件），不能从该文件输入数据（即读文件）。在以此模式打开某个文件时，如果该文件事先并不存在，那么 C 语言就会在指定的目录处建立一个所给名字的文件；如果该文件事先就存在，那么 C 语言就会将该文件删除，同时建立一个同名的新文件。

用"a"模式打开的文件，表示是在保留原有数据的基础上向文件的末尾添加数据。在以此模式打开某个文件时，如果该文件事先并不存在，那么 C 语言就会在指定的目录处建立一个所给名字的文件。

用"r+"、"w+"、"a+"模式打开的文件，既可以用于数据的输入，也可以用于数据的输出（即读/写模式）。注意在读时，应该使用文件定位函数，将读写指针移到进行读的位置处，然后才能读出所需要的数据。

对于"r+"，使用前要打开的文件必须已经存在。对文件进行写时，总是从文件的开头写起，覆盖已有的内容。

对于"w+"，如果文件事先并不存在，那么 C 语言就会在指定的目录处建立一个所给名字的文件。这时应先向文件写入数据，然后才可以读出数据。如果文件事先就存在，那么新写入的数据将取代原有的内容。

对于"a+"，如果文件事先并不存在，那么 C 语言就会在指定的目录处建立一个所给名字的文件。这时应先向文件写入数据，然后才可以读出数据。如果文件事先就存在，那么新写入的数据将从原有数据的末尾开始添加。

在各种操作模式的后面加上"b"，就是针对二进制文件的操作模式，在此不再赘述。

文件打开函数的返回值是一个 FILE 型的指针。这就是说，如果正确地将所需要的文件打开了，那么表明系统已将指定文件和一个 FILE 变量之间建立起了联系，并把文件的有关信息赋给了这个 FILE 变量的成员。返回的 FILE 型指针，正是那个 FILE 变量的地址。于是，函数 fopen() 的调用者，必须定义一个 FILE 型指针，来接收这个由函数 fopen() 返回的地址。另一方面，如果文件没有被成功地打开，那么该函数将返回 NULL（空字符）。

比如，程序中可以安排如下的语句：

```
FILE *fp;
if ((fp = fopen ("C:/zong/prog/test.txt", "r")) == NULL)
{
  printf ("file can not be opened!\n");
```

```
    exit (1);              /* 返回非 0 值, 表示是打开文件出错 */
  }
…
```

这意味着该程序调用的函数 fopen()，想以只读的方式（"r"）打开文件 "C:/zong/prog/test.txt"。打开后，其返回值由 FILE 型指针变量 fp 接收。如果打开失败(比如在所给路径下没有找到名为 test.txt 的程序——程序不存在)，则输出信息：

```
file can not be opened!
```

然后调用系统函数 exit()终止运行。exit()这个函数的定义也在头文件 "stdio.h" 里，它返回非 0 值时，表示是出错后终止程序的运行；返回 0 值时，表示正常运行结束。

如果成功打开，那么 fp 就成为了该文件的标识，程序中要在该文件上进行操作，就都用这个指针来标识文件名。也就是说，上面程序中的删节号 "…"，表示的是成功打开文件后的程序语句，在那里不再出现文件名，只出现指针 fp。

又比如程序中有如下的语句：

```
FILE *fp;
char *name;
…
printf ("Please enter a filename: ");
scanf ("%s", name);
if ((fp = fopen (name, "w")) == NULL)
{
  printf ("file can not!be opened!\n");
  exit (1);              /* 返回非 0 值, 表示是打开文件出错 */
}
…
```

程序中说明了一个字符型指针 name，它指向由语句 scanf()输入的文件名。于是，在调用函数 fopen()时，第 1 个参数直接写成 name，因为它就是输入的文件名字符串。不能用双引号括住 name，即不能写成 "name"。第 2 个参数是 "w"，表示是进行 "写" 模式的打开。如果沿着文件名给出的目录路径走下去，最后没有找到该文件，那么 C 语言会自动为用户建立该文件。所以，当要新建一个文件时，总是以 "w" 的方式将其打开，以便先建立起这个文件。

可能导致函数 fopen()返回 NULL 的原因，大致有以下几个。

（1）所给文件名不对。

（2）文件所在磁盘没有准备好（比如移动硬盘或 U 盘未插好等）。

（3）在指定的目录下不存在这个文件。

（4）试图以 "r"（读）模式打开一个不存在的文件。

正是因为有多种原因会造成文件打开失败，所以程序中在使用函数 fopen()时，总要通过 if 语句来检查打开操作是否成功。

8.2.2　文件关闭函数：fclose()

文件关闭函数 fclose()的函数头格式是：

```
int fclose (<文件指针名>)
```

其中<文件指针名>（即 FILE 型的指针变量）是函数的唯一参数，这个指针指向的正是利用函数 fopen()得到的那个与文件相关联的 FILE 结构变量。所以，它实际上就是要关闭的那个文件。如果文件关闭成功，函数将返回值 0；如果关闭失败，函数返回 EOF（这是一个系统定义的符号常量，表示–1），表示关闭有错。程序中可以利用函数 ferror() 来诊断并显示错误的类型（后面会介绍函数 ferror()）。

当程序中不再使用早先打开的文件时，就应该及时用函数 fclose() 把它关闭，因为系统允许同时打开的文件数目是一定的。只有及时关闭当前无用的文件，才能避免同时打开的文件过多。另外，及时关闭不用的文件，也可以防止文件数据丢失、防止文件意外遭受损坏的情形发生。

例 8-1 编写程序，在用户自己的目录下，用 "w" 打开模式，建立一个名为 test.txt 的新文件，然后将其关闭。

解 （1）程序实现。

```
#include "stdio.h"
main()
{
  FILE *fp;
  if ((fp=fopen("C:/zdh/test1.txt", "w")) == NULL) /* 打开指定的文件 */
  {
  printf ("can not open file!\n");
  exit(1);
  }
  fclose (fp);          /* 关闭 fp 所标识的文件 */
}
```

（2）分析与讨论。

作者自己的目录为 "C:/zdh"（注意，这里用的是正斜杠）。执行该程序后，请查看一下你自己的目录下，是否多了一个文本文件 test1。图 8-3（a）是程序执行前，作者目录 "C:/zdh" 里的文件情形；图 8-3（b）是程序执行后，作者目录 "C:/zdh" 里的文件情形。可以看出，确实建立了一个新的文件。

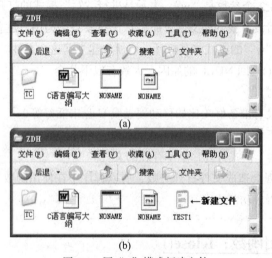

图 8-3 用 "w" 模式新建文件

若把程序更改如下：

```
#include "stdio.h"
main()
{
```

```
FILE *fp;
if ((fp=fopen("C:/zdh/test2.txt", "r")) == NULL)
{
printf ("can not open file!\n");
exit(1);
}
fclose (fp);
}
```

它试图用 "r" 模式打开一个还不存在的文件 test2.txt。这时，由于运行后函数 fopen() 的返回值是 NULL，于是在 Turbo C 用户窗口可以看到输出的错误信息，如图 8-4 所示。

图 8-4　用 "r" 模式打不开不存在的文件

8.2.3　标准设备文件的使用

如前所述，C 语言按照文件管理的观点，可以把键盘、显示屏幕视为特殊的 "文件" 来对待。3 个重要的标准设备文件是：标准输入文件、标准输出文件、标准出错信息文件。由于这些是系统认可的文件，因此在系统启动后就会被自动地打开。它们各自所对应的 FILE 指针变量名（相当于上面例子中的指针 fp），如表 8-2 所示。

表 8-2　　　　　　　　　　　　标准设备文件的 FILE 指针名

标准设备文件名	对应的 FILE 型指针名
标准输入文件（键盘）	stdin
标准输出文件（显示屏幕）	stdout
标准出错信息文件（显示屏幕）	stderr

有了这些 FILE 型指针名，在程序中调用 C 文件的各种操作函数时，就可以直接用它们来代表键盘或显示屏幕，以文件的形式来完成所需要的输入、输出任务了。

对于 3 种标准设备文件，用户既不用关心它的打开，也不用关心它的关闭，在程序中什么时候想用，就尽管拿来用。只有到退出系统时，系统才会自动将它们关闭。

8.3　文件的读/写操作

打开一个磁盘文件不是操作的目的，目的是要对它进行读或写。在 C 语言中，对文件的读/写，都是通过系统函数来完成的，这些系统函数都在头文件 "stdio.h" 中。所以，在使用它们之前，程序前必须要包含命令行：

```
#include "stdio.h"
```

有了文件的概念后，用户在程序中就可以把数据写入文件，可以从文件里读取数据，也可以对文件又读又写。既然 C 语言把文件分为文本文件和二进制文件两种，因此通常的做法是用什么方式保存（写）文件，就用什么方式读取文件。

8.3.1　文件尾测试函数

在读取文件中的数据时，最重要的是要判断是否已经读到了文件尾。如果已经读到了文件尾，就不能再继续往下读了。文件尾测试函数就用于此目的。

文件尾测试函数 feof()的函数头格式是：

```
int feof (<文件指针名>)
```

其中：<文件指针名>（即 FILE 型的指针变量）是函数的唯一参数，这个指针指向的正是利用函数 fopen()得到的那个与文件相关联的 FILE 结构变量。所以实际上，它就是要测试的那个文件。如果已经到达文件尾，那么函数返回非 0 值，否则返回值 0。

文件尾测试函数在程序中的使用方法可如下面的程序所示。

```c
#include "stdio.h"
main()
{
  FILE *fp;
  if ((fp=fopen("C:/zdh/test1.txt", "r")) == NULL) /* 打开指定的文件 */
  {
    printf ("can not open file!\n");
    exit(1);
  }
  while ( !feof (fp) )          /* 测试是否到达文件尾 */
  {
    ...                          /* 未到达文件尾，继续对文件进行操作 */
  }
  ...
  fclose (fp);                   /* 关闭 fp 所标识的文件 */
}
```

程序中，打开的文件由 FILE 指针 fp 标识。由于函数 feof()在未到文件尾时返回的值是 0，所以只有在条件：

```
!feof (fp)
```

时，循环才能继续。

8.3.2　读/写字符函数

读/写字符函数，即是把一个字符写入文件，或从文件中读取一个字符的操作。也就是说，这是以字节为单位进行的输入/输出。

1. 写字符函数

写字符函数 fputc ()的函数头格式是：

```
int fputc (<要输出的字符>, <文件指针名>)
```

该函数有两个参数。其中：<要输出的字符>可以是一个字符常量，也可以是一个有值的字符型变量，它就是要往文件上写的字符；<文件指针名>即是接收字符的文件。

如果操作成功，函数返回输出的字符；否则返回 EOF（−1）。

例 8-2　编写一个程序，从键盘上输入一个字符串，利用写字符函数 fputc()，将其存入到文件"C:/zdh/test1.txt"中。

解　（1）程序实现。

```c
#include "stdio.h"
main()
{
```

```
FILE *fp;
int k;
char str[80];
if ((fp=fopen ("C:/zdh/test1.txt", "w")) == NULL)          /* 打开指定的文件 */
{
  printf ("file can not be opened!\n");
  exit (1);
}
gets (str);                                                 /* 从键盘上输入一个字符串 */
for (k=0; str[k]; k++)
  fputc (str[k], fp);
fclose (fp);
}
```

（2）分析与讨论。

程序里，用以前学的函数 gets()接收来自键盘的输入，然后用写字符函数 fputc()，把数组 str里的字符一个个往文件 fp 上写。由于输入时，字符串的最后会有一个字符串结束符"\0"，循环中就是借助于它来控制循环的：只要 str[k]中的 ASCII 码值不为 0，循环就继续下去。图 8-5 给出的是程序执行后，zdh 文件夹窗口的显示情况。从示出的文件大小信息可以看出，文件 test1.txt里确实写入了内容。

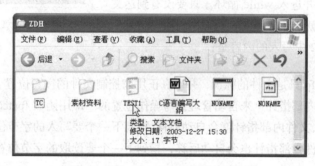

图 8-5　文件 text1.txt 里确实写入了内容

2．读字符函数

读字符函数 fgetc ()的函数头格式是：

```
char fgetc (<文件指针名>)
```

该函数只有一个参数<文件指针名>，它指示的是要从这个文件里读取一个字符。如果操作正确，函数返回读出字符的 ASCII 码值；如果读到文件结束或出错，则返回 EOF（-1）。

如果 fp 是一个文件指针，ch 是一个字符型变量，那么可以在程序中安排如下的程序段，从fp 所指的文件中顺序读取字符，直至文件结束：

```
while (!feof(fp) )
{
  ch = fgetc (fp);        /* 从文件 fp 读取一个字符到变量 ch 中 */
  ⋮
}
```

例 8-3　编写一个程序，把例 8-2 中建立的磁盘文件 test1 中的内容读出，并显示在显示屏幕上。

解　（1）程序实现。

```
#include "stdio.h"
main()
```

```
{
  FILE *fp;
  int k;
  char ch;
  if ((fp=fopen ("c:/zdh/test1.txt", "r")) == NULL)      /* 打开指定的文件 */
  {
    printf ("file can not be opened!\n");
    exit (1);
  }
  ch = fgetc (fp);            /* 先从 fp 里读出一个字符 */
  while (!feof (fp) )
  {
    putchar (ch);             /* 把 ch 中的字符显示出来 */
    ch = fgetc (fp);          /* 继续通过 fgetc()读取文件 fp 里的字符 */
  }
  fclose (fp);
}
```

（2）分析与讨论。

程序中，以"r"模式打开文件 test1。如果打开成功，则文件指针 fp 就代表该文件。然后用函数 fgetc()先从文件 fp 中读取一个字符，并进入 while 循环。只要没有到达文件结束处，读取操作就继续。图 8-6 是程序的执行结果。由它可知，前面例 8-2 中写入的内容是：

图 8-6　通过 fgetc()读出的内容

```
good morning sir!
```

注意，文件指针 fp 只是文件的标识，并不真正用来控制文件的读写位置。C 语言是通过一个用户看不见的"文件内部指针"来自动管理读写操作位置的。即用函数 fputc()往文件里写时，在正确写入一个字节后，文件内部指针就会自动后移，指到下一个要写入的字节位置处；用函数 fgetc()读取一个字节后，文件内部指针也会自动后移，指到下一个要读取的字节位置处。用户不用去自己调整这个内部指针。

例 8-4　编写一个程序，从键盘上输入一个字符串，将其存入到文件 stdout 中。

解　（1）程序实现。

```
#include "stdio.h"
main()
{
  int k;
  char str[80];
gets (str);
for (k=0; str[k]; k++)
  fputc (str[k], stdout);
}
```

（2）分析与讨论。

文件 stdout 即是标准输出文件：显示屏幕。所以题目的意思就是从键盘上输入一个字符串，然后在显示屏幕上显示出来。运行该程序，图 8-7 显示了运行结果，第 1 行是执行语句：

图 8-7　标准输出文件 stdout 的使用

```
gets (str);
```

时的显示，第 2 行是 for 循环的显示。

例 8-5　编写一个程序，要求从文件 stdin 上读取任意一个字符串，然后将其存入到文件 stdout 中。

解　（1）程序实现。

```
#include "stdio.h"
main()
{
  int k=0;
  char str[80];
  str[k] = fgetc(stdin);              /* 从键盘读出第 1 个字符存入数组 */
  while (!feof (stdin) )              /* 键盘上没有输入文件结束符时，继续输入 */
   str[++k] = fgetc(stdin);
   str[k] = '\0';                     /* 最后添加一个字符串结束符 */
   for (k=0; str[k]; k++)
     fputc (str[k], stdout);          /* 在屏幕上显示输入的字符串 */
   }
```

（2）分析与讨论。

文件 stdin 即是键盘，文件 stdout 即是显示屏幕。因此程序的要求实际上是从键盘输入字符串，然后在屏幕上显示。对于键盘文件来说，程序中的 while 循环条件：

```
!feof (stdin)
```

表示是否从键盘上输入了一个文件结束符。如果输入的不是文件结束符，循环继续；否则停止。作为 PC，文件结束符可由：

```
<Ctrl> + z
```

形成，即按住键盘上的"Ctrl"键的同时，按下字母键"z"，最后按"Enter"键。图 8-8 是该程序 1 次运行时的显示结果。在键盘上键入文件结束符时，会在屏幕上留下"^z"的痕迹。

图 8-8　标准输入、输出文件的使用

8.3.3　读/写字符串函数

所谓"读/写字符串"函数，即是把一行字符写入文件，或从文件中读取一行字符的操作。因此，这是以字符串为单位进行的文件输入/输出。

1. 写字符串函数

写字符串函数 fputs ()的函数头格式是：

```
int fputs (<要输出的字符串>, <文件指针名>)
```

该函数有两个参数。其中：<要输出的字符串>可以是一个字符串常量、字符数组名（它里面存放待输出的字符串），也可以是一个字符型指针（它指向待输出的字符串）；<文件指针名>则是已被打开的、要接收输出的文件。

该函数正确执行后，将返回写入文件的实际字符个数，文件内部指针会自动后移到新的写入位置；如果执行错误，则返回 EOF（-1）。

例 8-6　从键盘上读取一个字符串，暂时存放在一个一维数组中。然后利用 fputs()函数，把它存入文件"C:/zdh/test2.txt"。

解 （1）程序实现。

```
#include "stdio.h"
main()
{
  FILE *fp;
  int k;
  char str[40];
  gets (str);
  if ((fp=fopen("C:/zdh/test2.txt", "w")) == NULL) /* 打开指定的文件 */
  {
  printf ("file can not be opened!\n ");
  exit (1);
  }
  fputs (str, fp);              /* 利用函数 fputs()将字符串写入文件 */
  fclose (fp);                  /* 关闭文件 */
  }
```

（2）分析与讨论。

程序里，用以前学的函数 gets()，直接从键盘输入一个字符串到数组 str。然后以"w"的模式打开指定的文件"C:/zdh/test2.txt"，并利用函数 fputs()，把暂存在数组 str 里的字符串写入文件 fp 中。

在使用数组的地方，也可以使用字符型指针。因此，上面的程序可以改写成：

```
#include "stdio.h"
main()
{
  FILE *fp;
  int k;
  char *str;                    /* str 被说明为是一个字符型指针 */
  gets (str);
  if ((fp=fopen("c:/zdh/test2.txt", "w")) == NULL)
  {
    printf ("file can not be opened!\n ");
    exit (1);
  }
  fputs (str, fp);              /* 这里的 str 是一个字符型指针 */
  fclose (fp);
}
```

2．读字符串函数

读字符串函数 fgets ()的函数头格式是：

```
char *fgets (<接收输入的字符型指针>, <输入字符个数>, <文件指针名>)
```

该函数有 3 个参数，其中：<接收输入的字符型指针>是一个字符型指针，指向存放字符串的存储区，也可以是一个字符数组名（要把读出的字符串存放在它里面）；<输入字符个数>规定要读出的字符个数；<文件指针名>是已打开的那个可读文件指针。

注意，假定<输入字符个数>为 n，那么 C 语言总是从文件当前位置开始读取最多 n-1 个字符，在其后添加一个字符串结束符"\0"后，存入<接收输入的字符型指针>指定的存储区。如果在读满 n-1 个字符前，遇到了回车符，那么就停止再往下读，并把回车符改为字符串结束符"\0"后，存入<接收输入的字符型指针>指定的存储区。如果在读满 n-1 个字符前，遇到文件结束符，则将在最后添加一个字符串结束符"\0"，组成字符串存入。

函数执行正确时，返回<接收输入的字符型指针>所给出的指针；否则返回 NULL。

例 8-7　从键盘上读取一个字符串，暂时存放在一个一维数组中。接着利用 fputs()函数，把它存入文件"C:/zdh/test2.txt"。最后重新打开该文件，将存放其中的字符串读入另一个一维数组，并将它输出。

解　（1）程序实现。

```
#include "stdio.h"
main()
{
  FILE *fp;
  int k;
  char str1[40], str2[40];
  gets (str1);        /* 或 fgets (str1, 40, stdin); */
  if ((fp=fopen("C:/zdh/test2.txt", "w")) == NULL) /* 以 "w" 模式打开 */
  {
    printf ("file can not open!\n ");
    exit (1);
  }
  fputs (str1, fp);              /* 把数组 str1 中的字符串写入文件 fp */
  fclose (fp);
  if ((fp=fopen("C:/zdh/test2.txt", "r")) == NULL) /* 以 "r" 模式打开 */
  {
    printf ("file can not open!\n ");
    exit (1);
  }
  fgets (str2, 40, fp);          /* 把 fp 中的字符串读至数组 str2 */
  fclose (fp);
  fputs (str2, stdout);          /* 或 puts (str2); */
}
```

（2）分析与讨论。

这是例 8-6 的继续。整个程序分成 4 个部分。第 1 部分就只有一条语句：

```
gets (str1);
```

它表示直接由键盘读入一个字符串到数组 str1。这里也可改用语句"fgets (str1, 40, stdin);"，它表示从标准输入文件 stdin（键盘）读入 40 个字符到数组 str1。

第 2 部分是以"w"模式打开所需文件，得到文件指针 fp，于是把 str1 里的内容利用语句：

```
fputs (str1, fp);
```

写入了该文件。

由于前面是以只写的模式打开文件的，而下面是要对文件进行读。所以，先要把该文件关闭，然后再重新以读的模式打开。这就是程序的第 3 部分。这样做以后，就可以用语句：

```
fgets (str2, 40, fp);
```

从文件 fp 里读取字符串存放到数组 str2 中了。

第 4 部分也只有一条语句：

```
fputs (str2, stdout);
```

即把数组 str2 里的内容写入文件 stdout。由于它是标准输出文件，作用就是在屏幕上加以显示。这里，也可以改用语句"puts (str2);"，它是以非文件方式将数组 str2 里的内容输出。由此，读者可以体会在 C 语言里直接用键盘、显示屏等设备进行输入/输出，与将设备视为文件进行输入/输出时，所选用读/写函数的不同。

例 8-8　在例 8-7 的基础上，验证以"a"模式打开后，往文件尾添加数据的效果。

解　（1）程序实现。

```c
#include "stdio.h"
main()
{
 FILE *fp;
 int k;
 char str1[40], str2[40];
 gets (str1);                    /* 第 1 次往数组 str1 里输入字符串 */
 if ((fp=fopen("C:/zdh/test2.txt", "w")) == NULL)/* 以"w"模式打开 */
 {
 printf ("file can not open!\n ");
 exit (1);
 }
 fputs (str1, fp);              /* 第 1 次把数组 str1 中的字符串写入文件 fp */
 fclose (fp);
 if ((fp=fopen("C:/zdh/test2.txt", "r")) == NULL)/* 以"r"模式打开 */
 {
   printf ("file can not open!\n ");
   exit (1);
 }
 fgets (str2, 40, fp);         /* 第 1 次把 fp 中的字符串读至数组 str2 */
 fclose (fp);
 fputs (str2, stdout);         /* 第 1 次将数组 str2 输出显示 */
 gets (str1);                   /* 第 2 次往数组 str1 里输入字符串 */
 if ((fp=fopen("C:/zdh/test2.txt", "a")) == NULL)/* 以"a"模式打开 */
 {
   printf ("file can not open!\n ");
   exit (1);
 }
 fputs (str1, fp);              /* 第 2 次把数组 str1 中的字符串写入文件 fp */
 fclose (fp);
 if ((fp=fopen("C:/zdh/test2.txt", "r")) == NULL)/* 以"r"模式打开 */
 {
   printf ("file can not open!\n ");
   exit (1);
 }
 fgets (str2, 40, fp);         /* 第 2 次把 fp 中的字符串读至数组 str2 */
 fclose (fp);
 fputs (str2, stdout);         /* 第 2 次将数组 str2 输出显示 */
```

（2）分析与讨论。

整个程序的前半部分与例 8-7 一样，只是在它的后面接上一段新的内容：以"a"模式打开文件，然后重复前面的做法。图 8-9 是程序 1 次运行的显示结果。

图 8-9　以"a"模式打开的添加效果

在程序执行到语句：

```
gets (str1);         /* 第 1 次往数组 str1 里输入字符串 */
```

时，从键盘输入数据：ABCDEFGHIJK。于是就有了图 8-9 中第 1 行显示的内容。把它写入文件，然后执行语句：

```
fputs (str2, stdout);     /* 第 1 次将数组 str2 输出显示 */
```

后，就有了图中第 2 行显示的内容。在程序执行到语句：

```
gets (str1);         /* 第 2 次往数组 str1 里输入字符串 */
```

时，从键盘输入数据：lmnopqrstuvwxyz。于是就有了图中第 3 行显示的内容。把它写入文件，然后执行语句：

```
fputs (str2, stdout);     /* 第 2 次将数组 str2 输出显示 */
```

后，就有了图中第 4 行显示的内容。从第 4 行的显示可以看出，第 2 次存入文件的数据，确实被添加到了原有文件的末尾。正因为如此，最后的显示才是：

```
ABCDEFGHIJKlmnopqrstuvwxyz
```

8.3.4　读/写数据函数

读/写数据函数，即是把指定长度的若干数据写入文件，或从文件中读取指定长度的若干数据的操作。因此，这是以数据为单位进行的文件输入/输出。

1．写数据函数

写数据函数 fwrite ()的函数头格式是：

```
int fwrite (<字符型指针>, <每个数据的长度>, <数据个数>, <写入文件指针>)
```

其中：<字符型指针>指向内存中的一个存储区，所要输出的数据存放在那里；<每个数据的长度>规定了一个数据所含的字节数；<数据个数>指明要输出的数据的个数；<写入文件指针>是输出的目的地。

该函数执行正确时，返回所写数据的个数；否则返回 NULL。

比如，有如下语句：

```
fwrite (buf, 20, 18, fp);
```

它表示要把数据写入文件 fp，数据现在存放在内存中的、由指针 buf 指向的区域里。写入的数据总共有 18 个，每个是 20 字节长，图 8-10 给出了图示。

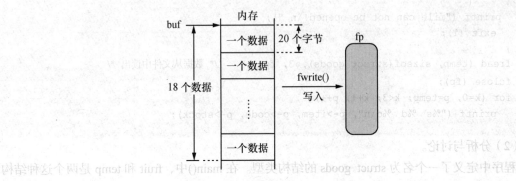

图 8-10　写数据函数 fwrite()的作用

2．读数据函数

读数据函数 fread()的函数头格式是：

```
int fread (<字符型指针>, <每个数据的长度>, <数据个数>, <读取文件指针>)
```

其中：<字符型指针>指向内存中的一个存储区，读入的数据将被存放在那里；<每个数据的长度>给出一个数据所含的字节数；<数据个数>指明要输出的数据个数；<读取文件指针>是数据所在的文件。

该函数执行正确时，返回所读数据的个数；否则返回 NULL。

例 8-9 编写一个程序，它往一个结构数组中输入 3 个数据。随之将这 3 个数据写入文件。打开这个文件，将里面的数据读出到另一个结构数组，然后打印显示。通过该例理解和验证函数 fwrite()、fread() 的工作。

解 （1）程序实现。

```c
#include "stdio.h"
struct goods
{
  char item[10];
  int code;
  int stock;
};
main()
{
  struct goods fruit[3], temp[3], *p;
  int k;
  FILE *fp;
  for (k=0, p=fruit; k<3; k++, p++)              /* 往结构数组中输入 3 个数据 */
  {
    printf ("Please enter %d's item: ", k+1);
    scanf ("%s%d%d", p->item, &p->code, &p->stock);
  }
  if ((fp=fopen("C:/zdh/test3.dat", "w")) == NULL)
  {
    printf ("file can not be opened!\n ");
    exit (1);
  }
  fwrite (fruit, sizeof(struct goods), 3, fp);           /* 数据存入文件 */
  fclose (fp);
  if ((fp=fopen("C:/zdh/test3.dat", "r")) == NULL)
  {
    printf ("file can not be opened!\n ");
    exit (1);
  }
  fread (temp, sizeof(struct goods), 3, fp);           /* 数据从文件中读出 */
  fclose (fp);
  for (k=0, p=temp; k<3; k++, p++)
    printf ("%s  %d  %d\n", p->item, p->code, p->stock);
}
```

（2）分析与讨论。

程序中定义了一个名为 struct goods 的结构类型。在 main() 中，fruit 和 temp 是两个这种结构类型的数组，p 是这种结构类型的指针。先通过循环：

```c
for (k=0, p=fruit; k<3; k++, p++)
```

往 fruit 数组里输入 3 个数据，比如是：

```
apple 1045 33
banana 1204 54
pear 1752 68
```

然后打开文件：

```
fp=fopen("C:/zdh/test3.dat", "w")
```

并将 fruit 中的 3 个数据存入该文件：

```
fwrite (fruit, sizeof(struct goods), 3, fp);
```

注意，这里是通过"sizeof(struct goods)"来求出结构 struct goods 的长度的。关闭此文件后，又以
"r"模式打开它：

```
fp=fopen("C:/zdh/test3.dat", "r")
```

然后通过语句：

```
fread (temp, sizeof(struct goods), 3, fp);
```

把文件中的数据读至结构数组 temp。关闭该文件后，由循环：

```
for (k=0, p=temp; k<3; k++, p++)
printf ("%s %d %d\n", p->item, p->code, p->stock);
```

把数组 temp 里的 3 个数据打印出来。图 8-11 显示了该程序 1 次运行后的结果。可以看出，数组

fruit 里的 3 个数据确实通过函数 fwrite()存入了文件
"C:/zdh/test3.dat"；该文件里的数据也确实通过函数
fread()读入了数组 temp。

　　程序中，也可以以"wb"和"rb"的模式打开文件，
结果是一样的。

图 8-11　例 8-9 的 1 次运行结果

8.3.5　格式读/写函数

　　格式读/写函数，即是把指定格式的数据写入文件，或从文件中读取指定格式的数据的操作。
因此，这是按数据格式要求形式进行的文件输入/输出。

1. 格式写函数

　　"格式写"的含义是：把内存中变量里的内容，按照格式的要求，写入指定的文件。格式写函
数 fprintf ()的函数头格式是：

```
int fprintf (<文件指针>, <格式控制字符串>, <输出变量列表>)
```

其中：<格式控制字符串>和<输出变量列表>的含义，与第 3 章里介绍的格式输出函数 printf ()完
全一样；<文件指针>则是一个打开的文件，<输出变量列表>中列出的变量值，就将以<格式控制
字符串>里给出的格式说明（以%开头）写入该文件。在函数得到正确执行后，返回写入文件的数
值个数；否则返回 EOF（-1）。

　　例 8-10　编写一个程序，把输入的数据存放在一个数组中。然后利用函数 fprintf()，同时将
数组元素写入文件 "C:/zdh/test4.dat" 和标准输出文件 stdout。

　　解　（1）程序实现。

```
#include "stdio.h"
main()
{
  FILE *fp;
  float st[5];
  int k;
```

```
    printf ("Please enter 5 float numbers: ");
    for (k=0; k<5; k++)
      scanf ("%f", (st+k));    /* (st+k)也可以写成 &st[k] */
    if ((fp=fopen("C:/zdh/test4.dat", "w")) == NULL)
    {
      printf ("file %s can not be opened!\n");
      exit (1);
    }
    for (k=0; k<5; k++)
    {
      fprintf (fp, "%5.2f\n", k, st[k]);
      fprintf (stdout, "st[%d]=%5.2f\n", k, st[k] );
    }
    fclose (fp);
    printf ("\n");
}
```

（2）分析与讨论。

程序中，通过循环：

```
for (k=0; k<5; k++)
  scanf ("%f", (st+k));
```

往数组 st 的 5 个元素里存入了数据。然后通过循环：

```
for (k=0; k<5; k++)
{
  fprintf (fp, "%5.2f\n", k, st[k]);
  fprintf (stdout, "st[%d]=%5.2f\n", k, st[k] );
}
```

把数组 st 各个元素的值，按照所指定的格式"%5.2f"既存入文件 fp，也存入文件 stdout。后者在屏幕上显示出来。图 8-12 是该程序的一次运行
结果。

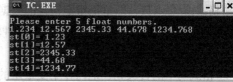

图 8-12　例 8-10 的 1 次运行结果

2. 格式读函数

"格式读"的含义是：把文件中的数据，按照格式的要求，读到内存中的变量里。格式读函数 fscanf ()的函数头格式是：

```
    int fscanf (<文件指针>, <格式控制字符串>, <输入地址列表>)
```

其中：<格式控制字符串>和<输入地址列表>的含义，与第 3 章里介绍的格式输入函数 scanf ()完全一样；<文件指针>则是一个打开的文件，该函数就是要把这个文件里的数据，按照<格式控制字符串>里给出的格式说明（以"%"开头），读到<输入地址列表>所列出的变量地址中去。在函数得到正确执行后，返回从文件中读出的数值个数；否则返回 EOF（-1）。

在例 8-10 里的最后，是通过执行语句：

```
    fprintf (stdout, "st[%d]=%5.2f\n", k, st[k] );
```

来验证语句：

```
    fprintf (fp, "%5.2f\n", k, st[k]);
```

确实把数组 st 里元素的数值，按照所要求的格式写入了文件 fp。现在可以将其改用格式读函数来做这个验证。这时，上面的程序改为

```
    #include "stdio.h"
    main()
```

```
{
  FILE *fp;
  float st[5], temp[5];
  int k;
  printf ("Please enter 5 float numbers: ");
  for (k=0; k<5; k++)
    scanf ("%f", (st+k));    /* (st+k)也可以写成 &st[k] */
  if ((fp=fopen("C:/zdh/test4.dat", "w")) == NULL)
  {
   printf ("file can not be opened!\n");
    exit (1);
  }
  for (k=0; k<5; k++)
    fprintf (fp, "%5.2f\n", k, st[k]);
  fclose (fp);
  if ((fp=fopen("C:/zdh/test4.dat", "r")) == NULL)/* 以"r"模式打开文件*/
  {
    printf ("file %s can not be opened!\n");
    exit (1);
  }
  for (k=0; k<5; k++)
    fscanf (fp, "%f\n", &temp[k]); /* 将 fp 里的数据按格式读入数组元素 */
  fclose (fp);
  for (k=0; k<5; k++)
    printf ("temp[%d]=%5.2f\n", k, temp[k]);      /* 打印出数组元素内容 */
  printf ("\n");
}
```

　　程序在把数组 st 里的数据按格式写入文件 fp 后，就立即关闭了该文件。然后以 "r" 模式打开它，利用格式读函数 fscanf()：

```
fscanf (fp, "%f\n", &temp[k]);
```

把文件 fp 中的数据逐一读到数组 temp 的元素中。这时将该数组元素取值打印出来，图 8-13 就是运行结果。可以看出，结果和上面的完全一样，只是一个打印的是数组 st，一个打印的是数组 temp。

　　在上面给出的各个程序中，都是给出固定的文件名，然后通过函数 fopen()打开。比如在例 8-10 中，指定的是文件 "C:/zdh/test4.dat"：

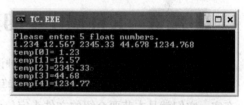

图 8-13　改造例 8-10 后的一次运行结果

```
fp=fopen("C:/zdh/test4.dat", "w")
```

这种程序设计的方法具有很大的局限性：它只适用于这个文件。如果要在另一个文件上做相同的操作时，又要针对这个文件重新编写程序。其实，这是可以改进的。下面是对例 8-10 的修改，用户可以输入自己需要打开的程序名。

　　例 8-11　编写一个程序，把输入的数据存放在一个数组中。根据用户输入的文件名，打开该文件，并利用函数 fprintf()，将数组元素写入该文件中。

　　解　（1）程序实现。

```
#include "stdio.h"
main()
{
```

```
FILE *fp;
float st[5];
int k;
char fname[30];                /* 用于存放输入的文件名 */
printf ("Please enter file name:");
scanf ("%s", fname);
printf ("Please enter 5 float numbers: ");
for (k=0; k<5; k++)
   scanf ("%f", (st+k));  /* (st+k)也可以写成 &st[k] */
if ((fp=fopen( fname, "w")) == NULL)
{
   printf ("file %s can not be opened!\n");
   exit (1);
}
for (k=0; k<5; k++)
{
   fprintf (fp, "%5.2f\n", k, st[k]);
   fprintf (stdout, "st[%d]=%5.2f\n", k, st[k] );
}
fclose (fp);
printf ("\n");
}
```

（2）分析与讨论。

这时，当程序运行到语句：

```
scanf ("%s", fname);
```

时，就会接收用户从键盘输入的文件名（一个字符串），把它存放在字符数组 fname 里。这样，打开该文件时，在函数 fopen()里就直接使用数组名了，即：

```
fp=fopen( fname, "w")
```

如果把数组 fname 改为一个字符指针也是可以的。

8.4 文件操作中的其他函数

在对文件的操作中，上面讲述的各种读、写方式，无疑是最为重要的了。但是光有它们还不行，还需要有一些别的函数来对文件的读写进行支撑，以便使对文件的读、写工作能够更加完善、充实。它们就是本节要介绍的文件头定位函数（rewind()）、文件随机定位函数（fseek()）和文件出错测试函数（ferror()）。

8.4.1 文件头定位函数

由前知，C 语言对文件的读写是通过每个文件的内部指针来控制的。文件头定位函数 rewind()可以使这个文件内部指针重新指向文件头。它的函数头格式是：

```
void rewind (<文件指针>)
```

其中<文件指针>即是通过函数 fopen()打开的一个文件，正是要把它的文件内部指针移到文件的开头。

当从文件中读出某些数据后，又希望从它的开始处再次读取数据时，就可以先用 rewind()把文件的内部指针移到文件开头，免去先关闭文件、然后再打开的烦琐操作过程。

例 8-12　编写一个程序，检验函数 rewind()的功能。

解　（1）程序实现。

```
#include "stdio.h"
#define N 13
main()
{
  FILE *fp;
  char str[]="ABCDEFGHIJKLMNOPQRSTUVWXYZ";
  char temp[N];
  if ((fp=fopen("c:/zdh/test5.txt", "w"))==NULL)
  {
    printf ("file can not be opened!\n");
    exit (1);
  }
  fputs (str, fp);          /* 将数组 str 里的实验字符串写入文件 fp */
  fclose (fp);
  if ((fp=fopen("c:/zdh/test5.txt", "r"))==NULL)
  {
    printf ("file can not be opened!\n");
    exit (1);
  }
  fgets (temp, N, fp); /* 从文件 fp 当前位置读取 N-1 个字符到数组 temp */
  printf ("(1): %s\n", temp);
  fgets (temp, N, fp); /* 从文件 fp 当前位置读取 N-1 个字符到数组 temp */
  printf ("(2): %s\n", temp);
  rewind(fp);              /* 将文件内部指针重新定位到文件头 */
  fgets (temp, N, fp);       /* 从文件 fp 当前位置读取 N-1 个字符到数组 temp */
  printf ("(3): %s\n", temp);
  fclose (fp);
}
```

（2）分析与讨论。

程序里，数组 str 中放置的是实验字符串，共 26 个大写英文字母。先利用语句：

```
fputs (str, fp);
```

把这些数据写入文件。以 "r" 模式重新打开文件后，有 3 条从文件读取数据到数组 temp 的相同
语句：

```
fgets (temp, N, fp);
```

根据函数 fgets()的功能，第 1 条是从当前位置开始读取 12（即 N-1）个字母到数组 temp。所以，
第 1 条打印语句：

```
printf ("(1): %s\n", temp);
```

将打印出：ABCDEFGHIJKL。接着，第 2 条又是从当前位置开始读取 12（即 N-1）个字母到数
组 temp。所以，第 2 条打印语句：

```
printf ("(2): %s\n", temp);
```

将打印出：MNOPQRSTUVWX。在此之后，执行函数调用语句：

```
rewind(fp);
```

把文件的内部指针移到头部。于是，再在当前位置开始读取 12（即 N-1）个字母到数组 temp 时，
第 3 条打印语句：

```
printf ("(3): %s\n", temp);
```

将又打印出：ABCDEFGHIJKL。图 8-14 是该程序的 1 次运行结果。

图 8-14　例 8-12 的 1 次运行结果

8.4.2　文件随机定位函数

文件头定位函数 rewind() 可以把文件的内部指针重新指向文件头，以便对文件进行顺序读写。如果希望读取文件中的某一个数据，又不想把它前面的数据读出来，那么就要用到对文件的随机定位函数 fseek()。该函数的函数头是：

```
int fseek (<文件指针>, <位移量>, <起始位置>)
```

其中：<文件指针>指明需要定位的文件，该文件已经被打开；<起始位置>指明文件定位的起始基点；<位移量>指明从基点开始计算的字节数，它是一个长整型。这样，由<起始位置>和<位移量>，就能得到应该把文件的内部指针定位在何处。C 语言规定，<起始位置>可以取表 8-3 所列 3 个值中的一个。

表 8-3　<起始位置>的取值表

符 号 常 数	相应整数值	含 义
SEEK_SET	0	从文件头开始
SEEK_CUR	1	从文件内部指针当前位置开始
SEEK_END	2	从文件尾开始

比如：

```
fseek (fp, 1500L, SEEK_SET);          /* 等价于 fseek (fp, 1500L, 0); */
```

表示将文件 fp 的内部指针移到距文件头 1 500 个字节的地方。比如：

```
fseek (fp, 50L, SEEK_CUR);            /* 等价于 fseek (fp, 50L, 1); */
```

表示从当前位置开始向文件 fp 的尾部方向移动 50 个字节。又比如：

```
fseek (fp, -100L, SEEK_END);          /* 等价于 fseek (fp, -100L, 2); */
```

表示从文件 fp 的尾部开始朝头部移动 100 个字节。

例 8-13　编写一个能存储 100 人的工资表，每个记录由工资号、姓名和工资构成。要求先对该表进行初始化：工资号全为 0，姓名为空字符串，工资为 0.0。然后根据输入的工资号，键入人员的姓名和工资。最后把有实际内容的人员记录打印出来。

解　（1）程序实现。

```
#include"stdio.h"
struct cltd                          /* 定义员工结构 */
{
  int num;                           /* 工资号 */
  char name[20];                     /* 员工姓名 */
  float wages;                       /* 工资额 */
```

```
};
main()
{
  int k;
  struct cltd temp = {0, "", 0.0};                    /* 临时结构变量 temp 初始化 */
  FILE *fp;
  if ((fp=fopen("C:/zdh/test6.dat", "w")) == NULL)    /* 建立文件 */
  {
  printf ("File could not be opened!\n");
  exit(1);
}
for (k=0; k<=100; k++)                      /* 完成对 100 个员工记录的初始化 */
  fwrite (&temp, sizeof (struct cltd), 1, fp);
fclose (fp);                                /* 关闭文件 */
  if ((fp=fopen("C:/zdh/test6.dat", "r+")) == NULL)  /* 以 "r+" 方式打开文件 */
  {
    printf ("File could not be opened!\n");
    exit(1);
  }
  printf("Enter number: 1 to 100, 0 to end input.\n?");
  scanf ("%d", &temp.num);                   /* 输入员工编号 */
  while (temp.num != 0)                      /* 当编号不为 0 时，继续输入员工其他信息 */
  {
    printf ("Enter name, wages.\n?");
    scanf ("%s%f", temp.name, &temp.wages);
    fseek (fp, (temp.num-1)*sizeof(struct cltd), SEEK_SET);    /* 根据编号定位 */
    fwrite (&temp, sizeof(struct cltd), 1, fp);          /* 根据编号随机写入记录信息 */
    printf ("Enter number\n?");
    scanf ("%d", temp.num);
  }
  rewind (fp);                              /* 把文件的内部指针定位于文件头 */
  printf ("%-10s%-10s%-8s\n", "Number", "Name", "Wages");
        while (!feof(fp))                    /* 未到表尾，继续往下读 */
  {
    fread (&temp, sizeof(struct cltd), 1, fp);
    if (temp.num != 0)                       /* 把工资号不为 0 的记录打印输出 */
      printf ("%-10d%-10s%-8.2f\n", temp.num, temp.name, temp.wages);
  }
  fclose (fp);                              /* 再次关闭文件 */
}
```

（2）分析与讨论。

程序中用结构类型 cltd 表示一个员工的记录，每个记录包括 3 个成员：工资号 num、姓名 name 以及工资额 wages。程序中利用循环：

```
for (k=0; k<=100; k++)
  fwrite (&temp, sizeof (struct cltd), 1, fp);
```

完成对 100 个人员记录表的初始化。要注意，函数 fwrite 在完成对 fp 指向文件的一次写入后，其文件内部指针就会自动移一个结构的距离。正因为如此，通过循环就能够完成对 100 个人员记录的初始化工作。

完成初始化后，应该将文件关闭。这是因为原先对它打开的使用模式定为 "w"，而下面将以

"r+"（即可写也可读）的模式工作，所以不重新打开是不行的。

重新打开后，由于是根据工资号来写入记录内容的，因此要通过语句：

```
fseek (fp, (temp.num-1)*sizeof(struct cltd), SEEK_SET);
```

来对文件的内部指针随机定位，然后才能执行操作：

```
fwrite (&temp, sizeof(struct cltd), 1, fp);
```

在输入 0 编号后，整个输入停止。为了打印非 0 工资号的人员信息，程序中通过语句：

```
rewind (fp);      （注意，也可以是: fseek (fp, 0, SEEK_SET); )
```

把文件内部指针定位于文件头。只要没有到达文件尾（!feof(fp)），循环就继续下去，即通过语句：

```
fread (&temp, sizeof(struct cltd), 1, fp);
```

读出一个记录到临时结构变量 temp（在这之后，分配所指文件的文件内部指针会自动移动一个结构类型的距离），根据它的工资号是否为 0，决定是否打印。正是由于现在是以"r+"的模式打开的文件，所以对它既可以写（用函数 fwrite()），也可以读（用函数 fread()）。图 8-15 是该程序 1次运行后的输出结果。

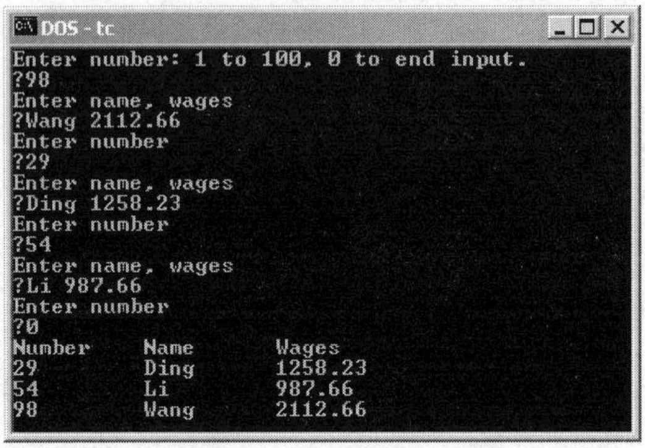

图-15　例 8-13 的 1 次运行结果

8.4.3　错误测试函数

可以使用函数 ferror() 来判定文件操作是否出错。其函数头是：

```
int ferror (<文件指针>)
```

其中参数<文件指针>指明被测试的文件，用来对该文件所做最近的一次操作进行正确性测试。如果操作出错，则返回非 0，否则返回 0。比如，可以编写一个通用的出错处理函数供其他函数调用：

```
void errp (FILE *fp)
{
  if (ferror (fp) != 0)      /* 操作失败，终止运行 */
  {
    printf ("file operates be defeated.\n");
    exit (1);
  }
  else
    return;                   /* 操作成功，返回继续运行 */
}
```

该函数接收一个文件指针作为参数，利用函数 ferrer() 对它进行操作测试。

例 8-14　编写一个程序，接收从键盘输入的一个字符串、一个实数、一个整数，随之将其存入文件。

解　程序编写如下:

```
#include "stdio.h"
void errp (FILE *fp)          /* 函数errp()的定义 */
{
  if (ferror (fp) != 0)
  {
  printf ("file operates be defeated.\n");
  exit (1);
}
else
  return;
}
main()
{
  FILE *fp;
  char st[10];
  float x;
  int k;
  fp=fopen("c:/zdh/test6.dat", "w");
  errp (fp);                    /* 调用函数errp() */
  printf ("Please enter a string,a float, an integer: ");
  fscanf (stdin, "%s%f%d", st, &x, &k);
  errp (fp);                    /* 调用函数errp() */
  fprintf (fp, "%s%f%d", st, x, k);
  errp (fp);                    /* 调用函数errp() */
  fclose (fp);
}
```

习题 8

一、填空

1. 所谓"文件",是指存储在外部设备上的、以唯一的名字作为标识的＿＿＿＿集合。

2. C 语言里把进行输入/输出的终端设备视为文件,称它们为＿＿＿＿。

3. 在 C 语言里,称指向 FILE 型结构变量的指针为＿＿＿＿,它对文件的使用起到极其重要的作用。

4. 程序运行时,系统会自动打开标准输入设备文件。该文件的文件指针是＿＿＿＿。

5. FILE *p 把变量 p 说明为一个文件指针。这里用到的"FILE",是在＿＿＿＿头文件里定义的。

6. 请完成下面的程序填空,程序的功能是把名为 file1.txt 的文件复制到名为 file2.txt 的文件中。

```
#include"stdio.h"
main()
{
```

```
  char ch;
  FILE *fp1, *fp2;
  fp1 = fopen ("file1.txt",  ①  );
  fp2 = fopen ("file2.txt",  ②  );
  ch = fgetc (fp1);
  while (ch != EOF)
  {
    fputc (ch,  ③  );
    ch = fgetc (  ④  );
  }
}
```

二、选择

1. 在文件打开模式中，字符串"rb"的含义是（　　　）。

　　A. 打开一个文本文件，只能写入数据

　　B. 打开一个已存在的二进制文件，只能读取数据

　　C. 打开一个已存在的文本文件，只能读取数据

　　D. 打开一个二进制文件，只能写入数据

2. 若某文件的文件指针为 fp，其内部指针现在已指向文件尾。那么函数 feof(fp) 的返回值是（　　　）。

　　A. 0　　　　　　　　B. −1　　　　　　　　C. 非零值　　　　　　D. NULL

3. 下面语句中，把变量 fptr 说明为是一个文件型指针的是（　　　）。

　　A. FILE *fptr;　　　B. FILE fptr;　　　C. file *fptr;　　　D. file fptr;

4. 读取文件中的单个字符，应该使用函数（　　　）。

　　A. getc()　　　　　B. fgetc()　　　　　C. gets()　　　　　D. fgets()

5. 如果要把文件中的一个学生记录（包括学号、姓名、年龄）读到内存中相应的结构型变量里。那么最好使用函数（　　　）。

　　A. fgetc()　　　　　B. fgets()　　　　　C. fscanf()　　　　　D. fread()

三、是非判断

1. 在 C 语言里，"文件指针"和"文件的内部指针"不是一个概念。（　　　）

2. 程序中必须用函数 fopen() 去打开标准输入/输出设备文件。（　　　）

3. 函数 freek() 能根据文件内部指针，从文件起始点、文件尾以及当前位置完成指针的定位工作。（　　　）

4. 可以用如下的办法：

```
if ((fp = fopen("test.dat", "w")) != NULL)
```

打开文件 test.dat，并在保留文件原有内容的情况下，把数据添加到文件尾。（　　　）

5. 函数 fgets (ptr, n, fp) 的功能是：从 fp 指向的文件中连续读取 n−1 个字符，构成字符串后存入由指针 ptr 所指向的内存区域。（　　　）

四、程序阅读

1. 阅读下面的程序，说明程序的功能。

```
#include "stdio.h"
main()
{
  FILE *fin, *fout;
```

```
  char ch;
  if ((fin=fopen("filename1", "rb"))==NULL)
  {
    printf ("file can not be opened!\n");
    exit (1);
  }
  if ((fout=fopen("filename2", "wb"))==NULL)
  {
    printf ("file can not be opened!\n");
    exit (1);
  }
  while (!feof (fin))
  {
    ch = fgetc (fin);
    fputc (ch, fout);
  }
  fclose (fin);
  fclose (fout);
}
```

2. 阅读下面的程序，说明程序的功能。

```
#include"stdio.h"
main()
{
  FILE *fp;
  char ch, fname[30];
  printf ("Enter file name:");
  gets (fname);
  if ((fp=fopen(fname, "w")) == NULL)
  {
    printf ("File could not be opened!\n");
    exit(0);
  }
  while ((ch=getchar()) != '#')
    fputc (ch, fp);
  fclose (fp);
}
```

3. 有结构 STUDENT 和函数 copy()定义如下，试分析它的功能。

```
typedef struct
{
  char name[30];
  int age;
  float gpa;
}STUDENT;
void copy (FILE *fp1, FILE *fp2, int limt)
{
  STUDENT x;
  rewind (fp1);
  fread ((char *) &x, sizeof(STUDENT), 1, fp1);
  while (!feof(fp1))
  {
    if (x.age<limt)
```

233

```
        fwrite ((char *) &x, sizeof(STUDENT), 1, fp2);
    fread ((char *) &x, sizeof(STUDENT), 1, fp1);
    }
}
```

五、编程

1. 编写一个程序，从键盘上键入 10 个字符，形成一个名为 ztest.dat 的文件，存于 "E:/dahua/cprog" 目录下（文件及其路径可以根据实际情况定）。

2. 编写一个程序，根据用户输入的文件名，将其打开。然后利用函数 fprintf()、fscanf()，顺序往该文件里存储 5 个 float 型数据，然后再读出这 5 个数据加以验证。

第9章

C 语言程序调试方法简介

有人曾经说过，编写程序的过程是 10%的灵感加上 90%的调试。按照这种说法，编程者肯定也是一个程序的调试者，他必须善于发现和清除程序里出现的问题和错误，必须学会调试程序的基本方法。程序中会出现两种错误：语法错误和逻辑错误，C 语言的编译程序能检查出语法错误，并能输出相应的出错信息（见附录 3）。

本章着重介绍以下 4 种调试程序的方法：

（1）在程序中添加调试语句；

（2）利用编译时输出的出错信息；

（3）跟踪监视；

（4）设置断点。

9.1 在程序中添加调试语句

所谓"调试语句"，即是在程序里额外地安排一些附加语句，以便在执行过程中，编程者从它们给出的中间结果和相关信息里，分析产生错误的原因及地点。具体的做法可以有：

（1）为了知道输入数据时可能出现的错误，检查数据是否存放到了预定的变量，可以在输入语句（如在 scanf() ）之后，安排一条输出（如 printf() ）语句。

（2）为了检查函数调用过程中参数传递是否正确，可以在调用某函数之前以及刚进入到被调函数时，分别安排输出语句，以便进行核对。

（3）为了了解循环嵌套结构中，当前处于第几重循环、是第几次进入循环体，可以在循环结构里，安排计数语句，统计出有用的数据。

（4）为了了解条件判定和程序走向，可以在 if 语句、switch 语句等分支结构中，针对每个分支设置输出内容不同的语句，以便弄清楚程序的不同走向。

总之，通过添加的调试语句，可以得到很多的信息，由此帮助程序设计人员进行分析，排除疑点，确定错误所在范围。下面，通过两个例子来说明。

例 9-1 编写程序，从键盘接收输入数据 x，根据如下给出的分段函数，计算出 y 值。

$$y = \begin{cases} 0 & (\ x<-1\ ) \\ 1 & (\ -1<=x<=1) \\ 10 & (\ x>1\ ) \end{cases}$$

我们将程序编写如下：

```
#include "stdio.h"
main()
{
  int x, y;
  scanf ("%d", &x);
  if (x<-1) y=0;
  if (x>= -1 && x<=1) y=1;
  else y=10;
  printf ("y=%d\n", y);
}
```

运行该程序四次，结果如图 9-1(a)所示。第 1 次运行该程序，输入 0 后输出的 y 为 1，正确；第 2 次运行该程序，输入 1 后输出的 y 为 1，正确；第 3 次运行该程序，输入 2 后输出的 y 为 10，正确；第 4 次运行该程序，输入−2 后输出的 y 为 10，不正确！

为什么第 4 次运行会不正确呢？若未能查出源程序编写的问题，那么可试着用如下的方法，往 if 里添加调试语句（用粗体表示），使程序变为

图 9-1 在 if 语句中添加调试语句

```
#include "stdio.h"
main()
{
  int x, y;
  scanf ("%d", &x);
  if (x<-1) { printf ("first!\n"); y=0; }
  if (x>= -1 && x<=1) { printf ("second!\n"); y=1; }
  else { printf ("third!\n"); y=10; }
  printf ("y=%d\n", y);
}
```

这样的调试语句，能在做某一个 if 或 else 时，给出相应信息，以便了解程序的执行路径。运行添加了调试语句后的程序，仍然输入实验数据−2。运行结果如图 9-1(b)所示。可以看出，原来该数据不但做了：

```
  if (x<-1) { printf ("first!\n"); y=0; }
```

还做了：

```
  else { printf ("third!\n"); y=10; }
```

表明程序中的 if-else 语句，没能正确表示分段函数。原来编程时丢了一个 else，使 if 和 else 没有正确配对。修改程序如下（粗体表示丢写的 else），运行就正确了，结果如图 9-1(c)所示。

```
#include "stdio.h"
main()
{
  int x, y;
```

236

```
  scanf ("%d", &x);
  if (x<-1) y=0;
  else if (x>= -1 && x<=1) y=1;
        else y=10;
  printf ("y=%d\n", y);
}
```

例 9-2　编写函数 trl()，有两个形式参数：ch 是字符型的，n 是整型的。功能是显示由 ch 中字符所组成的三角形，即第 1 行显示一个字符，第 2 行显示两个字符……第 n 行显示 n 个字符，并用函数 main() 进行验证。

程序编写如下：

```
#include "stdio.h"
void trl(char ch, int n)
{
  int i, j;
  for (i=1; i<n; i++)
  {
  for (j=1; j<=i; j++)
  {
    putchar (ch);      /* 打印一个字符 */
    putchar (' ');     /* 打印一个空格 */
  }
  putchar ('\n');
}
}
main()
{
  int num;
  char x;
  printf ("Enter a character and an integer: ");
  scanf ("%c%d", &x, &num);
  trl (x, num);
}
```

运行此程序，输入的字符是"*"，整数是"10"，如图 9-2 所示。从结果看，希望打印 10 行，却只输出了 9 行。问题可能出在 trl() 的外循环上。为此，在 trl() 里添加调试语句：

```
printf ("i=%d\t", i);
```

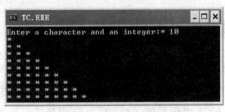

图 9-2　有问题的外循环次数

希望通过它，来确切知道外循环的循环次数。这时程序变为

```
#include "stdio.h"
void trl(char ch, int n)
{
  int i, j;
```

```
    for (i=1; i<n; i++)        /*函数 trl 循环体的外循环 */
    {
        printf ("i=%d\t", i);
    for (j=1; j<=i; j++)       /*函数 trl 循环体的内循环 */
    {
        putchar (ch);           /* 打印一个字符 */
        putchar (' ');          /* 打印一个空格 */
    }
    putchar ('\n');
    }
}

main()
{
    int num;
    char x;
    printf ("Enter a character and an integer: ");
    scanf ("%c%d", &x, &num);
    trl (x, num);
}
```

再次运行，结果如图 9-3 上半部分所示。那里，通过每次在外循环输出 i 的值，表明 trl() 的外循环确实只做了 9 次。检查 trl() 的源程序。发现在外循环的 for 语句里，误把 "i<=n" 写成了 "i<n"，从而丢失了一次循环。修改后，再运行，正确结果如图 9-3 下半部分所示。

图 9-3　添加调试语句显示循环次数

9.2　利用编译时输出的出错信息

Turbo C 编译时，可查出程序中存在的语法错误。本书附录 3，列出了部分错误信息一览。调试有错程序时，可利用给出的错误信息，查找错误源头，排除程序中存在的问题。

例 9-3　编写一个程序，输入摄氏温度（C）后，按照公式：

$$F = (9 * C + 160) / 5$$

计算出相应的华氏温度（F）。

假定我们将程序编写如下：

```
#include "stdio.h"
main()
{
```

```
float f, c;
printf ( "Enter a centigrade temperature :" );
scanf ( "%f" , &c);
f = (9*c+160)/5
printf ( "The Fahrenheit temperature is %f\n" , f);
}
```

这个程序有语法错（粗体语句少了语句结束符分号），不可能通过编译。编译时会出现如图 9-4 所示的名为 "Compiling" 的编译信息窗口。编译信息窗口里有 7 项内容。

（1）"Main flie：TC\NONAME.C"，表示当前主文件名为 NONAME.C。

（2）"Compiling：EDITER→NONAME.C"，表示现在是对编辑区里的 NONAME.C 文件进行编译。

图 9-4　有错误时示出的编译信息窗口

（3）"Lines compiled：220　220"，表示整个程序总共（Total）编译成 220 行，被编译的当前文件（File）占 220 行。

（4）"Warnings：1　1"，表示编译时，整体发现了 1 个警告性错误，本文件中发现 1 个警告性错误。

（5）"Errors：1　1"，表示编译时，整体发现 1 个错误，本文件中发现 1 个错误。

（6）"Available memory：265K"，表示可用存储空间为 265K。

（7）"Errors　：　Press any key"，表示编译有错，请按任意键返回。

于是，我们可知程序里有一个 Error，有一个 Warning。按任意键后，Compiling 窗口自动消失，同时在主窗口的信息区（Message）里，列出所发现的 Warning 和 Error 的信息，如图 9-5 所示。由这些信息，查对附录 3，可对出错性质做出判断，然后对程序进行修改。

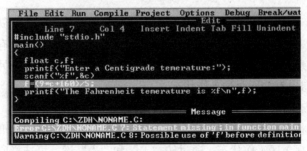

图 9-5　信息区列出的有关信息

当前信息区里列出 3 行内容。

（1）信息区第 1 行

```
Compiling C:\ZDH\TC\NONAME.C:
```

表示被编译的文件名。

（2）信息区第2行

```
Error C:\ZDH\TC\NONAME.C 7 : Statement missing ; in function main
```

表示在被编译源文件"C:\ZDH\TC\NONAME.C"的第 7 行，发现一个错误："Statement missing ; in function main"。查附录 3 的 Errors 信息一览，知道是第 63 号（编号是本书自定的）错误，其意是"在函数 main 里少写了语句分号"。

（3）信息区第3行

```
Warning C:\ZDH\TC\NONAME.C 8 : Possible use of 'f' before definition in function main
```

表示在被编译源文件"C:\ZDH\TC\NONAME.C"的第 8 行，发现一个警告："Possible use of 'f' before definition in function main"。查看附录 3 的 Warning 信息一览，知道是第 13 号警告，其意是"在函数 main 里，f 可能是在没有说明前就使用了它"。

注意：信息区里列出的警告或错误信息，有时会因为内容较长而显示不完整，致使一部分文字看不见。这个没有关系，下面会给出在信息区里的操作方法。

图 9-5 信息区的第 2 行以高亮度的形式显示出来，编辑区里的第 7 行（从#include "stdio.h" 开始往下数，到语句"f=(9*c+160)/5;"，恰好是第 7 行）也以高亮度的形式显示出来，表示是在该位置查出了问题。这样，用户就可以在程序里进行对照和检查。

查看语句"f = (9*c+160)/5 ;"，并没有漏掉结束符分号。但却发现它的上一条语句（第 6 条语句）末尾没有分号。原来这是问题所在！

按回车键回到编辑区。这时，信息区和编辑区原先高亮度显示的行恢复正常，编辑光标自动停在第 7 行，在编辑区的顶端，用红色显示出错误信息，如图 9-6 所示。

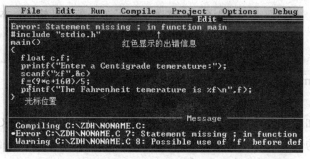

图 9-6　显示有红色错误信息的编辑区

这时，只要移动一下光标，编辑区里的红色错误信息就会消失，人们就能对源程序进行修改了。在第 6 行最后加上语句结束分号，再进行编译，错误及警告信息都没有了。可见，编译中信息区里给出的各种信息，有时是相互关联的：修改了一个错误，可能会使另一些错误随之消失。

Turbo C 的主窗口，有如下 3 种工作状态。

（1）菜单工作状态：通过按"→"和"←"键，可以选择菜单项。

（2）编辑区工作状态：可以使用编辑命令，控制光标对源程序进行编辑。

（3）信息（或监视）区工作状态：通过按"↓"和"↑"键，可选择所列信息条（或监视的表达式）。

3 种工作状态可以相互转化：按功能键 F10，可在当前状态下，使主窗口进入菜单工作状态，或由菜单工作状态回到原状态；按功能键 F6，可在当前状态下，使主窗口进入信息（或监视）区工作状态，或由信息（或监视）区工作状态回到原状态。

判断主窗口当前是处于编辑区工作状态还是信息（或监视）区工作状态，有一个窍门：区域标题旁是单线还是双线（或看标题颜色是暗淡还是明亮）。比如，图 9-7(a)，表示主窗口当前处于信息（或监视）区工作状态，而图 9-7(b)则处于编辑区工作状态。

(a)　　　　　　　　　　(b)

图 9-7　判断工作状态的方法

有时，信息（或监视）区里列出的信息较多，当主窗口处于信息（或监视）区工作状态时，可以通过按"↓"和"↑"键，对所列信息条进行选择，光标进到哪个信息条，哪个信息条就会被高亮度显示，同时编辑区里由信息条所指行也将被高亮度显示。

有时，显示条中的信息太长，窗口宽度不够，一行显示不下。这时，可先用"↓"和"↑"键，选择所需信息条，使其呈高亮度显示，然后再通过按"→"和"←"键，达到移动该条信息文字的目的。

例 9-4　编写一个程序，输入十个整数，统计并输出其中正数、负数和零的个数。

假定我们将程序编写如下：

```c
#include "stdio.h"
main()
{
 int t, x=0, y=0, z=0, s=0;
 do
 {
  printf ( "Enter a integer :" );
  scanf ( "%d" , &t);
  switch (t)
  {
    case (t>0):
      x +=1; break;
    case (t<0):
      y +=1; break;
    default:
      z +=1; break;
  }
  s +=1;
 }while (s<=9);
 printf ( "The number of positive is %d\n" , x);
 printf ( "The number is of negative is %d\n" , y);
 printf ( "The number of zero is %d\n" , z);
}
```

这个程序里的 switch 语句用法不正确，不可能通过编译，如图 9-8 所示。

从所给信息表示，在源程序的第 11、13 两行里都有错误：

"Constant expression required in function main"（是第 11 号错误）

它表示在函数 main()里要的是常量表达式。另外，在第 13 行还有另一个错误：

"Duplicate case in function main"（是第 22 号错误）

它表示在函数 main()的 case 语句里的常量表达式重复。

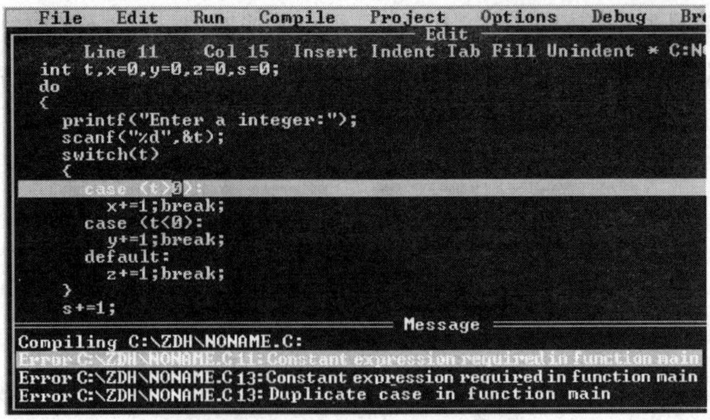

图 9-8   switch 语句中的错误信息

从指明的 11 号错误出发去检查源程序，发现 case 语句后面应该跟随常量表达式，但程序中却是条件表达式，违反了 C 语言的语法规定。因此，应该对程序进行修改。

按回车键，进入编辑区。分析后知道，case 中不应该直接对变量 t 做判断，而是应该对它的符号做判断。因此，在输入 t 的值后，首先应该得到它的符号，然后再用 switch 语句做出判断才对。于是，把程序修改如下：

```
#include "stdio.h"
main()
{
  int t, x=0, y=0, z=0, s=0;
  do
  {
    printf ( "Enter a integer :" );
    scanf ( "%d" , &t);
    if (t>0) t=1;
    else if (t<0) t= -1;
       else t=0;
    switch (t)
    {
    case 1:  x +=1; break;
    case -1:  y +=1; break;
    default:  z +=1; break;
  }
  s +=1;
  }while (s<=9);
  printf ( "The number of positive is %d\n" , x);
  printf ( "The number is of negative is %d\n" , y);
  printf ( "The number of zero is %d\n" , z);
}
```

修改完程序后，暂时不去管别的错误信息，重新进行编译。由于我们的修改是正确的，所以编译通过了，原来还有的另外两个错误也不存在了。

从例 9-3 和例 9-4 可知，当程序没有通过编译时，最好先去解决信息区里列出的第一个错误，然后进行编译。这样做，有可能会收到事半功倍的效果，原先下面的几个错误可能都没有了。不过，那只是当程序里只存在一个实质性错误时才会这样。如果程序里有多个实质性错误，那么就只能一个一个地去排除了。

例 9-5　编写一个程序，说明分别有 20 个元素的两个字符数组 a 和 b。数组 a 用字符串常量 "C languague is" 进行初始化，b 用字符串常量 "very good!" 进行初始化。把数组 a 里的元素依次拷入数组 b，然后打印输出 a 和 b 的内容。

编写一个有错误的程序如下：

```
#include "stdio.h"
main()
{
  char a[20]=" C languague is", b[20]=" very good!";
  char *from = &a, *to = &b;
  printf ("%s  %s\n", a, b);
  for ( ; *from != '\0'; from++, to++)
      *to = *form;
  *to = '\0'
  printf ("%s  %s\n", a, b);
}
```

对它进行编译，在信息区里，给出了 2 个警告和 3 个错误，如图 9-9 所示。

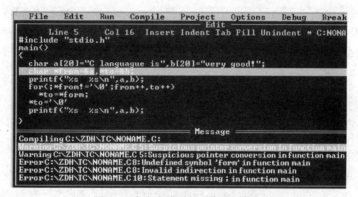

图 9-9　有多个错误的程序编译信息

两个警告信息都是：

"Suspicious pointer conversion in function main"（第 16 号警告）

它表示在第 5 行里，函数 main() 中有两个可疑的指针转换。检查程序中的第 5 行，发现在对字符指针变量 from 和 to 做初始化时，应该是把数组名赋给它们，前面不能有取地址符 "&"，现在的这种写法显然是不对的。应该把这行修改为

```
char *from = a, *to = b;
```

改完后再进行编译，警告信息没有了，但 3 个错误信息仍然存在，如图 9-10 所示。

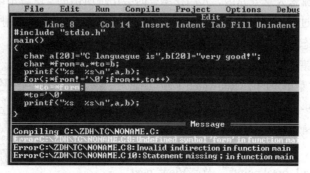

图 9-10　还有三个错误信息

第 1 个错误信息是：

"C:\ZDH\TC\NONAME.C 8 Undefined symbol 'form' in function main" （第 75 号错误）

它指出第 8 行里的标识符"form"没有定义。经检查我们发现，原来是编程者把指针变量 from 误写成了 form。改正后再一次编译，只剩 1 个错误，如图 9-11 所示。

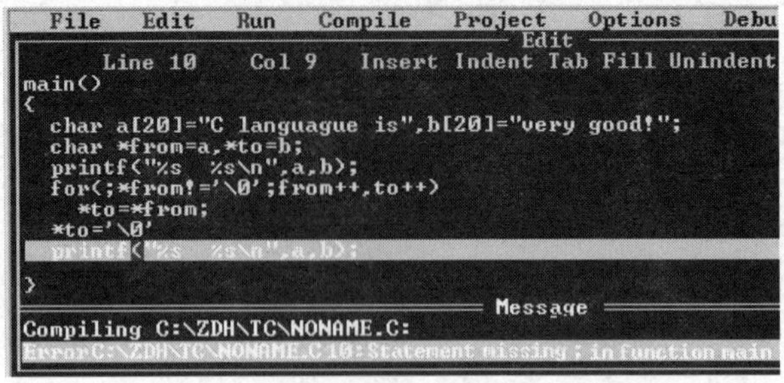

图 9-11　最后剩下 1 个错误信息

该错误是：

"C:\ZDH\TC\NONAME.C 10 Statement missing ; in function" （第 63 号错误）

表示语句缺少分号。检查后发现在第 9 行少分号。添加上分号后，整个源程序成为：

```
#include "stdio.h"
main()
{
  char a[20]=" C languague is", b[20]=" very good!";
  char *from = a, *to = b;
  printf ("%s %s\n", a, b);
  for ( ; *from != '\0'; from++, to++)
      *to = *from;
  *to = '\0';
  printf ("%s %s\n", a, b);
}
```

程序经过"编译→修改→再编译→再修改"几个来回，终于能顺利地通过编译，并得到了结果。"编译→修改→再编译→再修改"，这是完整的程序调试过程。等到熟练以后，根据编译后在信息区里给出的各信息，编程者可以一下对程序进行多项修改，以提高调试的效率。

9.3　监视

由于考虑不周、疏忽大意等原因，人们在编程时会出现所谓的"逻辑错误"。有逻辑错误的程序可以通过编译，不过得不到人们预想的结果。不像语法错误，编程者要用 Turbo C 提供的程序调试工具，在程序动态执行过程中，去分析、搜索、发现，进而排除逻辑错误。

选中 Turbo C 主菜单里的 Break/watch（断点/监视）菜单项，有如图 9-12 所示的下拉子菜单，里面是 7 条用于程序调试的操作命令："Add watch"、"Delete watch"、"Edit watch"、"Remave all watches"、"Toggle breakpoint"、"Clear all breakpoints" 及 "View next

图 9-12　Break/watch 的下拉菜单

breakpoint"。它们之间被横线分为两组，前四条用于"监视（Watch）"，后三条用于设置"断点（Break）"。本节介绍如何用监视工具来调试程序，下节将介绍如何用设置断点工具来调试程序。

9.3.1　C 语言提供的监视命令

比如在主窗口里有程序如下：

```
#include "stdio.h"
main()
{
  int a,b,c;
  scanf("%d,%d",&a,&b);
  c=a+b;
  printf("a+b=%d\n",c);
}
```

选择监视命令调试它。注意，这时主窗口的 Message 区，成为了 watch 区，如图 9-13(b)所示。下面分别介绍 Turbo C 的四条跟踪监视操作命令。

（1）Add watch（添加监视表达式）命令。

功能：弹出"Add watch"对话框。在那里，输入当前希望监视的表达式后，C 语言就会把它当前的取值在 Watch 区里显示出来。使用该命令的步骤是：

第 1 步　在程序中设置一个断点（下面介绍），以便程序运行到断点时自动暂停。比如在图 9-13(a)里，是把断点设置在函数调用语句：printf("a+b=%d\n"，c);处。

第 2 步　程序运行到 scanf()处，会要求用户往变量 a、b 里输入数据，比如是 7 和 12。

第 3 步　发 Add watch 命令（即 Ctrl-F7），在"Add watch"对话框里输入要监视的表达式。比如要监视目前 a 的值，那么就在对话框里输入 a，如图 9-13(a)所示。

第 4 步　按 Enter 健后，在 Watch 区里就显示出当前 a 的取值是 7，如图 9-13(b)所示。

图 9-13　Add watch 命令的使用

第 5 步　如果再发 Add watch 命令，且在"Add watch"对话框里输入表达式 a+b（这表示要监视当前 a+b 的值）。按 Enter 健后，在 Watch 区里就会把表达式 a+b 的当前值添加到 Watch 区里，如图 9-13(b)所示。可以看出，在 Watch 区里，前面标有一个白圆点的表达式，是当前刚添加到 Watch 区里的、要监视的表达式及其取值。

（2）Delete watch（删除监视表达式）命令。

功能：把 Watch 区里当前被监视的表达式删除（即前面标有一个白圆点的表达式）。比如在图 9-13(b)的情况下，如果发"Delete watch"命令，那么就会把"a+b：32"删去，白圆点将改为出现在"a：7"的前面。

（3）Edit watch（编辑监视表达式）命令。

功能：对 Watch 区里的当前表达式进行编辑，然后监视编辑后的新表达式。比如在图 9-13(b)下，发"Edit watch"命令。这时弹出"Edit watch"对话框，如图 9-14(a)所示，在框内仍显示"a+b"（它是刚被监视的表达式）。这时，若把这个表达式改为"a*b"（如图 9-14(a)所示），那么按 Enter 健后，在 Watch 区里的显示就成为图 9-14(b)所示。也就是说，原先被监视的"a+b"没有了，代之的是表达式"a*b"的结果。

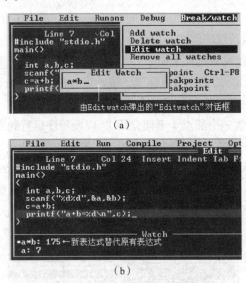

图 9-14　Edit watch 命令的使用

（4）Remove all watches（删除所有监视表达式）命令。

功能：删除 Watch 区里所有被监视的表达式。当选取该命令、按 Enter 健后，当前显示在 Watch 区里的所有受监视的表达式都被删除。如果再要监视，就必须重新使用 Add watch 命令，把该表达式添加到 Watch 区里才行。

在菜单项 Run 里，有如下两条涉及程序运行方式的命令。

·Trace into（F7）命令：执行该命令，将以"做一条语句停一下，再做一条语句停一下"的方式执行程序，遇到函数调用时，进入被调函数，仍以"做、停、做、停"的方式执行被调函数中的语句。因此，称其为"跟踪执行"方式。

·Step over（F8）命令：该命令的功能类同于 Trace into 命令。只是在遇到函数调用时，把函数视为一个"语句"看待，不去一条、一条地跟踪。因此，称其为"单步执行"方式。若某函数没有错误，那就没必要跟踪执行它的每一条语句，这时采用单步方式较为合适。

无论是跟踪还是单步，利用这种"做一条，停一下"的方式，编程者就可对程序进行监视。下面，将通过例子，演示跟踪执行的整个进展过程（单步执行的过程是类同的），以便理解如何进行跟踪。

9.3.2　监视调试举例

例 9-6　利用跟踪方式运行下面的程序。

```c
#include "stdio.h"
int max (int x1, int x2, int x3)
{
  int temp;
  if (x1>x2) temp = x1;
  else temp = x2;
  if (temp<x3) temp = x3;
  return (temp);
}
main ()
{
  int a, b, c, m;
  printf ("Please enter three integers:");
  scanf ("%d%d%d", &a, &b, &c);
  m = max (a, b, c);
  printf ("max = %d\n", m);
}
```

有两种方法进入跟踪方式：一是按 F10，让主窗口处于菜单工作状态，然后在 Run 的下拉菜单里，选择"Trace into"；一是直接按 F7。简言之，第 1 种是不断选择"Trace into"，第 2 种是不断按 F7 键。可能还是第 2 种方法简单易行。

第 1 步　按 F7，主窗口有两个变化：一是 main()被高亮度显示出来（它是程序的第 10 行）；一是 Message 区变为 Watch 区，如图 9-15 所示。

第 2 步　按 F7，第 13 行被高亮显示，如图 9-16 所示。由于第 11 行是左花括号，第 12 行是变量说明语句，它们都不产生可执行代码，所以跳了过去。注意，到达第 13 行，只表明已进入到 main()的里面，但还没有执行 printf()。

图 9-15　第 1 次按 F7 时的现场　　　　图 9-16　第 2 次按 F7 时的现场

第 3 步　按 F7，第 14 行被高亮显示出来，如图 9-17 所示。这时 printf()已执行完毕，所以在用户窗口里应该显示：

```
"Please enter three integers:"
```

字样。通过按功能键 Alt-F5（即发 User screen 命令），检查用户窗口。情况如图 9-18 所示，上述信息确实在那里显示了出来。

图 9-17　第 3 次按 F7 时的现场　　　　　图 9-18　执行 printf() 后用户窗口的显示内容

第 4 步　按任意键后，从用户窗口返回主窗口。按 F7，现在执行语句：

```
scanf ("%d%d%d", &a, &b, &c);
```

系统自动切换到用户窗口，等待数据输入。假定输入的数据是：12、55、38，如图 9-19 所示。

图 9-19　在用户窗口里输入了三个数据

第 5 步　在用户窗口里输入完数据、按回车键后，意味着 scanf() 已经执行完毕，又返回主窗口。这时的主窗口如图 9-20 所示，第 15 行被高亮度显示出来。

至此，a、b、c 里应该分别存放了 12、55、38。我们可以用 Break/Watch 菜单里的 Add watch（Ctrl-F7）命令，来看看现在的表达式 a、b、c 里到底是什么。比如按功能键 Ctrl-F7 后，弹出"Add watch"对话框，在那里输入 a，表示要监视 a 的变化，如图 9-21 所示。按回车键后，在 Watch 区里，显示出 a 的值为 12，如图 9-22 所示。

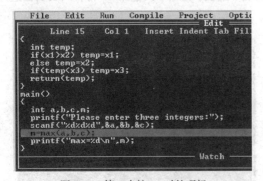

图 9-20　第 4 次按 F7 时的现场

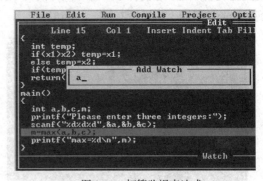

图 9-21　打算监视表达式 a

可见，到这一步时，程序是按编程者的意愿做的。还可以按功能键 Ctrl-F7，去监视 b、c 的取值。监视谁，不监视谁，应该根据调试程序时的实际需要去做出决定。

第 6 步　按 F7，由于语句 15 要调用 max()，因此进入该函数。第 1 行包含命令不产生可执行代码，因此第 2 行被高亮度显示出来，如图 9-23 所示。这时在 Watch 区里显示：

```
"a: Undefined symbol 'a'"    （符号'a'没有定义）
```

是因为在 max() 里，没有说明 a，因此 a 属于没有说明之列，对它进行监视没有意义。但这时却可通过发 Ctrl-F7，往监视区里添加对形参 x1、x2、x3 的监视。比如，图 9-23 里，表示要对 x1 监视。由于它接收的是 main() 传递过来的实参 a 的值，当然应该是 12。

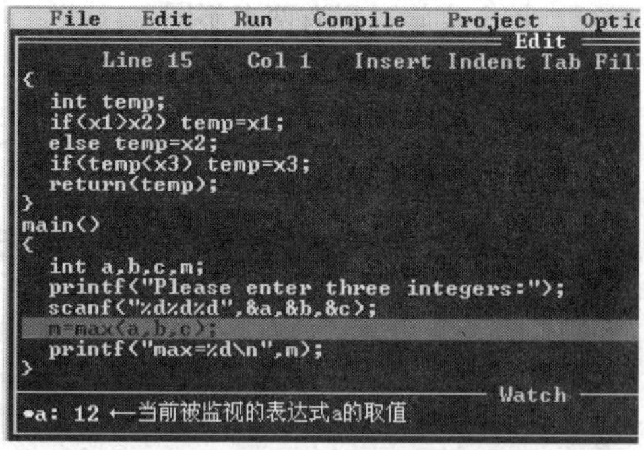

图 9-22　在监视区里显示出 a 的取值 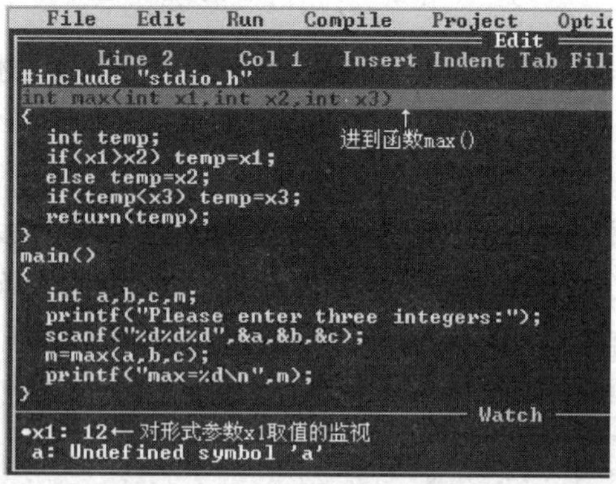　　　　图 9-23　进入到函数 max()

第 7 步　按 F7，高亮度条应该移到第 5 行，因为第 3 行是一个左花括号，第 4 行是变量说明语句，它们都不产生可执行代码。接着按三个 F7，使高亮度条一点点地移到第 8 行。在这过程中，仍可通过按 Ctrl-F7，添加要监视的表达式，以便监视 max() 里需要监视的变量，比如在图 9-24 里，添加了对变量 temp 的监视后，在监视区显示出它的当前取值为 55。

第 8 步　按 F7，高亮度条移到第 9 行，那是函数 max() 的结束处。

第 9 步　按 F7，对函数 max() 的调用结束，执行又回到函数 main()。于是，高亮度条现在处于第 16 行上，如图 9-25 所示。由于又处在了函数 main() 里，故对它里面的变量又恢复了监视，对函数 max() 里面变量的监视宣布作废。正因为如此，这时监视区里显示出了信息：

```
"temp : Undefined symbol 'temp'"
"x1 : Undefined symbol 'x1'"
```

这时，如果按功能键 Ctrl-F7，添加对 main() 中变量 m 的监视，就可以知道这时 m 的取值是 55，如图 9-25 所示。

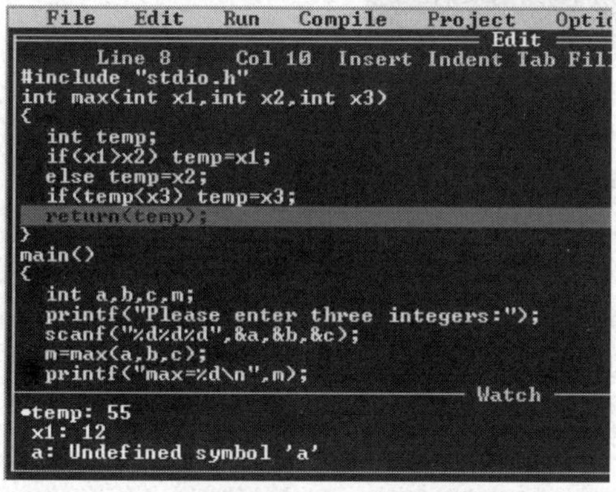

图 9-24　对函数 max() 里变量的监视信息　　　　图 9-25　跟踪又回到了函数 main()

第 10 步　再按两次 F7，整个程序就这样地一条、一条地做完了。这时，可以通过按功能键 Alt-F5（即发 User sceen 命令），检查用户窗口，情况如图 9-26 所示。

图 9-26　显示在用户窗口里的最终结果

我们也可采用"单步执行"方式来完成上述的运行。整个实施过程有两点不同：

（1）这时是按功能键 F8，而不是 F7；

（2）在第 7 步按 F8 后，不是去到第 2 行，而是直接到第 10 步，高亮度条处于第 16 行上，如图 9-25 所示。也就是说，不到函数 max()里去一条、一条地"转"一圈。

例 9-7　编写了一个名为 alt()的无返回值函数，它有两个 int 指针型参数 x、y。功能是把*x 的值改为(*x)+(*y)，*y 的值改为(*x)*(*y)。

```c
#include "stdio.h"
void alt (int *x, *y)
{
  *x += *y;
  *y *= *x;
}
main()
{
  int a, b, *p = &a, *q = &b;
  printf ("Please enter two integers:");
  scanf ("%d%d", p, q);
  printf ("1. a=%d, b=%d\n", p, q);
  alt (p, q);
  printf ("2. a=%d, b=%d\n", *p, *q);
}
```

用 main()调用 alt()，发现虽然程序通过了编译，但却不能按照题意正确运行，情况如图 9-27 所示。

图 9-27　不正确的显示结果

从图上看，输入的是两个整数 12 和 15。按说 main()里的第 2 条 printf()应该打印出：

```
1. a=12, b=15
```

第 3 条 printf()应该打印出：

```
2. a=27, b=180
```

但是，现在第 2 条 printf()打印出的是两个莫名其妙的负数：

```
1. a=-40, b=-38
```

第 3 条 printf()打印出：

```
2. a=27, b=405
```

其中 a 是对的，但 b 却不对！于是，我们想用"跟踪执行"方式，查找程序中隐藏的问题。

第 1 步　按第 2 个 F7 时，高亮度显示第 9 行，如图 9-28 所示。在跟踪执行方式时，变量说明语句应该跳过去。但这里含对指针变量 p 和 q 的初始化，不是纯粹的变量说明。

第 2 步　接着按 3 个 F7，高亮度显示第 12 行，如图 9-29 所示。按第 3 个 F7 时，会先到用户窗口让用户输入数据，比如输入 12 和 15，以完成 scanf() 的功能。因此在高亮度显示第 12 行时，可通过按 Ctrl-F7，往监视区里添加需要监视的表达式。比如，看一下 a、b 和 *p、*q 的内容。从图 9-29 可看出，运行到此时，程序都是按人们的预想去做的，是正确的。

图 9-28　变量说明中有初始化时就会高亮度显示　　　图 9-29　监视所需要的表达式

第 3 步　按 F7，高亮度显示第 13 行。这时语句：

```
printf ("1. a=%d, b=%d\n", p, q);
```
已执行完毕。按 Alt-F5 切换到用户窗口，可以看到输出的信息确实是：

```
1. a= -40, b= -38
```
这是不对的。为此，按 Ctrl-F7，对 printf() 里打印输出的表达式 p 和 q 进行监视，如图 9-30 所示。从监视的结果看，原来 printf() 输出的是 p、q 的内容，即是分配给变量 a 和 b 的地址。这就不对了，应该把 p、q 改为 *p、*q 才对。通过监视和分析，找到了第 2 条 printf() 打印出负数的原因，解决了一个问题。

第 4 步　按 F7，进入 alt()，高亮度显示第 2 行。按 Ctrl-F7，对传递过来的实际参数值 *x、*y 进行监视。从图 9-31 里可看出，由于 *x 是 12，*y 是 15，可见参数传递是正确的。

图 9-30　p、q 里面放的是地址　　　　　图 9-31　传递给 alt() 的参数是正确的

第 5 步　按两次 F7，高亮度显示第 4 行。这时语句：

```
*x += *y;
```
已做完，从图 9-32 的监视区里看到，做完该语句后，表达式 *x 的取值成为了 27，*y 的取值保持为 15。到这里，程序的执行仍然是按照人们的意愿进行的。

第6步 按F7，高亮度显示第5行，如图9-33所示。这时语句：

```
*y *= *x;
```

已做完，从图9-33的监视区可看到，做完该语句后，表达式*x的值保持为27，*y的取值变成了405。做到这里，程序的执行出错了：*y里应该是180，而不应该是405。

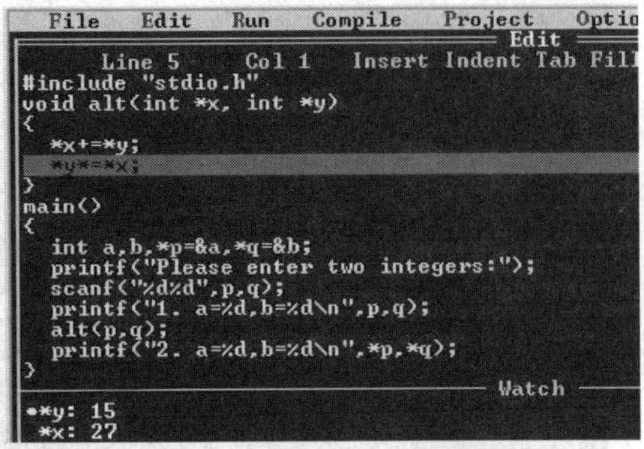

图9-32 到这一步还是正确的

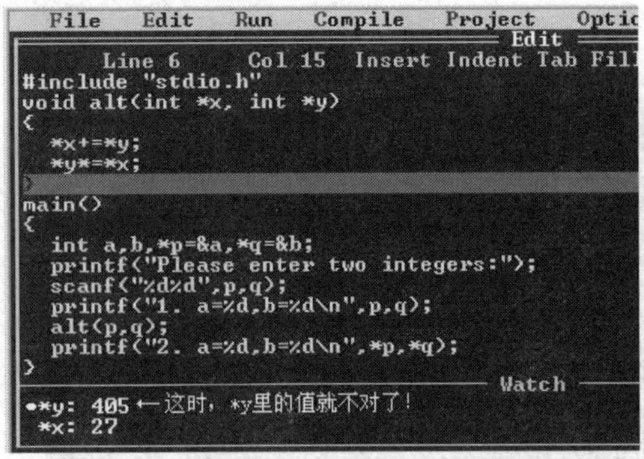

图9-33 *y里的值与人们的意愿不符了

原来前一条语句已把*x里的内容变为27，这里计算的是27*15=405，然后送入了*y里，而不是计算题目所需要的12*15=180！这就是说，在计算"*x += *y"前，应先把*x的内容暂时保存起来，以便做"*y *= *x"时，是用12去与*y相乘，而不是用27去乘*y。

经过这样的调试，最后程序应该修改如下：

```c
#include "stdio.h"
void alt (int *x, int *y)
{
  int temp;
  temp = *x;
  *x += *y;
  *y *= temp;
}
main()
{
  int a, b, *p = &a, *q = &b;
  printf ( "Please enter two integers:" );
  scanf ( "%d%d" , p, q);
  printf ( "1. a=%d, b=%d\n" , *p, *q);
  alt (p, q);
  printf ( "2. a=%d, b=%d\n" , *p, *q);
}
```

其中，粗体是修改的部分。

9.4 断点

本节介绍Turbo C主菜单里Break/watch（断点/监视）菜单项的后三条操作命令，它们在调试程序时，用来在程序中设置断点（Break）。所谓"断点"，即是能够使程序执行时暂时停下来的点。当调试一个较长程序时，若能在它的里面安排几个暂停点，以使编程者能一段一段地检查自己的程序，逐步缩小查找错误的范围，这无疑是一个很好的方法。

9.4.1　C 语言提供的断点命令

（1）Toggle breakpoint（设置或去除断点）命令。

功能：在光标所在行设置或清除一个断点。

使用 Toggle breakpoint 命令的步骤是：

第 1 步　将光标移动到需要设置断点的行。

第 2 步　在 Break/watch 的下拉菜单里选中 Toggle breakpoint 命令，按 Enter 健。

某一行被设置为断点后，就会以红色高亮度显示出来。比如，图 9-13(a) 里的语句：

```
printf("a+b=%d\n", c);
```

就是一个断点。断点设置后，程序运行到此时，就会暂停下来，用户可利用 watch 等功能，检查程序中某变量或某表达式的取值，并以此判断取值是否正确。

在一个 C 语言程序中，可以设置多个断点。如果在一个已被设置为断点的行上，再次对它发 Toggle breakpoint 命令，则该断点就被取消。所以，Toggle breakpoint 命令既能设置断点，也能清除断点。由于设置断点在程序调试中是一种经常使用的手段，因此系统提供了对应的功能健 Ctrl+F8。

（2）Clear all breakpoints（清除所有断点）命令。

功能：删除已设置的所有断点。发这条命令后，在此前为程序设置的所有断点，都不复存在了。

（3）View next breakpoint（显示下一个断点）命令。

功能：把光标移到下一个断点所在行。

9.4.2　利用断点调试举例

例 9-8　编写一个求一元二次方程 $ax^2+bx+c=0$ 解的程序如下：

```
#include "stdio.h"
#include "math.h"
main()
{
  int a, b, c;
  float d, p, q, x1, x2;
  printf ("Please enter three integers:");
  scanf ("%d%d%d", &a, &b, &c);
  d = b*b - 4*a*b;
  if (d>=0)
  {
    p = -b / (2*a);
    q = sqrt (d) / (2*a);
    x1 = p + q;
    x2 = p - q;
printf ("x1= %d, x2 = %d\n", x1, x2);
  }
  else
    printf ("Have not root!");
}
```

考虑到只有当 $b^2-4ac>=0$ 时，整个方程才会有实数根，因此程序中安排只有满足此条件时，才去求根，不然就打印出信息：

"Have not root!"

运行该程序，输入方程的三个系数 a、b、c 分别取值 1、2、1。由于这时 $b^2-4ac=0$，所以方程应该有两个相等的实数根。但结果如图 9-34 所示，打印出了"Have not root!"。这表明程序有错误存在。

现在用设置断点的方法，来调试该程序。

第 1 步　把光标移到第 10 行，按 Ctrl-F8，在那里设置一个断点，如图 9-35 所示。之所以选择在第 10 行处设置断点，主要是因为第 9 行的功能是计算 d 的值。这样，当程序做完第 9 行语句、暂停在第 10 行时，可以去监视 d 的值，看从中能否发现什么问题。

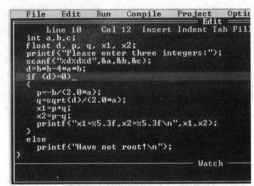

图 9-34　错误的输出结果　　　　　图 9-35　在第 10 行处设置一个断点

第 2 步　按 Ctrl-F9（即发 Run 命令），程序开始运行。在用户窗口处给出信息：

"Please enter three integers:"

后，我们仍然输入实验数据 1、2、1。按回车后，从用户窗口切换到主窗口，程序停在了第 10 行的断点处。

第 3 步　连续按 4 个 Ctrl-F7，往监视区里添加监视表达式 a、b、c、d，如图 9-36 所示。

图 9-36　程序暂停在断点处

从被监视表达式的当前取值看，变量 a、b、c 的值都是对的，但 d 的值不对。现在 a、b、c 是 1、2、1，那么根据 $d=b^2-4ac$，应该计算出 d 取值为 0，怎么对它的监视值却是 -4.0 呢？显然这里有问题！

查看程序，原来编程者误把语句："d=b*b-4*a*c;"，写成了语句："d=b*b-4*a*b;"了。移动光标到 b 处，把它改为 c。

第 4 步　按 Ctrl-F9。这时，源程序已被修改，因此系统会弹出"Verify"询问框，如图 9-37 所示。里面出示信息：

`"Source modified, rebuild? ( Y / N )"`

要你做出"Y"或"N"的选择，如果选择"Y"，那就是一切重新来；如果是选择"N"，那就是继续往下做（也就是仍然在 d=-4.0 的情形下，继续做下去！）。

第 5 步　比如我们选择"Y"。那么 Turbo C 就对源程序重新编译连接，然后运行。由于问题已经解决，所以，这一次的运行当然是正确的，结果如图 9-38 所示。

图 9-37　Verify 询问框

图 9-38　正确的计算结果

例 9-9　编写了如下的一个程序，希望用它计算本金为 10 000 元、年利率为 1.98%、每年复利一次，10 年后的本利和。

```c
#include "stdio.h"
main()
{
  int i, k;
  float s, t, p;
  s=10000.0;
  p=0.0198;
  for (i=1, k=1; i<=10; i++, k++)
  {
    t = s*p;
    s = s+i;
    printf ( "%d: Total = %7.2f\t", i, s);
    if (k%2 == 0)
      printf ( "\n" );
  }
}
```

运行该程序，结果如图 9-39 所示。可以看出，答案是不对的，因为十年后连本带利怎么只有 10 055.00 元呢？要知道，既然年利率为 1.98%，那么本金 10 000 元经过一年后，也应该有 198 元的利息啊！我们用设置断点的方法来对它进行调试。

图 9-39　不正确的运行结果

第 1 步　把光标移到第 12 行，按 Ctrl-F8，在那里设置一个断点，如图 9-40 所示。为什么选择在第 12 行设置断点呢？因为从图 9-39 看出，程序的输出格式符合我们的要求：每行输出两个数据，中间隔一个制表符。另外，检查程序知道，本金（s）和年利率（p）的初始值都是对的。要出问题就是在 for 循环里。for 循环里，最主要的就是语句：

```
t=s*p;  s=s+i;
```

要出错，也就是这两个地方出错。

第 2 步　断点设置后，按 Ctrl-F9 开始运行，直到断点处停止。这时通过按 Ctrl-F7，往监视区里添加监视表达式，监视本金（s）、年利率（p）和累加和（t），如图 9-41 所示。

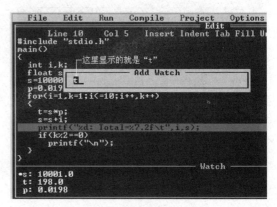

图 9-40　把第 12 行设置为断点　　　　　　图 9-41　监视表达式的自感应

从监视区里给出的监视表达式值，可以知道问题出在 s 上。原来，编程者不是把计算出来的 t 值累加到 s 上，而是把循环的次数 i 加了上去，这当然是不对的。把程序中的语句：

```
s=s+ i;
```

改为

```
s=s+t;
```

这样一来，程序就完全正确了，再运行，结果如图 9-42 所示。

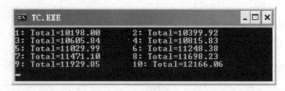

图 9-42　正确的输出结果

附录 1

常用的 Turbo C 库函数

1. 字符处理函数（这些函数都在头文件 ctype.h 中）

函 数 头	说 明
int isalnum (int ch)	如果 ch 是一个字母或数字，函数返回非零值，否则返回零
int isalpha (int ch)	如果 ch 是一个字母，函数返回非零值，否则返回零
int isdigit (int ch)	如果 ch 是 0 到 9 的数字，函数返回非零值，否则返回零
int islower (int ch)	如果 ch 是小写英文字母，函数返回非零值，否则返回零
int isprint (int ch)	如果 ch 是可打印字符（含空格），函数返回非零值，否则返回零
int ispunct (int ch)	如果 ch 是标点符号，函数返回非零值，否则返回零
int isupper (int ch)	如果 ch 是大写英文字母，函数返回非零值，否则返回零
int isxdigit (int ch)	如果 ch 是 16 进制数，函数返回非零值，否则返回零
int tolower (int ch)	将 ch 转换为小写字母
int toupper (int ch)	将 ch 转换为大写字母

2. 数学函数（这些函数都在头文件 math.h 中）

函 数 头	说 明
int abs (int x)	函数返回整数 x 的绝对值
double acos (double x)	函数返回 x 的反余弦值
double asin (double x)	函数返回 x 的反正弦值
double atan (double x)	函数返回 x 的反正切值
double ceil (double x)	函数返回不小于 x 的最小整数
double cos (double x)	函数返回 x 的余弦值
double fabs (double x)	函数返回实数 x 的绝对值
double floor (double x)	函数返回不大于 x 的最大整数
double log10 (double x)	函数返回 x 的以 10 为底的对数

函 数 头	说 明
double sin (double x)	函数返回 x 的正弦值
double sqrt (double x)	函数返回 x 的平方根值
double tan (double x)	函数返回 x 的正切值

3. 动态存储分配函数（这些函数都在头文件 stdlib.h 或 alloc.h 中）

函 数 头	说 明
void free(void *p)	释放指针 p 所指内存空间
oid *malloc(unsigned size)	申请 size 个字节的内存空间，返回该空间起址

4. 字符串处理函数（这些函数都在头文件 string.h 中）

函 数 头	说 明
char *strcat (char *s1, char *s2)	把串 s2 连接到串 s1 的后面，返回 s1
char *strchr (char *s, char ch)	返回 s 中首次出现与 ch 匹配字符的位置指针。如未发现，返回 NULL
char *strcmp (char *s1, char *s2)	比较 s1 和 s2。s1<s2 返回小于零值；s1=s2 返回 0；s1>s2 返回大于零值
char *strcpy (char *s1, char *s2)	把串 s2 内容复制到串 s1 中，返回 s1
unsigned int strlen (char *s)	返回串 s 的长度（不含字符串结束符）
char *strstr (char *s1, char *s2)	在 s1 中查找串 s2，返回其第 1 次出现的位置指针，或 NULL

5. 输入/输出函数（这些函数都在头文件 stdio.h 中）

函 数 头	说 明
char *gets (char *s)	从键盘读取字符串（以回车换行为结束），存入 s
int getchar ()	从键盘读取下一个字符
int putchar (char ch)	将字符 ch 输出到显示屏幕
int puts (char *s)	将字符串 s 输出到显示屏幕，'\0'转换成回车换行
int printf(char *format, args, …)	格式输出
int scanf(char *format, args, …)	格式输入

6. 文件操作函数（这些函数都在头文件 stdio.h 中）

函 数 头	说 明
int fclose (FILE *fp)	关闭 fp 所指文件，正确返回零；否则返回 EOF（-1）
int feof (FILE *fp)	查 fp 所指文件是否结束。遇文件结束符返回非零，否则返回 0
int fgetc (FILE *fp)	从 fp 所指文件读取一个字符
char *fgets (char *buf, int n, FILE *fp)	从 fp 所指文件读取 n-1 个字符，存入起址为 buf 的内存空间
FILE *fopen (char *filename, char *mode)	以 mode 指定的方式打开名为 filename 的文件，返回文件指针
int fprintf (FILE *fp, char *format, args, …)	把诸内存变量 args 的值，以 format 指定的格式，写入到由 fp 所指文件中
int fputc (char ch, FILE *fp)	将字符 ch 写入到由 fp 所指文件中
int fputs (char *s, FILE *fp)	将 s 所指字符串写入到由 fp 所指文件中

函　数　头	说　　明
int fread (char *nt, unsigned size, unsigned n, FILE *fp)	由 fp 所指文件中读取 n 个长度为 size 的数据，存入由 nt 所指的内存空间
int fscanf (FILE *fp, char *format, &args, …)	从 fp 所指文件中，按照 format 指定的格式，将数据读入到地址为&args 的内存单元
int fseek (FILE *fp, long offset, int base)	将 fp 所指文件的内部指针移到以 base 为基点、以 offset 为位移量的位置处
int fwrite (char *nt, unsigned size, unsigned n, FILE *fp)	把 nt 所指内存空间的 n 个长度为 size 的数据，写入由 fp 所指的文件中
void rewind (FILE *fp)	将 fp 所指文件的内部指针移到文件头

7．其他函数

函　数　头	说　　明
int rand()	产生一系列 0～RAND_MAX 的伪随机数

常用字符的 ASCII 码

ASCII 值	字符	ASCII 值	字符	ASCII 值	字符	ASCII 值	字符
32	(space)	56	8	80	P	104	h
33	!	57	9	81	Q	105	i
34	"	58	:	82	R	106	j
35	#	59	;	83	S	107	k
36	$	60	<	84	T	108	l
37	%	61	=	85	U	109	m
38	&	62	>	86	V	110	n
39	'	63	?	87	W	111	o
40	(	64	@	88	X	112	p
41	)	65	A	89	Y	113	q
42	*	66	B	90	Z	114	r
43	+	67	C	91	[	115	s
44	,	68	D	92	\	116	t
45	−	69	E	93	]	117	u
46	.	70	F	94	^	118	v
47	/	71	G	95	_	119	w
48	0	72	H	96	`	120	x
49	1	73	I	97	a	121	y
50	2	74	J	98	b	122	z
51	3	75	K	99	c	123	{
52	4	76	L	100	d	124		
53	5	77	M	101	e	125	}
54	6	78	N	102	f	126	~
55	7	79	O	103	g		

Turbo C 编译的主要错误一览

Turbo C 编译程序可检查出源程序中的很多语法错误，按性质可分为两类：

·Warnings（警告类）：较轻微错误，可以容忍，仍为源程序生成目标程序文件。

·Errors（错误类）：严重错误，系统无法容忍，不为源程序生成目标程序文件。

这里，将按英文字母顺序，列出 C 编译程序能查出的 Warnings 及 Errors 英文信息，并给出相应的中文含义，以帮助理解。注意，这里只是主要和常见的错误信息，不是全部。

1．Warnings 信息一览

（1）'xxxxxx'declared but never used（说明了'xxxxxx'，但却没有使用）

在源程序中说明了一个变量，但一直没有用到它。当编译程序遇到复合语句或函数结束处的右花括号时，会发出这个警告。

（2）'xxxxxx'is assigned a value which is never used（'xxxxxx'被赋予了一个不使用的值）

一个变量出现在赋值语句里，但直到函数结束也未使用。

（3）'xxxxxx'not part of structure（'xxxxxx'不是结构的一部分）

出现在成员运算符（.）或指向成员运算符（→）左边的名字不属于结构范畴，即运算符左边不是结构变量名，或不是指针变量名。

（4）Ambiguous operators need parentheses　（歧义运算符需要括号）

当两个关系或位运算符在一起使用而不加括号时，会发出这个警告；当一加法或减法运算符不加括号与位运算符出现在一起时，也会发出这个警告。要关注这些优先级不很直观的运算符，以免引起混淆。

（5）Code has no effect　（代码无效）

当编译程序遇到一个含有无效操作的语句时，发出此类警告。

（6）Constant is long（常量是 long 型的）

当编译程序遇到一个十进制常量大于 32767、或一个八进制常量大于 65535，而其后没有字母"1"或"L"时，就把此常量当作 long 型处理，并发出这个警告。。

（7）Function should return a value（函数应该返回一个值）

源程序中定义的当前函数的返回值类型既非 int 型、也非 void 型，而编译程序却没有发现返回值，会发出这个警告。

（8）Mixing pointers to signed and unsigned char（混淆了 signed 和 unsigned char 指针）

没有通过显式的强制类型转换，就把一个字符指针转换为无符号指针，或把一个无符号指针转换为字符指针。

（9）Non-portable pointer assignment　　（不可移植指针赋值）

源程序中把一个指针赋给了一个非指针，或相反。

（10）Non-portable pointer comparison　　（不可移植指针比较）

源程序中把一个指针和一个非指针进行比较，或相反。

（11）Non-portable return type conversion（不可移植返回类型转换）

Return 语句中的表达式类型，和函数定义中给出的类型不一致。

（12）Parameter 'xxxxxx'is never used　　（参数'xxxxxx'从未使用）

函数定义中的某形式参数在函数体里没有用到，通常可能是由于参数名拼写错误而引起。如果在函数体里，该标识符又被重新说明为一个自动变量，也可能会发出这个警告。

（13）Possible use of 'xxxxxx'before definition（在说明'xxxxxx'前可能已用）

如果还没有对一个变量赋值，就先使用了它，会发出这个警告。

（14）Possible incorrect assignment　　（可能的不正确赋值）

当编译程序遇到把赋值运算符作为条件表达式（如 if、while 或 do-while 语句的一部分）的运算符时，会发出这个警告。通常是由于把赋值号当作等号使用了。

（15）Superfluous & with function or array（在函数或数组中有多余的"&"号）

取地址符（&）对一个数组名或函数名是不必要的，应该去掉。

（16）Suspicious pointer conversion（可疑的指针转换）

编译程序遇到一些指针转换，这些转换引起指针指向不同的类型，这时会发出这个警告。

（17）Undefined structure 'xxxxxx'（结构'xxxxxx'未定义）

在源程序中使用了该结构，当未定义。可能是由于结构名拼写错，或真的忘记了定义。

（18）Void function may not return a value（void 函数不能有返回值）

源程序中把当前函数定义为是 void 的，但编译程序发现一个带返回值的 return 语句，这时返回语句的值将被忽略。

2．Errors 信息一览

（1）#operator not followed by macro argument name（"#"后面没有跟宏命令名）

在宏定义中，"#"用来标识一个宏命令的串，"#"的后面必须跟随一个宏命令的名字。

（2）'xxxxxx'not an argument　　（'xxxxxx'不是函数参数）

源程序中，标识符'xxxxxx'被定义为是一个函数参数，但它没有在函数的参数表里出现。

（3）Argument list syntax error（参数表出现语法错误）

函数调用时的参数间必须以逗号隔开，并以一个右括号结束。若源程序中含有一个其后面不是逗号也不是右括号的参数，就出现此错误。

（4）Array bounds missing（丢失数组的方括号"）"）

在源程序中定义了一个数组，但此数组没有以一个右方括号"]"结束。

（5）Bad file name format in include directive（包含命令的文件名错）

包含命令文件名必须用引号或尖括号括起来，否则将产生此类错误。

（6）Call of non-function（调用未定义的函数）

所调用的函数无定义时，产生该错误。通常是因不正确的函数说明或函数名拼写错引起。

（7）Case outside of switch（case 出现在 switch 之外）

编译程序发现 case 语句出现在 switch 语句外面。该错误通常是由于括号不配对引起。

（8）Case statement missing :（case 语句漏掉了冒号 "："）

case 语句必须包含一个以冒号终结的常量表达式。出现这种错误的原因可能是丢了冒号或冒号前多写了别的符号。

（9）Case syntax error（case 语句语法错）

case 中有不正确的符号。

（10）Compound statement missing }（复合语句中漏掉 "}"）

编译程序扫描到源程序结束时，没有发现结束标记 "}"，通常是由花括号不配对引起。

（11）Constant expression required（要求常量表达式）

数组的长度必须是常量。

（12）Declaration missing ;（说明漏掉 "；"）

在源程序中，包含了一个 structure 或 union 定义，但后面漏掉了分号 "；"。

（13）Declaration needs type or storage class（说明需要给出类型或存储类）

说明中必须包含类型说明符或存储类型说明符。比如，说明 "i, j ;" 是不正确的。

（14）Declaration syntax error（说明中出现语法错误）

在源程序中，某个说明丢失了某些符号或有多余的符号。

（15）Default outside of switch（default 出现在 switch 的外面）

编译程序发现 default 语句出现在 switch 之外。该错误通常是由于括号不匹配而引起的。

（16）Define directive needs an identifier（define 命令必须有一个标识符）

#define 后第一个非空格字符必须是标识符，否则发生此错误。

（17）Division by zero（除数为零）

当源程序的常量表达式中，出现除数为零的情形时，发生此错误。

（18）Do statement must have while（do 语句中必须有 while）

若编译程序发现源程序中含有一个无 while 关键字的 do 语句时，发生此错误。

（19）Do-while statement missing ((（do-while 语句中漏掉了 "("）

在 do-while 语句里，编译程序发现 while 关键字后没有左括号时，发生此错误。

（20）Do-while statement missing)（do-while 语句中漏掉了 "）"）

在 do-while 语句里，编译程序发现 while 关键字后没有右括号时，发生此错误。

（21）Do-while statement missing ;（do-while 语句中漏掉了 "；"）

在 do-while 语句里，编译程序发现条件表达式右括号的后面没有分号时，发生此错误。

（22）Duplicate case in function main（case 后的常量表达式重复）

switch 语句中的每一个 case，必须有一个唯一的常量表达式值。

（23）Enum syntax error（enum 语法错）

当 enum 定义中给出的枚举元素表的格式不对时，发生此错误。

（24）Enumeration constant syntax error（枚举常量语法错）

当赋给 enum 类型变量的表达式值不在枚举元素表范围内时，发生此错误。

（25）Expression syntax（表达式语法错）

当编译程序分析一个表达式并发现一些严重错误时，发生此错误。通常是由于两个连续运算符、括号不匹配或缺少括号、以及前一语句漏掉了分号等原因所引起。

（26）Extra parameter in call（调用时出现多余参数）

调用函数时，若出现实际参数个数多于函数定义中的形式参数个数时，发生此错误。

（27）Extra parameter in call to 'xxxxxx'（调用'xxxxxx'函数时出现多余参数）

调用一个指定函数（该函数由函数原型定义）时，若出现实际参数的个数多于函数定义中所规定的形式参数的个数时，发生此错误。

（28）For statement missing（（for 语句漏掉了左括号 "（"）

编译程序发现在 for 关键字的后面缺少左括号。

（29）For statement missing)（for 语句漏掉了右括号 "）"）

编译程序发现在 for 语句中，控制表达式的后面缺少右括号。

（30）For statement missing ;（for 语句缺少 ";"）

在 for 语句中，编译程序发现在某个表达式的后面缺少分号。

（31）Function call missing)（函数调用缺少 "）"）

在函数调用的参数表里，如果漏掉括号或括号不匹配等，都会出现这种错误。

（32）Function definition out of place（函数定义位置错）

一个函数的定义不能出现在另一个函数内。函数内的任何说明，只要以类似于带有一个参数表的函数开始，就被认为是一个函数定义。

（33）If statement missing（（If 语句缺少 "（"）

在 if 语句中，编译程序发现 if 关键字后面缺少左括号 "（"。

（34）If statement missing)（If 语句缺少 "）"）

在 if 语句中，编译程序发现条件表达式后缺少右括号 "）"。

（35）Illegal character "c"(0xXX)（非法字符 "c"（0xXX））

编译程序发现输入文件中有非法字符，以十六进制方式给出该字符。

（36）Illegal initialization（非法初始化）

初始化必须是一个常量表达式。

（37）Illegal octal digit（非法八进制数）

编译程序发现一个八进制常数中包含了非八进制数字（例如 8 或 9）。

（38）Illegal pointer subtraction（非法指针相减）

在试图以一个非指针变量减去一个指针变量时，引起该错误。

（39）Illegal structure operation（非法结构操作）

结构只能使用（.）、取地址（＆）和赋值（＝）运算符，或作为函数的参数传递。当编译程序发现对结构使用了其它运算符时，会出现本错误。

（40）Illegal use of floating point（非法浮点运算）

浮点运算对象不允许出现在移位运算符、位逻辑运算符、条件运算符（？：）、指针运算符（＊）等中。当编译程序发现上述运算符中使用了浮点运算对象时，就会出现本错误。

（41）Illegal use of pointer（指针使用非法）

　　指针只能在加、减、赋值、比较、指针运算（＊）、指向成员运算（→）中使用。如果用于其它运算符中，则出现错误。

　　（42）Incompatible type conversion（不相容的类型转换）

　　当试图把一种类型转换成另一种类型、但这两种类型是不相容时，就出现本错误。例如要把结构或数组转换成某种基本的数据类型，或将浮点数转换成指针等。

　　（43）Incorrect number format（不正确的数据格式）

　　编译程序发现在十六进制数中出现十进制小数点。

　　（44）Incorrect use of default（default 使用错）

　　编译程序发现 default 关键字后缺少分号。

　　（45）Initialize syntax error（初始化语法错）

　　初始化过程缺少或多了运算符，或出现括号不匹配以及其它不正确的情况。

　　（46）Invalid indirection（无效的指针运算，也称无效的间接运算）

　　指针运算符（"＊"）要求非空指针作为运算对象。

　　（47）Invalid macro argument separator（无效的宏参数分隔符）

　　在宏定义中，参数必须用逗号隔开。若发现参数后有其它非法字符时，就出现本错误。

　　（48）Invalid pointer addition（指针加法无效）

　　编译程序发现，在源程序中试图把两个指针相加。

　　（49）Invalid use of arrow（箭头使用错）

　　在指向成员运算符（"→"）的后面，必须跟一个标识符。

　　（50）Invalid use of dot（点使用错）

　　在成员运算符（"."）的后面，必须跟一个标识符。

　　（51）Mismatch number of parameters in definition（函数定义中参数个数不匹配）

　　函数定义中的参数和函数原型中提供的信息不相符合。

　　（52）Misplaced break（break 位置错）

　　编译程序发现 break 语句在 switch 语句或循环结构外。

　　（53）Misplaced continue（continue 位置错）

　　编译程序发现 continue 语句在循环结构之外。

　　（54）Misplaced decimal point（十进制小数点位置错）

　　编译程序发现浮点常数的指数部分有一个十进制小数点。

　　（55）Misplaced else（else 位置错）

　　编译程序发现 else 语句缺少与之匹配的 if 语句。本错误的产生，除了由于 else 多余外，还有可能是因为多余的分号、少写了大括号或前面的 if 语句出现语法错而引起。

　　（56）No file name ending（缺少文件名终止符）

　　在#include 命令中，文件名缺少正确的闭引号（"）或右尖括号（>）。

　　（57）Non-portable pointer assignment（不可移植的指针赋值）

　　源程序中如果将一个指针赋给一个非指针或相反时，就出现本错误。

　　（58）Non-portable pointer comparison（不可移植的指针比较）

　　源程序中如果将一个指针和一个非指针进行比较或相反时，就出现本错误。

　　（59）Non-portable return type conversion（不可移植的返回类型转换）

在返回语句中的表达式类型与函数说明中给出的类型不同。

（60）Pointer required on left side of→（→运算符左边应是一个指针）

当->运算符左边不是一个指针时，出现此错误。

（61）Redeclaration of 'xxxxxx'（'xxxxxx'重定义）

作为一个标识符，'xxxxxx'已经定义过。

（62）Size of structure or array not known（结构或数组的大小不定）

在有些表达式（如 sizeof 或存储说明）中出现一个未定义的结构或一个空长度数组。

（63）Statement missing ;（语句缺少分号 ";"）

编译程序发现某语句的后面没有分号。

（64）Structure or union syntax error（结构或共用型语法错）

编译程序发现在 structure 或 union 关键字的后面没有标识符，或没有左花括号 "{"。

（65）Subscripting missing]（下标缺少 "]"）

发现下标表达式缺少闭方括号。可能是由于漏掉、多写运算符或括号不匹配而引起。

（66）Switch statement missing （（switch 语句缺少 "("）

在 switch 语句的 switch 关键字后面缺少左括号 "("。

（67）Switch statement missing)（switch 语句缺少 ")"）

在 switch 语句中，测试表达式的后面缺少右括号 ")"。

（68）Too few parameter in call to 'xxxxxx'（调用'xxxxxx'时，参数太少）

调用指定函数'xxxxxx'（该函数用一个原型说明）时，给出的参数太少。

（69）Too many decimal points（十进制小数点太多）

编译程序发现一个浮点常量中带有不止一个的十进制小数点。

（70）Too many default cases（default 太多）

编译程序发现一个 switch 语句中有不止一个的 default 语句。

（71）Too many storage classes in declaration（说明中存储类型太多）

一个变量只允许有一种存储类型说明。

（72）Too many types in declaration（说明中数据类型太多）

一个变量只允许有一种基本数据类型说明。

（73）Unable to open input file 'xxxxxx.xxx'（打不开输入文件'xxxxxx.xxx'）

编译程序找不到源程序文件时，会出现本错误。

（74）Undefined structure 'xxxxxx'（结构'xxxxxx'没有定义）

源程序里使用了未经定义的某个结构。可能是由于结构名拼写错，或缺少结构定义引起。

（75）Undefined symbol 'xxxxxx'（符号'xxxxxx'没有定义）

标识符'xxxxxx'没有定义。可能是拼写错，也可能是对标识符的说明错引起。

（76）Unterminated string（未终结的串）

编译程序发现一个不匹配的引号时，引起本错误。

（77）Unterminated string or character constant（未终结的串或字符常量）

编译程序发现串或字符常量开始后没有终结。

（78）While statement missing （（while 语句漏掉 "("）

在 while 语句中，关键字 while 后缺少左括号 "("。

（79）While statement missing)（while 语句漏掉 ")"）

在 while 语句中，关键字 while 的表达式后缺少右括号 ")"。

（80）Wrong number of arguments in of 'xxxxxx'（调用'xxxxxx'时参数个数错）

源程序中调用某个宏时，由于参数个数不对而产生该错误。

参 考 文 献

[1] 谭浩强. C 程序设计（第二版）. 北京：清华大学出版社，1999，2.

[2] 张基温. C 语言程序设计案例教程. 北京：清华大学出版社，2004，6.

[3] 李玲，桂玮珍，刘莲英. C 语言程序设计教程. 北京：人民邮电出版社，2005，2.

[4] KING K N. C 语言程序设计现代方法. 吕秀锋，译。北京：人民邮电出版社，2007，11.

[5] 吕国英，李茹，王文剑. 高级语言程序设计（C 语言描述）. 北京：清华大学出版社，2008，3.

[6] 戴水贵，戴扬，童爱红. C 语言程序设计实例解析. 北京：清华大学出版社，2008，7.